중국과학의 사상적 풍토

중국과학의 사상적 풍토

야마다 게이지 지음
박성환 옮김

전파과학사

混沌の海へ
中國的思考の構造
ⓒ 山田慶兒, 1982
朝日新聞社

【역자 소개】
박성환　朴成桓
1941년 서울 출생
서울대학교 문리대 천문학과 졸업
연세대 대학원 천문학과 졸업
영국 Greenwich 천문대에서 천문학 연구
일본 교토대학 수료(과학사)
국립천문대 연구관, 한국정신문화연구원 편수원
덕성여대 교양학부, 평생교육원 강사(자연과학개론,
　　　천문학·지구과학·과학사 강의) 역임
현재 : 과학저널리스트
　　　한국천문학회, 한국과학사학회, 한국우주과학학회,
　　　한국과학저술인협회, 한겨레학회 회원
논문「朝鮮顯宗時의 彗星觀測」,
　　　「太祖의 石刻大文圖와 肅宗의 石刻大圖와의 비교」외 수편

차례

I. 필터론 ——————————————— 7

중국의 문화와 사고 양식 ·················· 8
  1. 필터로서의 사고 양식 8
  2. 필터의 실험 11
  3. 중국 문화의 특질 18
  4. 분류 원리와 기술적 사고 29
  5. 양과 패턴의 인식 35
  6. 필터의 변질과 근대의 변질 41

혁명과 전통 ·················· 47

가능성으로서의 중국 혁명 ·················· 81

창과 방패 ·················· 114

패턴·인식·제작 ·················· 119
   - 중국과학의 사상적 풍토 -
  처음에 119
  1. 언어와 사고 130
  2. 눈과 형태 143
  3. 존재와 작용 158
  4. 방법과 기술 170

II. 극구조 이론 ——————————— 185

의학에 있어서 전통으로부터의 창조 ·············· 186
처음에 186
1. 의료·위생의 3대원칙 187
2. 중의의 재평가 문제 192
3. 가치평가의 역전의 동인과 장애 197
4. 의료와 농촌의 사회주의화 202
5. 토법과 신의약학파 209
6. 새로운 의학체계의 형성 213
끝으로 220

중국공업화와 그 구조 ················· 225
— 극구조 이론 서설 —
처음에 225
1. 공업화의 발전 패턴 230
2. 극구조 이론에 의한 분석 246

공간·분류·카테고리 ················· 272
— 과학적 사고의 원초적, 기초적인 형태 —

후기 ——————————————— 329
역자 후기 ——————————————— 331
발표 참고서 ——————————————— 333

Ⅰ. 필터론

중국의 문화와 사고 양식 *8*
　1. 필터로서의 사고 양식 *8*
　2. 필터의 실험 *11*
　3. 중국 문화의 특질 *18*
　4. 분류 원리와 기술적 사고 *29*
　5. 양과 패턴의 인식 *35*
　6. 필터의 변질과 근대의 변질 *41*

혁명과 전통 *47*

가능성으로서의 중국 혁명 *81*

창과 방패 *114*

패턴·인식·제작 *119*
　　－ 중국과학의 사상적 풍토 －
　처음에 *119*
　1. 언어와 사고 *130*
　2. 눈과 형태 *143*
　3. 존재와 작용 *158*
　4. 방법과 기술 *170*

중국의 문화와 사고 양식

1. 필터로서의 사고 양식

중국의 철학은 오로지 인생의 목적을 추구하여 왔다. 철학자들의 사색은 끝내 인간이라는 관심 영역을 벗어나는 일이 없었다. 자연에 관한 사색이라 할지라도 인간에 관한 사색의 자연주의적 입장에서의 기초정립(定立)으로서 전개되었다. 다시 말하면 철학은 무엇보다도 먼저 인간학이었던 것이다.

현대 서구의 사상가 가운데에는, 그 면에 인류 문화에 대한 중국인의 최대의 기여를 고찰하려는 사람이 적지 않다. 버트런드 러셀도 그 한 사람이다. 5·4 문화운동이 한창인 1920년에 러셀은 북경(北京)대학의 초청을 받고 중국을 방문한다. 그 전후 북경대학은 채원배(蔡元培) 교장 밑에서 잡지 『신청년(新靑年)』에 의하여 사상과 문학의 혁명을 밀고 나간 진독수(陳獨秀)·이대쇠(李大釗)·호적(胡適) 등의 교수진을 거느리고 높이 떨쳐지는 문화 운동과 민족 운동의 사상적 거점을 이루었다. 근대화의 길을 걷는 중국의 젊디 젊은 정신을 본 러셀은 동서문화 융합의 큰 희망을 중국인에게 걸었다. 서구문명의 두드러진 장점은 과학적 방법이며, 중국인의 그것은 인생의 여러 목적에 대한 올바른 개념이다. 기대하지 않으면 안되는 것은 양자의 점차적인 융합이다. 중국인에게는 그것을 이룩할 희망이 있다고.[1]

중국에서의 최초의 근대 철학논쟁이 '과학과 인생관' 논쟁(1923년)이었던 것은 시사적(示唆的)이다.[2] 당시의 거의 모든 대표적인 철학자와 과학자를 끌어 넣어 그 논쟁은 전개되었다. 주제는 과학과 인생관, 혹은 사실과 가치의 관계였다. 양자의 분리를 주장한 것은 일본 유학생을 중심으로 하는 신(新)칸트파이며, 일치를 주장한 것은 미국 유학생을 중심으로 하는 실용주의자이다. 그리고 신칸트파는 실용주의자의 진영 앞에 패하여 버린다. 최후에 등장한 마르크스주의자는 주제에 관한 한 실용주의자를 지지하면서도, 인생관을 규정하는 객관적인 물질적 제조건(諸條件)의 분석의 필요성을 강조한다. 이렇게 하여 '과학과 인생관' 논쟁은 1930년대에 전개되는 '사회사 논전(社會史論戰)'을 예고하고 종말을 고한다. 이후 중국의 사상계는 실용주의자와 마르크스주의자에 의하여 거의 양분되어 간다.[3]

'과학과 인생관' 논쟁은 분리파가 옹호하려 한 가치가 유교 윤리였기 때문에, 나에게는 그 당시에 있어서의 의미가 아니라 현실적인 의미가 상실된 것같이 생각된다. 나의 물음을 직접적으로 표현한다면 이렇다. 도대체 어느쪽이 전통적인 사고양식의 참된 계승자였던가. 확실히 분리파는 유교윤리의 근대사회에서의 유효성을 옹호하였다. 그러나 그러기 위해서는 전통적인 사고양식과의 깊은 절연이 필요하였다. 일치파(一致派)는 유교윤리를 정면에서 부정하고 과학적 인생관을 제창하였다. 그렇게 함으로써 오로지 인생의 목적을 응시하며 가치의 자연주의적 기초 정립에 철학적 사색의 커다란 부분을 바쳐 온 사상의 전통을 확실히 계승하고 있었던 것이다.[4] 그리고 오늘날의 '문화'혁명을 '과학과 인생관' 논쟁의, 이미 철학의 영역에 머무르지 않는 논쟁자의 입장을 바꿔 놓은 재현(再現)이라고 간주하는 일도 가능하다. 승리는 다시 일치파의 손에 돌아갔다. 최초에 비판된 것이 유교 윤리의 현실적 유효성을 주장한 사람이었던 것도 결코 우연은 아니다.

가치체계의 개개의 내용이 아니고 그것을 방향짓는 사고의 틀을 나는 필터라 부르고 싶다. 다양한 가치체계를 갖는 이질(異質) 문화의 전면적인 접촉과 저마다의 독자적인 존재 의의의 확인은, 현대 문화의 중요한 특징의 하나이다. 그 경우 이질 문화와의 접촉에서 필터가 지니는 두 가지 작용에 주목하여 보자. 하나는 선택 및 짜넣기, 이른바 편광 작용(偏光作用)이다. 그것은 이질 문화의 여러 요소를 선택적으로 투과하고 투과한 여러 요소를 본래의 문화에서의 그것과는 다른 틀 속에 짜넣는다. 다시 그것을 통하여 고유의 문화를 변질시키면서 새로운 문화를 창조한다. 변질 및 창조는 말하자면 광합성 작용이다. 물론 필터는 렌즈와 같이 고정된 실체는 아니다. 편광 작용과 광합성 작용 그것이 필터를 끊임없이 서서히 변화시켜 간다. 다만 일반적으로 편광 작용이 크면 변화율은 작아질 것이고 광합성 작용이 크면 본래의 구조는 되풀이하여 재생산되고 계승되어가는 경향을 보일 것이다.

중국인은 삼천 년 이상에 걸쳐서 드물게 보는 고립적이며 지속적인 문화를 발전시켜 왔다. 수학과 자연학과 기술의 영역에서의 그 성과는 르네상스·유럽으로 전해져서 근대과학 형성의 주요한 원천의 하나로 되었고 17,8세기 이후 중국사상이 서구의 사상가들에게 준 영향에는 간과할 수 없는 것이 있다. 그런 만큼 서구문화의 수용에 있어서 필터의 편광 작용은 강렬하였다. 그것은 수용이라고 하기보다 격투라고 부르기에 알맞은 것이었다. 그것에 의하여 독자적인 현대사상=모택동(毛澤東) 사상을 만들어냈다. 거기에서는 전통적인 가치체계의 개개의 내용은 완전히 부정되고 있다. 그럼에도 불구하고 나에게는 전통적인 사고양식이 그곳에 생생하게 작용하고 있듯이 보인다. 필터의 광합성 작용도 또 강렬하였다고 해야 할 것이다.

이 글의 의도는 그 필터의 구조를 분명히 하는 데에 있다. 서술은 이하의 순서에 따른다. 먼저 명말(明末)·청초(淸初)에 유럽의 수학이나 자연학이 들어왔을 때 지식인이 보였던 반응을 통하여 필터의 구조를 구체적으로 검토한다. 이어서 사고의 틀을 형성하는 데에 관여하여 힘이 있었다고 생각되는 세 가지 요인을 소묘(素描)한다. 마지막으로 특징적인 사고양식 가운데서 그 몇 개를 골라 야간 깊이 들어가 분석한다.

2. 필터의 실험

이질인 두 문화가 정치·군사·경제 등의 요인을 모두 사상(捨象)할 수 있기까지 순수히 지적인 차원에서의 '대화'를 상당히 장기에 걸쳐 성립시켜 상호의 이해와 오해, 수용과 거부를 통하여 각각의 사고의 특질을 선명하게 드러낸다고 하는 역사적 상황은 좀처럼 나타나는 것이 아니다. 17세기 초부터 약 1세기 반에 걸친 중국과 유럽의 대화는 드물게 있는 지적 실험이었다. 중국에서는 명대(明代) 문화의 개화기인 만력년간(萬曆年間)부터 강희(康熙)·옹정(雍正)의 청조(淸朝) 전성기까지 사상 또는 학문에 대하여 말하면 양명학좌파(陽明學左派)의 운동이 분방한 사색과 실천에 의하여 유교의 윤리를 극한에까지 몰아넣고 그 자기 부정으로 향하고 있던 시기에서 일전(一轉)하여 실증적인 고증학의 확립을 보기까지의 시기이다. 유럽에서는 근대과학의 운동이 일어나기 시작하던 시기부터 뉴턴 역학이 겨우 대륙에 받아들여지기까지의 시기를 가리킨다.

유럽측의 대화자는 중국에 들어온 예수회의 수도사였다. 그 의도는 말할 것도 없이 포교에 있다. 그러나 포교 때문이라면 어떠한 전술이라도 채용할 준비가 있었다. 효과적인 포교의 가능성은 유럽이 그리스와 아라비아에서 계승하여 발전시키고 있는 학문을 동시에 제공하는 것에 의하여만 열린다. 그렇게 통찰한 것은 마테오 리치이다. 이후 예수회는 수학이나 자연학의 저작을 정력적으로 소개함과 동시에 천문관측이나 개력(改曆)·측지 사업의 계획에 참여하여 간다. 그들이 중국에 가져다 준 것은 주로 고대·중세의 전통을 잇는 학문이었는데 형성되고 있는 근대과학의 고동(鼓動)은 그들의 주관적 의도가 어디에 있었든 간에 거기로 불가피하게 반응하고 있었다. 중국측의 대화자는 사대부(士大夫)였다. 그들의 어떤 자는 신자가 되어 번역이나 개력사업을 도왔고, 동시에 중국의 학문 또는 사상을 예수회의 손을 거쳐 유럽에 제공한다.

여기에서는 시야를 중국 땅에 한정하기로 하자. 그리고 그리스=유럽의 사고의 특질을 단적으로 표현하는 두 권의 책의 번역이 더듬은 운명을 추구하기로 하자. 하나는 클라비우스의 『Euclidis Elementorum Libri XV.』(1574)를 리치가 구역(口譯)하고 서광계(徐光啓)가 받아쓴 『기하원본(幾何原本)』 전(前) 6권(1607)이다. 그것은 말할 것도 없이 유럽의 전통적인 학문 가운데서 자유7과(自由七科)의 4과(四科:산술·기하·천문·음악)을 대표한다. 또 하나는 코임브라대학 예수회에 의한 아리스토텔레스의 논리학의 주석서 『Commentarii Collegii Conimbricensis e Societate Iesu in Universam Dialecticam Aristotelis Stagiritae.』(1611)을 플루타크가 구역하고 이지조(李之藻)가 받아쓴 『명리탐(名理探)』(1631)이다.

그것은 삼과(문법·논리·수사)를 대표한다. 공리계와 연역법이라는 사고 방법에 대한 그리스인의 위대한 기여를 그것들이 보여주고 있다는 것을 새삼스럽게 말할 필요도 없을 것이다.

『기하원본』의 리치의 머리말 「역기하원본인(譯幾何原本引)」은 기하학의 양적 성질과 사회적 유용성을 강조하는 점에서 두드러지고 있다. 그는 기하학을 이렇게 규정한다.

> "기하학자는 주로 물체의 구분을 고찰한다. 그 부분은 만약 분할하여 수로 하면 물체가 얼마만큼(기하) 많은가를 나타낸다. 만약 합성하여 측도(測度)로 한다면 물체가 얼마만큼(기하) 큰가를 가리킨다.[5]"
> (방점은 저자 작성)

이 수와 측도를 각각의 각도에서 논하는 것이 산학(算學)·측량학·음악·천문학이다라고.

원래 중국어에서 '기하'라는 것은 양적인 물음을 나타내는 의문사이다. 그리고 오래 전부터 수학서에 관용적으로 사용되어 온 '문위원주기하(問爲圓周幾何)(원주는 얼마만큼인가)'라고 말한 것처럼 명사화하면 양 자체를 의미한다. 사실 『명리탐』에서는 '양'의 범주에 '기하'라는 역어(譯語)를 충당하고 있다.[6] 바꾸어 말하면 기하학이라는 것은 양학(量學)이며 '기하?'라는 물음에 답하기 위한 기초이론이라고 하게 된다. 이 파악은 중국 수학의 전통적인 개념에 일치한다. 그리스인이 대수학을 기하학화한 것과는 정반대로 기하학의 문제를 양으로 환원하여 대수화하여 다루어 온 것이 중국인이었으므로. 서광계의 「각기하원본서(刻幾何原本序)」의 이해도 그것과 궤를 같이한다.

> "『기하원본』은 수와 측도의 기본으로서 방원(方圓)·평직(平直)의 상태를 밝히고 규거(規矩)·준승(準繩)의 작용을 다하는 근거이다.[7]"

여기서부터 바로 기하학의 사회적 유용성의 주장이 상세하게 전개된다.

리치에 의하면 4과에서 파생한 학문 분야 가운데서 측천측지(測天測地)·역(曆)·시보(時報)·토목건축·기계기술·제도·지도 등은 모두 기하학과의 일에 속한다. 그 밖의 분야에서도 크건 작건 기하학을 빌려서 일을 전개하지 않는 것이 없다. 더욱이 병법가(兵法家)에게는 기하학은 빠뜨릴 수 없다. 서양 고대에 기하학이 발달한 것도 군사기술을 통해서였다. 이것으로부터 그 사회적 유용성을 알 수 있다고 서양의 수학·천문학서의 번역 허가를 청한 이천경(李天經)의 상주문 「청역서양역법등서소(請譯西洋曆法等書疏)」에서 말한다.

> "『기하원본』이라는 책이 있습니다. 방원·평직을 전적으로 논하고 있어 기기를 제작하는 기법이라고 생각됩니다.[8]"

리치의 머리말에서의 사회적 유용성의 강조는 클라비우스의 「프롤레고메나」와 현저한 대조를 보이고 있다. 클라비우스가 역설한 것은 교육상의 효과와 플라톤적인 의미에서의 유용성이었다.[9] 도대체 리치가 『기하원본』을 번역해 낸 처음의 의도는 어디에 있었는가. 『중국으로의 그리스도교 도입사』 가운데에서 리치는 말한다. 중국의 수학은 기초를 빠뜨리고 있다. 명석한 논증 방법인 기하학 없이는 과학적 탐구는 되지 않는다. 따라서 먼저 유클리드의 『기하원본』을 번역하는 것이 제일 좋다고 생각했던 것이다[10]라고. 파스칼은 기하학적 정신과 섬세의 정신을 대비하였다. 데카르트나 파스칼에게 있어 기하학이라는 것은 무엇보다도 먼저 완전한 논증 방법이었다. 리치에게도 그 인식이 있었다. 그럼에도 불구하고 그는 그 머리말에서 연역법이나 논증의 방법으로서의 기하학에 대해서는 거의 입을 다물고 말하지 않는다. 「역기하원본인」은 중국인의 심성(心性)의 명민(明敏)한 통찰자였던 리치가 최대의 효과를 노리고 쓴 선전문이었던 것이다. 그것에 의하여 이 문장은 17세기의 기하학서 가운데서 특기할 위치를 차지하게 된다. 당시는 사변(思弁)기하학 또는 이론기하학과 실용기하학으로 나누어져 있었고 시대가 내려감에 따라 양자의 융합이 진척된다. 동시에 교육적·정신적 효용에 더하여 사회적 유용성의 강조가 눈에 띄게 된다.[11] 세기의 후반이 되어서 현저해지는 이 경향을 리치는 재빨리 앞서 취하고 있었던 것이다. 그가 1577년에 로마를 출발하고 있는 것을 아울러 생각해 보면 그 선구적 의의는 분명할 것이다. 중국인에게 걸맞는 선전문이 시대의 선구가 되었던 사실에 나는 주목한다.

　　유클리드의 『기하원본』을 양학이라고 부르고 사회적 유용성을 설명한다고 꾸며대기는 하였지만 본문의 번역은 극히 정확하고 클라비우스의 주석 부분을 과감하게 단축한 것을 제외하면 원서의 체제에 끝까지 충실하였다. 그러나 리치는 번역해 내는 과정에서 분식(粉飾)의 한계를 깨닫고 이 책이 더듬게 될 운명을 예감한 듯이 보인다. 그는 번역을 전(前) 6권으로 그치고, 계속하라는 서광계의 요청을 물리치고 이후 오로지 실용수학서의 번역사업에 힘썼던 것이다. 『기하원본』은 명말의 예수회 수도사의 번역서를 집성한 총서(叢書) 『천학초함(天學初函)』에 수록되어 꽤 보급된 것으로 생각된다.
 『기하원본』을 손에 넣은 중국인은 어떤 반응을 보였을까. 과학연구로 유명한 강희제(康熙帝)의 경우를 보자. 소년시절에 그는 페르비스트로부터 수학과 자연학의 초보를 배우고 있었는데 그가 죽은 후 루이 14세가 파견한 부베와 제르비용에게서 본격적인 교육을 받게 된다. 그 무렵 학자에게 명하여 『기하원본』을 만문(滿文)으로 이중 번역시키고 있었다. 그러나 그것은 그에게는 매우 읽기 힘든 난해한 책이었다. 그래서 부베와 제르비용은 『기하원본』을 버리고 파르디스의 *Eléments de géométrie*(1671)을 교재로 선택한다. 파르디스의 책에는 실용기하학이 상당히 도입되어 있어서 클라비우스보다 훨씬 접근하기 쉽다고 생각되었을 것이다. 그들은 그것을 만문과 한문으로 번역하여 교재를 편집하여 강의를 진행하였다.[12] 이것이 뒷날에 강희제의 명에 의하여 서양역산서(曆算書)를 집성한 총서 『수리정온(數理精蘊)』에 수록된 『기하원본』이다.[13]
 『수리정온』책의 『기하원본』에는 『천학초함』책의 그것과 전혀 다른 데가 하나 있다. 원서의 체제를 형편 없이 무너뜨려 버리고 있는 점이다. 정의와 공리와 정리의 구별도 없다. 정리와 작도(作圖)와 증명의 구별도 없다. 일체의 구별을 없애 버린 아무 변화도 없는 기술(記述)로 바뀌어져 있다. 강희제에게는 이 편이 이해하기 쉬웠다고 하면 공리계나 연역법이라고 하는 사고방식이 얼마나 달라붙기 어려웠느냐고 하는 한 증거가 될 것이다. 더욱이 이토록 체제를 무너뜨렸어도 강희제에게는 아직도 참을 수 없었던 것같이 보인다. 두 사람의 스승에게 명하여 실용기하학의 텍스트를 만들게 하고 병행하여 가르치게 하였다. 그의 의도는 처음부터 예수회 수도사가 헌상한 천문관측기계·측량기계 그밖의 실험장치를 조작하는 것에 있었던 것이다. 약간의 기초가 얻어지자 그는 기기에 달라붙는다. 그리고는 이미 『기하원본』에는 흥미를 보이지 않는다. 부베와 제르비용의 찬사에도 불구하고 강희제가 얼마만큼이나 이론기하학에 익숙했는지 의심스럽다.

강희제 한 사람만이 아니다. 대수·삼각함수 등이 많은 연구자를 배출한 것에 대하여 기하학의 연구는 참으로 적적한 것이었다. 중국인은 13,4세기에 천원술(天元術) 또는 사원술(四元術)로 불려지는 고도의 대수학을 만들어냈다. 그 성과의 가운데에는 예를 들면 파스칼의 삼각형이나 19세기의 호너에 의하여 발견된 고차방정식의 해법 등이 포함되어 있다. 마찬가지로 할원술(割圓術)이라고 불려지는 삼각함수의 대체물도 발전시켰다. 호(弧)가 둘러싼 각이 아니라 호나 현(弦)의 길이 자체를 대수적으로 계산하는 방법이다. 그것은 구면천문학에 응용되었다. 이러한 배경이 있었기 때문에 그것들은 즉시 수용되어 소화된 것이다. 기하학은 그렇지 않았다. 피타고라스 정리의 증명에 몇 가지 새로운 연구를 낳기는 하였지만 '기하학적 정신'은 끝내 중국인에게는 인연이 없었다.

사실을 말하면 오직 한 사람의 예외가 있었다. 『맹자자의소증(孟子字義疏證)』을 쓴 철학자로서 알려진 대진(戴震)이다.[14] 건륭년(建隆年) 사이에 편집된 문헌 해제 『사고전서총목(四庫全書總目)』의 서양 역산서 항목은 그의 손으로 된 것이라고 생각되고 있다.[15] 그 『기하원본』의 해제[16]는 리치의 머리말 따위에는 눈도 돌리지 않고, 정의로 시작되는 전권의 구성을 정확하고 간결하게 기술하여, 필자가 '완전한 논증 방법'인 기하학의 이해자였음을 보여주고 있다. 『맹자자의소증』이 서양 철학서를 연상시키는 분석성과 체계성을 갖추고 있는 점, 이 책이 당시 거의 한 사람의 이해자도 찾아낼 수 없었던 점, 철학자로서의 대진은 근대가 되어 처음으로 발굴되었다는 점, 그것은 대진의 '기하학적 정신'에 깊이 관계되어 있을 것이다. 『기하원본』의 영향은 아편전쟁까지 한 사람의 고독한 사상가를 낳는 데에 그쳤던 것이다.

『명리탐』에 이르러서는 그것이 중국의 사상기에 끼친 영향의 흔적을 전혀 발견할 수 없다고 하여도 지나친 말이 아니다. 공간(公刊)

된 10권 가운데 전(前) 5권을 포르피리오스의 『아리스토텔레스의 카테고리론 입문』의 주석, 후(後) 5권은 아리스토텔레스의 『카테고리론』의 주석이다. 원서의 체제를 답습하여 역문도 극히 정확하다. 논리학에 대한 중국인의 반응은 다시 강희제에 의하여 잘 예증된다. 철학의 강의를 요청받은 부베와 제르비용은 우선 논리학의 텍스트를 만들어 미리 강희제에게 제출하였다. 그런데 그것을 훑어본 그는 다시 철학을 입에 담지 않아 모처럼의 강의 계획도 무위로 돌아갔다.[17]

중국의 학문에 관한 보고서 가운데서 어느 예수회 수도사는 이렇게 쓰고 있다.

"〔기하학에 대하여〕 그들의 기하학에 대하여 말하면 참으로 천박하다. 정리라고 불리는 명제의 진실을 증명하는 이론기하학에 대하여나 문제 해결을 위하여 어느 특정 방법을 적용하는 기법을 가르치는 실용기하학에 대하여도 매우 빈약한 지식밖에 갖고 있지 않다. 그들이 무엇인가 문제를 해결하려고 한다면 어떠한 지도 원리에 의거하기보다도 오히려 귀납에 의거하여서 한다. 그렇다고 하여 측지(測地)를 하거나 경계나 면적을 표시하는 솜씨와 정확성에 결하고 있는 것은 아니다. 그들이 측량에 사용하는 방법은 쉽고 또한 매우 정확하다.[18]"

"〔논리학에 대하여〕 유럽에서는 극히 세련되어 있는 논리학도 중국에서는 대체로 규칙이 결여되어 있다. 추론을 완전하게 하는 그리고 정의하고 구별하여 결론을 이끄는 규칙을 그들은 전혀 발명하고 있지 않다. 그들은 이성(理性)의 자연의 빛밖에는 따르지 않는다. 이 학문의 도움도 빌리지 않고 여러 가지 관념을 비교하여 극히 정확한 결론을 이끌어 내는 것은 다만 그것에 의한 것이다.[19]"

여기에는 학문의 성격이나 사고양식의 이질성에 대한 이해가 없는 데서 생긴 낮은 평가와 약간의 곤혹과 정확한 지적이 혼재(混在)하고 있다. 우선은 중국인이 기하학의 문제를 연역보다도 오히려 '귀납'에 의하여 해결한다는 지적 및 이성의 자연의 빛에 의하여 여러 가지 관념을 비교하고 결론을 이끌어 낸다는 지적에 주목하면 족하다.

3. 중국 문화의 특질

언어구조와 논리 중국어는 고립어라고 불린다. 하나하나의 말이 독립성을 지니고 또한 어미 변화를 갖지 않는다. 문장의 구성은 문학적인 규칙으로서 명시되는 것보다도 오히려, 예컨대 리듬감이라고 하는 것에 이끌려지고 있는 것같이 보인다.[20] 그 문법학에 대한 시도는 아직도 이렇다할 성과를 거두고 있지 못하다. 중국어의 특수한 구조는 중국인의 사고 양식과 사상에 몇 가지의 두드러진 특성을 주어온 것같이 생각된다.[21]

송학(宋學)의 존재론을 확립하였다고 하는 주렴계(周濂溪)의 『태극도설(太極圖說)』 그 첫머리의 일절을 빌어 생각하여 보자.

"無極而太極, 太極動而生陽, 動極而靜, 靜而生陰, 靜極而復動(무극이면서 태극, 태극이 움직여서 양을 낳고, 움직임이 다하면 정, 정이면서 음을 이루고, 정이 다하면 다시 움직인다)"

그 영역은 예를 들면 다음과 같이 주어지고 있다.

'The Ultimateless! And yet also the Supreme Ultimate! The Supreme Ultimate through movement produces the yang. This movement, having reached its limit, is followed by quiescence, and by this quiescence it produces the yin. When quiescence has reached its limit, there is a return to movement.[22]'

그런데 '無極而太極'의 무극과 태극은 명사이며 어느 쪽도 다 송학의 중요한 개념이다. 그러나 지금은 그러한 사상사적 전제를 떠나기로 하자. 그리고 일체의 관용, 규칙이 아닌 규칙은 무시하자. 그리고 순수하게 언어의 구조라는 관점에서 다루고자 한다. 그러면 '無極而太極'은 '무가 극에 달하여 크게 극에 달한다' 혹은 '극에 달함이 없음도 크게 극에 달한다'라고 읽을 수 있다. '動極而靜'은 '움직임이 극에 달하여 정' 혹은 '극을 움직여서 조용해진다'라고 읽을 수 있다. '生陽'을 '양을 낳다'가 아니고 '살아 있는 양'이라고도 해석할 수 있다. '復動'은 '다시 움직인다' 혹은 '동(動)으로 돌아간다'로 읽을 수 있을 뿐 아니라 그것을 하나의 명사 또는 동사라고 간주할 수도 있다. 실제로는 이 문장을 읽고는, 예를 들면 '復動'이라는 명사, '다시 움직인다'라고 말하는 동사는 존재하지 않을 것이라고 생각된다. 그렇게 읽는 방법에는 무리가 있다고 느낀다. 그러나 그 규칙을 명시할 수는 없다. 규칙이 아닌 규칙에 비추어 어떻게 읽는 방법이 가장 무리가 없느냐라고 하는 것일 뿐이다. 영역은 제일 무리가 없는 방법을 따르고 있다. 어디에도 잘못은 없다. 그럼에도 불구하고 제각각의 말을 품사를 고정한 말로 바꿔 놓음으로써, 원문이 그 자체로서 갖는 해석의 다양한 가능성을 처음부터 특정 방향에 한정하고 있다. 그런 의미에서는 전혀 이질의 문장이다. 중국어에는 하나의 말의 품사를, 따라서 그 말의 기능을 미리 결정하는 문법상의 명시적인 규칙은 존재하지 않는다. 그것을 결정하는 것은 관용적인 언어 표현의 장(場), 혹은 언어가 사용되는 공통의 이해의 장이다. 그것을 언어장이라고 부르자. 거기서는 품사가 기능을 결정하는 것이 아니고 기능이 품사를 결정하는 것이다.

바꾸어 말하면 중국어에는 명사와 동사의, 더욱이 형용사와 부사의 본래적인 구별은 없다. 그래서 주어와 술어의 본래적인 구별도 분명하지 않다. 하나의 말을 동일 구문(構文)조차 주어로도 술어로도 해석할 수 있다. '太極動而生陽'을 '태극이 움직여 양을 낳다' 및 '크게 동하여 양을 낳다'라고 읽어 보자. 태극의 두 자는 전자에서는 주어였으나 후자에서는 술어로 되고, 언어 표현에서 주어가 사라져 없어진다. 그 경우 주어는 언어장(場)에 넘겨져 있다고 할 것이다. 더욱 적극적으로 말하면 특정의 언어장에서는 주어는 처음부터 표현되지 않는다. 『논어』 권두의 한 구절을 들어보자.

'學而時習之, 不亦說乎(배우고 때때로 익히면 또한 기쁘지 아니한가)', '學而時習之'를 명사구로 생각하여 그것을 문법상의 주어부에, '不亦說乎'를 술어부에 해당시킬 수는 있다. 그러나 배워 익혀 즐기는 것이 대체 누구인가, 명시되어 있지 않다는 의미에서 이 문장에 주어는 없다. 어미 변화가 없기 때문에 일인칭·이인칭·삼인칭, 단수·복수, 어느 것을 맞춰 적용해도 된다. 언어장의 어느 특정 상황에서는 다른 주어를 갖는, 예를 들면 "(나는) 배워서 때때로 이것을 익힌다, (그대) 또한 기쁘지 아니한가"라고 해석해야 할는지도 모른다.『논어』의 한 구절로서 어느 것이 적절한가는 그 표현이 공자의 입에서 나온 그 환경의 상황에 따른다. 그렇다고 하여 주어의 생략형이라고 간주할 것은 아니다. 언어가 표현의 장에서 떨어져 나온 하나의 그 자체로서 완결된 세계를 형성하고 있지 않은 것이다.

　이러한 중국어의 특성은 중국인의 사고 양식과 사상에, 예를 들면 다음과 같이 영향을 주었듯이 내게는 생각된다. 언어의 세계가 그 자체로서 완결되어 있지 않기 때문에 언어=로고스의 탐구가 대상=실제의 탐구로 바뀔 수 있다. 혹은 그것에 우월한다고 하는 사고방식은 끝내 생기지 못했다. 주어와 술어의 구별이 분명치 않기 때문에 주어에 대응하는 '실체 substance'의 개념은 최후까지 성립하지 않았다. 명사는 그대로 동사이기도 하므로 대상적 세계는 고정적인 형태와 구조를 갖지 않고 항상 움직여 멈추지 않는 것, 포름(forme) 없는 유동의 세계라고 보아졌다. 바꾸어 말하면 로고스적 탐구의 대상으로 되는 명확한 포름을 가진 부동의 존재라고 하는 저 그리스 철학의 세계는 거기에는 인연이 없었다. 논리학은 유명론(唯名論—nominalism)의 결여 때문에, 기하학은 포름에의 무감각 때문에 싹으로만 그쳤다. 그리고 존재의 학(學)으로서의 형이상학은 우주론(cosmology—질서 cosmos의 논리 logos의 탐구)이 아니고 최후까지 우주창생론(cosmogony—질서의 생성 gonosis의 탐구)인 채로 있었던 것이다.

　그렇다면 언어의 특성은 어떠한 포지티브한 내용을 가져다 주었을까. 포름이 아니고 양(量)과 패턴의 인식, 분석적 방법이 아니고 직관적 방법, 로고스의 탐구가 아니고 실재에의 고집, 그것들에 대하여는 뒤에서 설명하였다. 여기에서는 '체용(體用)'의 논리에 언급하여 둔다.[23] 체용이라는 것은 원래 불교에서 송학이 빌어쓴 개념이다. 그러나 "체용의 개념은 중국식의 사변에 매우 친숙하기 쉬운 것이며, 중국사상은 이를테면 본래적으로 혹은 잠재적으로 체용 사상이 아니었던가라고 생각된다.[24]" 지금은 체용에 주체와 작용이라는 역어를 충당해 둔다. 주자(朱子)는 그것을 감관(感官)과 감각과의 관계에 견준 일이 있다.

"예를 들면 귀는 바로 주체이며 청각은 바로 작용이다. 눈은 주체이며 시각은 작용이다.[25]"

명석한 설명이지만 비유가 지니는 한계에 의하여 일면적인 것을 면할 수 없다. 앞에서 인용한 『태극도설』의 일절에 언급하여 주자는 말한다.

"음양에 대하여 말하면 작용은 양(陽)에 있고 주체는 음(陰)에 있다. 그러나 동정(動靜)에 실마리가 없고, 음양에 시원(始源)이 없어, 그 시간적 순서를 구별할 수 없다. 이제 가령 어디에서부터 일어나는가에 대하여 말하면 결국인즉 동(動)의 앞은 역시 정(靜)이며 작용의 앞은 역시 주체인 것이다.[26]"

이 말에서 살필 수 있는 것같이 주체란 보다 근원적인 것, 보다 정적인 것을, 작용이란 보다 파생적인 것, 보다 동적인 것을 가리킨다. 그렇지만 무엇인가 어떤 고정적인 구조를 가진 주체가 있어서 어떤 작용을 한다는 것은 아니다. 동에서 정으로, 정에서 다시 동으로 전화(轉化)한다고 하는 것으로부터 알듯이, 주체와 작용은 끊임없이 서로 전화하는 것이다. 주체와 작용의 연쇄반응에 의하여 대상적 세계를 파악하려고 하는 데에 중국사상은 성립한다. 이렇게 해서 이미 예상되듯이 주체와 작용은 두 개의 대상 또는 개념 사이의 관계에 적용될 뿐 아니라, 하나의 대상 또는 개념의 두 측면으로서도 파악된다. 아니 그렇게 말해서는 충분하지 않다. 음양을 말하여도 본래 기(氣)의 보다 정적인 상태와 보다 동적인 상태를 가리키는 개념에 지나지 않는다. 인(仁)과 의(義)라는 유교의 중심적인 가치개념에 대하여 주자는 이렇게 말하고 있다.

"인은 당연히 주체이며 의는 당연히 작용이다. 그러나 인과 의에는 제각각 주체와 작용이 있으며 제각각 동과 정이 있다.[27]"

'인'에는 '자애'라는 정적인 주체적 측면과 '자애를 베푼다'라는 동적인 작용적 측면이 있다. '자애'라는 주체의 존재는 '자애를 베푼다'라는 작용을 통하여 인식되는데 '자애를 베푼다'라는 작용은 논리적으로는 '자애'라는 주체의 존재를 예상한다. 이것을 논리적인 순서로서가 아니고 시간적인 순서로서 바꾸어 파악하면, 앞에서의 주자의 음양에 관한 말은 쉽게 이해될 것이다. 그리고 여기까지 기술하면 벌써 설명을 요하지 않을 만큼 명료할 것이다. 체용의 논리는 하나의 낱말[語]이 명사인 동시에 동사이며, 주어로 될 수 있는 동시 술어로도 될 수 있다는 언어 구조의 바로 사상적 표현이다. 중국 사상은 그 의미에서 '본래적으로 혹은 잠재적으로 체용사상(體用思想)'이라고 할 수 있을 것이다.

지식인=관료의 실천지향   중국의 지식인은 원칙적으로 관료였다. 관료인 것이 그 본래적인 자세로서 항상 의식되고 있었다. 관료인 것은 공적(公的) 가치에 관계되며, 공적 가치의 실현에 관여하는 일이었다. 따라서 관직에의 취임의 거부가 정당화되는 것은 그것에 의하여 공적 가치가 한층 잘 유지된다고 판단되는 경우에 한정되어 있었다. 공자의 생애가 그것을 예시할 것이다. 하급관료에서 몸을 일으킨 그는 노(魯)의 국정을 담당하지만, 얼마 후 그 지위를 떠나 여러 나라를 방랑한다. 그의 정치적 이념을 실현하는 무대를 구했던 것이다. 그러나 동란의 시대에 그를 맞이할 군주는 없었다. 고난에 찬 방랑생활 끝에 그것을 자각한 그는 드디어 뜻을 후진에 전하려고 교육자의 길을 선택한 것이다. 교육자로서의 공자는 정치가로서의 공자의 단념(斷念)이며 단념을 통하여서의 공적(公的) 가치의 옹호였다. 그의 교설(敎說)은 한대(漢代)에 공인된 국가 윤리로 되어 2천 년 동안 그 위치를 계속 유지한다.

유교에서의 가치체계의 방향 정립은 『대학(大學)』에 선명하게 표현되고 있다고 생각하여도 된다. 즉 수신→제가→치국→평천하라는 상향적(上向的)인 서열이다. 수신·제가는 그것이 아무리 강조된다고 하여도 어디까지나 치국·평천하의 전제이며 필요조건에 지나지 않는다. 충분한 조건도 아니며 하물며 그것 자체가 목적으로 될 수 있는 것도 아니다. 그 가치적인 의미 부여는 치국·평천하의 달성에 의하여 비로소 완결한다. 이리하여 관료로서의 본연의 자세에 정통성이 주어지는 것이다. 반대로 말하면 관료인 것을 거부하는 것은 공적 가치를 버리고 사적 가치 혹은 반가치(反價値)를 택하는 것을 의미한다. 그것이 도교(道敎)이며 불교였다. 송(宋)의 철학자들이 말하는 '이단'이었다.

지식인=관료로서의 본연의 자세, 정치적 실천=공적 가치의 실현이라는 이념은 그 학문 또는 사상에 두드러진 특성을 주었다. 지식인은 먼저 공적가치의 체현자(体現者)가 아니면 안되었다. 공적 가치는 이미 고대의 성인의 언행에 현재적(顯在的) 또는 잠재적으로 표현되어 있다. 이리하여 고전적 교양이 학문의 중심이 된다. 사상적인 영위는 고전의 주석 또는 성인(聖人)의 언행의 해석이라는 형태를 취한다. 동시에 성인이라는 것은 이상적인 정치적 인간이며 그들이 보인 가치는 정치적 실천을 통하여 사회적으로 실현되어야 할 것이기 때문에 학문의 자기 목적화는 부정된다. 지식 그 자체의 추구는 반가치로서 배척된다. 중국의 학문 또는 사상은 지식인=관료의 실천 지향에 의하여 방향지어진 것이다.
　이러한 점에 대하여는 이미 주지의 일로서 많은 말이 필요하지 않을 것이다. 다만 내가 강조하고 싶은 것은 다음의 점이다. 지식인의 교양이 고전적 혹은 문학적인 그것을 중심으로 하고 있었기 때문에 정치적 실천에는 아무런 쓸모도 없고, 그들은 흔히 정치적으로 무능하였다는 평을 받는다. 아마 진실일 것이다. 그러나 그것은 지식인=관료의 실천 지향이 학문 또는 사상에 '실천'적 성격을 부여하고 '이론'적 성격을 빼앗는 것을 조금도 방해하지 않았다. 왜냐하면 그것은 가치체계의 방향 정립에 관계되는 것이기 때문이다.
　중국사상의 원형　전국시대에서의 제자백가(諸者百家)의 출현은 중국사상이 본래 다양한 가능성을 내포하고 있었던 것을 증명한다. 백가구류(百家九流)라고 불리는 다양한 사상가 또는 학파는 사상의 여러 가지 원형을 제출하였다. 그러나 진한(秦漢)제국(帝國)의 성립과 함께, 바꾸어 말하면 주대(周代) 봉건제의 해체기에 나타난 제자백가는 관료제 국가의 형성과 함께 유·도(儒·道) 두 교에 수렴되어 갔다. 이후 소위 제자학(諸子學)은 청말(淸末)까지 2천 년에 걸쳐서 절학(絶學)이 된다. 그것이 중국의 사상을 전체적으로 빈약하고 단조롭게 한 것은 감출 수 없다. 그러나 유·도 두 학파 측에서 말하면, 다른 사상을 가치 체계의 허용한계까지 흡수함으로써 스스로를 풍요롭게 하였던 것이다. 더욱이 '인'이라는 공적 가치만을 들고 출발한 유교는 처음에는 공공막막(空空漠漠)하고 융통무애(融通無碍)하여, 도가를 포함한 모든 학파로부터 탐욕스럽게 개념을 차용하고, 학설을 탐식하여, 사상을 감싸들며, 오직 하나의 정통적인 학파로까지 성장하여 갔던 것이다. 그런 의미에서는 다양한 사상의 정통과 이단에의 수렴이었다고도 할 수 있을 것이다. 따라서 제자백가의 사상 구조를 밝힌다는 것은 유·도 두 학파의 사상 구조를 그 원형에서 밝히는 일이기도 하다. 여기서는 논증을 빼고 과감하게 도식화(圖式化)를 시도해 보자(그림 1).

중국의 문화와 사고 양식 25

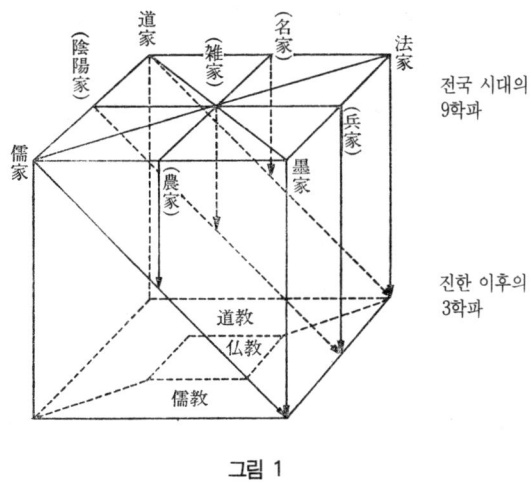

그림 1

　9류(九流), 즉 9개의 중요한 학파 가운데 기축(基軸)을 구성하는 것은 도가(道家)·유가(儒家)·묵가(墨家)·법가(法家)이다. 그림에서는 정사각형의 네 모퉁이에 위치하고 도가—묵가, 유가—법가가 대각선을 형성한다. 도가는 반사회성을 표방하는 단 하나의 학파이다. 대아(大我)=국가 사회를 버리고 소아(小我)=개인에 일관하고 다른 사람을 위하여는 머리카락 하나 움직이려 하지 않는 이기주의로 향한다. 그 대극(對極)에 서는 것이 묵가이다. 소아를 멸하고 대아에 살며, 남을 위하여 발꿈치를 닳게 하여 생사를 돌보지 않는 철저한 이타주의(利他主義)의 입장을 취한다. 유가는 관습을 소중히 여기고, 역사적으로 형성되어 사회적으로 용인된 관습의 총체를 보다 한정하여 말하자면 에토스(ethos)를 예(禮)라고 부른다. 그리고 예에 바탕을 둔 개인의 행동과 국가 사회의 통치를 추구한다. 그 대극에 법가가 있다. 씨족제에 유래하는 낡은 제도나 관습을 부정하고, 관료제에 맞는 형법 중심의 실정법을 제정하여 엄격한 법치주의의 입장을 선택한다. 이 두 개의 대각선을 끼고 네모퉁이를 차지하는 각 학파는 각각 인접하는 학파에 대하여 공통면과 대립면을 갖는다. 능선은 이행(移行) 관계를 가리킨 것이다.

　도가-묵가의 중간에 서는 것이 유가이다. 도가의 '자애(自愛)'에 대하여 묵가는 '겸애(兼愛)'를 타이른다. 주지하다시피 묵가는 기술자 집단에 지탱되어 활동하였다. 그들은 침략전쟁을 부정하는 평화주의자였으나, 일단침략의 위기에 서면 생명을 내던지고 성곽 도시의 수어(守禦)에 임하였다. 묵수(墨守)라는 말은 그에서 생긴 것이다. 집단의 내부에는 엄격한 규칙과 동료간의 윤리가 있었다. 겸애는 보편적인 인류애라고 해석되고 있으나, 나의 생각으로는 원래 수공업자 집단 내부의 기술을 유대로 하는 동료애(同僚愛)일 것이라고 생각한다. 그것을 집단의 성원 외까지 확장할 때 겸애의 슬로건이 태어난다. 유가는 양자의 중용을 골라서 '별애(別愛)', 즉 인(仁)을 타이른다. 그것은 가족의 질서를 지탱하는 서열화된 사랑을 모든 사회로 확대한 것이다. 그리고 예는 인의 외적 표현이라고 간주된다.[28]

　유가가 성문화되지 않는 예를, 법가가 성문화된 법을 사회생활의 질서의 원리로 한 것에 대하여, 그 중간적인 원리에 따른 것이 묵가이다. 그들은 집단 내부의 규칙을 성문화하고, 그것을 성원에게 외우게 했는데 내용은 윤리적인 것이었다. 성문화된 형법을 갖고 있었는데 그것은 전투행위와 전시체제하의 긴급사태에만 적용되는 것이었다. 도가-유가-묵가의 삼각형을 윤리사상의 삼각형이라고 부른다면, 유가-묵가-법가의 그것은 법사상의 삼각형이라고 부를 수 있을 것이다. 또 묵가-법가-도가의 삼각형은 정치사상의 삼각형이라고 간주할 수 있을 것이다. 도가는 국가권력을 부정하는 무정부주의의 입장에 서고, 묵가는 군주를 인민의 합의에 의하여 뽑혀진 것이라고 본다. 묵가 집단에서의 지도자의 선출 형태는 아마도 그것을 투영한 것일 것이다. 권력의 부정과 만인에 기초를 두는 권력, 그 사이에서 법가는 한 사람의 전제군주에 의한 권력적 지배를 주장한다.

이들의 삼각형이 사회의 질서 정립의 원리를 나타낸다고 하면, 도가를 정점으로 하는 제4의 삼각형은 존재 그 자체의 질서 정립의 원리를 가리킨다. 중국의 존재론은 도가에 의하여 확립되었다. 장자(莊子)는 카오스로부터 코스모스로라는 신화적 우주생성론을 계승하면서 그것을 로고스의 전개과정에서 파악하여, 신화로부터 형이상학으로의 비약을 이루었던 것이다. 그 경우 그의 혼돈설화(混沌說話)가 상징하듯이, 질서의 형성은 악이며 궁극적 가치인 혼돈의 죽음이었다.[29] 거기에 존재론을 '제일 철학'의 위치에 정립시킨 그리스적 사유와 깊은 차이가 있다고 말하지 않으면 안될 것이다. 그런데 혼돈에서 질서로의 과정은 도가에 의하면 자연='저절로 그러한' 것이었다. 마찬가지로 신화적 사유를 계승하면서도 질서의 행위성을 강조한 것이 법가이다. 형체(形体)에 명명(命名)한다는 행위[形名]를 통하여 혼돈으로부터 질서가 형성된다. 그 구체적 표현이 바로 법이다. 그것에 대하여 고대의 성왕(聖王)이 제도를 부여하였다고 하는 유가에는 존재론이 매우 결여되고 있다. 고작 '명분을 밝혀야 한다'고 주장하고 있을 뿐이다. 이윽고 그들은 도가의 우주론을 수용하여 질서를 반가치로부터 가치로 역전시킨다. 그리고 혼돈으로부터 질서로의 과정을 '저절로 그러한' 것으로 간주하면서도, 자연의 도를 체득한 성인에 의하여 인류이 정해졌다고 하는 도가와 법가의 중간에 서는 존재론을 만들어내는 것이다. 처음에 지적한 인간학의 자연주의적 기초부여는 이렇게 하여 주어진다.

이것이 중국의 말하자면 사상 공간이었다. 네 개의 삼각형이 형성하는 정사각형에 의하여 표현된 넓이가 중국인의 사고의 장(場)이었다. 그 상대하는 2조(二組)의 능선을 특질짓는다면, 도가-법가는 존재론적 입장을, 유가-묵가는 인간적 입장을 각각 가리킬 것이고, 도가-유가는 자연의 입장을, 법가-묵가는 행위의 입장을 각각 나타낼 것이다. 그 밖의 여러 학파에 대하여 상세하게 논하는 것은 다른 기회로 미루겠지만, 명가(名家)는 도가와 법가 사이에, 음양오행가(陰陽五

行家)는 도가와 유가 사이에, 그리고 반드시 적절하지는 않으나 농가(農家)와 병가(兵家)는 각각 유가와 묵가 및 묵가와 법가 사이에 위치하게 할 수 있을 것이다. 잡가(雜家)는 그것들의 혼잡형태이며 중앙에 위치한다. 어떤 의미에서는 잡가만큼 중국사상의 그 이후의 전개를 시사하는 학파는 존재하지 않는다. 왜냐하면 유가야말로 실은 탐람(貪婪)한 잡가에 지나지 않았기 때문이다.

전국(戰國)의 사상을 대표하는 4개의 학파 중 먼저 묵가가 법가의 입장을 취하는 진(秦) 제국에 의하여 박멸되었다. 권력적 지배에 있어서는 묵가집단의 주장과 힘은 두려워할 만한 것이었으리라. 이어서 법가가 유가의 입장을 취하는 한(漢)제국에 의하여 이빨이 뽑혀지고 관료제 자체 속으로 해소되었다. 드러내 놓고 법치주의를 관철하는 데는 농업 사회는 적합하지 않았을 것이다. 유가가 어떻게 해서 최후의 승리를 거두었는지 그것을 이해하는 것은 어렵지 않다. 유가는 농업사회의 자연성에 입각하여 있고 가족윤리 이외는 어떠한 이론적 지주도 갖지 않았다. 그런 만큼 다른 모든 학파로부터 사상을 빌어 쏠 수 있었다. 그때 그들은 언제나 중용의 길, 중간의 길, 조정자의 길을 택하였다. 그것으로써 농업 사회 위에 군림하여 전제군주를 받드는 관료제에 가장 적합한 사상체계를 형성하였던 것이다. 한편 도가는 자연성 자체의 표현으로서 관료제를 이면에서 떠받쳤다. 그것이 유가의 승리의 비밀이며 도가의 존재 이유였다. 그후 한말에 불교가 도입되었다. 그것은 중국인의 강렬한 필터에 의하여 선택적으로 흡수되어 중국화되어 버렸지만, 그래도 이론적 사색으로의 일정한 촉매작용을 수행한 것은 의심할 수 없다. 불교의 자극 아래 유가는 다시 한 번 잡가적 탐람성을 발휘하여 불교(및 도교)로부터 흡수할 수 있는 한의 것을 흡수하여 진용을 재정비하였다. 그것이 송학(宋明理學)이었다. 송학에서 자기 내면에 확립되는 모랄을 핵으로 하면서, 한쪽 극에는 인간학의 우주론적 기초 정립을 구축하고, 다른쪽 극에는 국가 통치의 현실적 정책론을 전개한다는 공전의 체계성을 획득한 유교는, 그 포섭한 다양성 때문에 도리어 내적 모순을 드러내어 자기 붕괴의 발걸음을 재촉하여 근대로 들어간다.

이 전개 과정이 가리키듯이 전국시대의 사상 공간은 거의 그대로 진·한 이후의 사상 공간이기도 하였다. 유가의 잡가성이 그것을 연속시킨 것이다. 그러면 이 사상 공간 가운데서 작용한 사고 방식은 어떠한 것이었을까.

4. 분류 원리와 기술적 사고

사회적 실천에 필요한 한도를 넘어서 사색을 밀고 나가려는 분석적 이성에 대하여, 중국인은 노골적인 혐오를 보였다. 분석적 이성의 작용은 실천적 유효성의 한계를 넘어서는 안되었다. 그것은 실재의 세계와 대등하거나 또는 그 이상의 가치를 갖는 로고스의 세계를 구축하는 것에 대한 혐오라고 바꾸어 말하여도 좋다. 로고스의 세계가 그 자체로서 완결하기 위하여는, 그것은 원리로부터 연역적으로 재편성된 세계가 아니어서는 안될 것이다. 해결을 실천에 맡기는 부분이 남아 있는 한, 로고스의 세계가 실재의 세계를 넘어설 수는 없다. 그러나 중국인의 관심은 실천에 있었다. 예를 들면 맹자(孟子)는 분석적 이성의 작용이 실천적 유효성의 한계를 넘을 때 그것을 '천착(穿鑿)'이라고 하여 엄하게 비난하였다.[30]

중국인은 실재의 세계의 현상적인 다양성을 다양성 그대로 인식하기를 좋아하였다. 물론 그것은 그들이 세계의 체계적 파악을 단념한 것을 의미하는 것은 아니다. 2개의 지향을 통일하기 위하여 그들이 취한 방법은 분류였다. 자연현상이나 사회제도에서부터 인간의 감정·사상·행위에 이르기까지 모조리 분류하여 버리려고 시도하였다. 낱낱을 들어가면서 하는 기술과 그 분류에 의한 세계의 체계적 파악이다.

『춘추좌전(春秋左傳)』환공(桓公) 6년에 어린아이의 명명식(命名式)의 이야기가 보인다. 그것에 의하면 명명법에는 신(信)·의(義)·상(象)·가(假)·유(類)의 5가지가 있다. 이름에 연유하는 것이 신, 덕(德)에 연유하여 붙이는 것이 의, 용모의 닮음에 연유하여 붙이는 것이 상, 탄생일에 연유하여 붙이는 것이 가, 그리고 부친에 연유하여 짓는 것이 유이다. 이미 말했듯이, 이름을 지어주는 것은 질서를 정립하는 것이었다. 그러므로 5가지 명명법은 질서 정립의 5가지 형식을 나타내고 있다고 생각하여도 좋다. 그리고 '유'라는 것은 원래 혈연관계에 근거하는 공통성의 인식, 즉 질서 정립이었다는 것을 시사한다. 2가지 것이 '동류'라는 것은 사람이 혈연 관계에 의하여 맺어지고 있는 것과 유추적이다. 사물 사이에 동류 관계를 발견하는 사고법을 '유추'라고 한다. 그 경우 혈연 관계가 구체적인 개인을 통하여서만 파악되지 않는 것처럼 동류 관계도 구체적인 개개의 사물을 통해서 밖에는 파악되지 않는다. 바꾸어 말하면 동류 개념은 내포적이 아니고 외연적(外延的)으로 밖에는 정의되지 않는다. 이리하여 기술은 반드시 구체적이고 매거적(枚擧的)이다. 그러나 혈연 관계와의 유추는 여기서 끝난다. 동류 관계는 혈연 관계처럼 자명하지 않다. 무엇을 동류라고 보는가, 어떤 동류 개념을 세우는가, 즉 어떠한 분류 원리를 취하는가는 반대로 세계를 어떻게 파악하는가에 달려 있다.

동류 관계에 의한 세계의 구분과 체계화를 글자 그대로 표현하고 있는 '유서(類書)'를 보자. 유서란 일종의 백과전서이다. 자연·인간·사회의 전영역에 걸쳐서 모든 사물이나 현상이 몇 가지의 동류 개념의 바탕 아래 분류되어 있다. 각각의 유는 총론과 세목(細目)으로 나누어져 각 항목별로 문헌에 보이는 여러 가지 관련 기사가 인용되어 있다. 가장 완비된 유서로서는 송대에 편집된『태평어람(太平御覽)』을 들어야 할 것이지만, 여기에서는 당(唐)대의『초학기(初學記)』를 예로 든다. 같은 분류원리에 입각하면서도 유목(類目)이 훨씬 단순하기 때문이다(표 1).

기재는 자연현상·자연환경에 시작된다. 자연은 인간이 거기서 살아가는 터전이라는 것만은 아니다. 인간은 자연[天]의 도를 체득하여 살며, 자연의 질서를 쫓아 사회의 질서를 만들어내는 것이다. 사회질서의 형성과 유지는 무엇보다도 먼저 천자(天子)의 임무라고 보여진다. 통치는 관료기구를 통하여 행해지고, 예(禮)와 악(樂)(자연의 조화의 표현)은 그것을 안에서 떠받치는 가치 체계를 나타낸다. 이러한 질서 아래서 인간은 생활하고 행위한다. 그것은 윤리적 종교적 행위에서부터 정치적 경제적 활동에 미친다. 또 인간은 자연 그것에 작용하여 생활자재나 약물을 만들어낸다. 그리고 그들 모든 활동이 자연의 도를 따르는 것이라고 의식된다. 유서의 분류 원리의 근저에 깔린 세계관을 추출하면 이렇게 될 것이다. 그것에 의하여 파악된 세계의 전체상을, 유서는 항목별의 구체적인 기술을 통하여 그리려고 한다. 이 분류의 원리가 단순히 유서의 그것에 그치지 않고 세계 자체의 분류원리였다는 것은 다른 분야의 문헌과 대비(對比)하면 금방 분명해진다.

역대 왕조의 공식 역사인 24사(二十四史)는 원칙으로서 본기(本紀)·지(志)·열전(列傳)이라는 3개의 요소로 구성되어 있다. 본기가 천자의, 열전이 신하의 전기인 것에 대하여, 지는 자연이나 제도의 기술이다. 그리고 기재의 순서는 틀리지만 그 유목은 유서의 그것에 거의 완전히 대응시킬 수 있다(표 1). 또 여기서는 상세하게는 들지 않지만, 예컨대 유서의 '인(人)'류의 세목과 열전의 그것과를 비교하면 거기에서도 많건 적건 대응 관계를 발견할 수 있을 것이다.『세설신어(世說新語)』에서『태평광기(太平廣記)』에 이르는 소설집도 비슷한 분류 원리를 채용한다.『초학기』의 유목 가운데, 기물(器物) 이하는 정사(正史)에 대응하는 부분이 없으나 그것에는 따로 전문서가 있다. 예를 들면 광물·동식물의 분야라면 본초서(本草書)나 농서(農書)가 있다.

表 1 분류원리

類/書	自然		中官		制度		行為・기타					手工業技術		農・漁・畜産・기타	기타
	天象	州郡	帝宮	中戚	職官	礼楽	人理	政為	文武	道釈	居処	器物	宝物	果木	獣鳥鱗介
類書 初学記(唐)	天象歳時	州郡地志	帝王中宮	帝戚	職官	礼楽	人理	政為	文武	道釈	居処	器物	宝物	果木	獣鳥鱗介
史書 隋書(唐)	天文志・五行志	地理志	帝后紀	外戚伝・宗室伝	百官志	音楽志・儀礼志	列伝	食貨志・刑法志	列伝	釈老志(列伝)					
本草書 新修本草(唐)													玉石	草木・果菜米等	虫魚・獣禽
農書 農書(元)														竹木果	雜穀蔬菜

동일한 분류 원리의 세분화에 지나지 않는다는 것은 분명할 것이다 (표 1). 이와 같은 분류원리—이것이 유일한 분류 원리는 아니다—를 통하여 중국인은 포괄적인 세계상을 그려내려고 했던 것이다.

그렇다면 구체적이고도 더욱 매거적인 기술과 그 분류를 일관하는 사고양식은 무엇인가. 나는 그것을 기술적 사고라고 부르고 싶다. 칸트의 개념을 빌어 말하면 과학적 사고가 순수이성에 속하는 데 대하여 기술적 사고는 판단력에 속한다.[31] 본초서를 들어 보자. 중국의 본초서는 명(明)의 이시진(李時珍)의 『본초강목(本草綱目)』에 집대성되었다. 그 기재는 다음의 체례(体例)에 따르고 있다. 각각의 종(種)에 대하여 먼저 문헌·민간·지방에서 사용되는 별명이 열거된다. 이어서 산지 및 식물학적(동물·광물에 대하여는 동물학적·광물학적) 특성이 기술된다. 모두 여러 가지 본초서로부터의 인용이다. 저자의 독자적인 의견이나 관찰이 있으면 최후에 부언된다. 그런 다음 약물로서의 용법과 효용이 역시 여러 문헌으로부터의 인용을 통하여 상세하게 논해진다. 본초학은 식물(동물·광물) 분류학인 동시에 약물학이기도 하다. 오히려 중심은 후자에 결여돼 있다. 산지·특성의 기술이 그것을 잘 보여 준다. 예를 들면 식물의 형태의 기술에 의하여 오늘날의 식물분류학의 입장에서 하나의 종을 혼돈하지 않고 확정할 수 있는 경우도 있다. 그러나 몇 가지 종이 혼란되고 있는 경우도 있다. 때로는 형태의 기술(記述)로부터 보아 경험이 없는 사람의 눈에도 동일종이라고는 생각되지 않는 것이 하나의 종으로 취급되고 있는 일도 있다. 그것은 그들의 주요한 관심이 형태에 의한 분류가 아니었던 것을 말해 준다. 그들의 관심은 어디까지나 약효, 즉 성분에 있으며 형태는 그것을 식별하기 위한 지표에 지나지 않았던 것이 아닌가 하는 생각까지 든다. 그뿐 아니라 동일종이면서도 산지에 의한 품질의 좋고 나쁨이 상세하게 기재되는 것이다. 식물로서 어떻게 있는가보다도 약물로서 어떻게 쓸모가 있는가가 본초의 연구를 방향짓는 가치 기준으로서 작용하고 있다고 말할 수 있을 것이다. 필경 본초서는 농서나 약국방[藥局方-역자 주:약전(藥典)]과 같은 기술서로서의 성격을 띠고 있는 셈이다.

기술이란 주어진 조건 아래서 설정된 목적에 가장 적합한 것을, 여러 가지 가능성 가운데서 선택하여 만들어내는 과정이다. '만든다'는 실천에 포함되는 지적 과정은 목적의 설정 및 최적치의 선택 작업을 포함함으로써 '안다'고 하는 인식 과정과는 준별(峻別)되는 것으로 된다. '안다'는 것이 아니고 '만든다'는 것에 궁극적인 가치를 두고, 인식의 유용성을 기술적 실천의 유용성에 등치(等置) 또는 종속시키는 것 같은 사고, 예를 들면 본초서에서 우리들이 발견하는 것은 그것이다. 그러한 사고—기술적 사고—의 작용은 이른바 기술서에 그치지 않고 도처에서 발견된다. 바꾸어 말하면 중국의 학문과 문화를 특질짓는 사고방식으로서, 그것은 작용하고 있다. 그리고 거기에 구체적이고도 매거적인 현상의 기술(記述)이 성립한다. 왜냐하면 기술적 실천에 소용되는 것은 지시적 기능을 띤 구체적인 기술이며 더욱이 목적과 소재에 대응한 여러 가지 경우에 적용 가능하기 위해서는 매거적인 기술이 필요하기 때문이다.

기술적 사고에 근거하는 기술이 지시적 기능을 갖는다고 하는 것은 그것이 '교범(敎範)'으로서의 성격을 띠는 것을 의미한다. 교범은 자주 윤리적인 규범에 결부된다고 하더라도 양자는 본래 같지가 않다. 규범이 '그렇게 하라'고 명령하는 것에 대하여, 교범은 '그렇게 하는 편이 좋다'고 지시하는 데 지나지 않기 때문이다. 중국의 지식인의 실천 지향은 기술적 사고를 인간적 실천의 전영역으로 확대시킨다. 질서는 있는 것보다도 만들어지는 것이다. 만든다는 실천이 교범을 만들어낸다. 사실 역사서나 철학서 중에서조차 우리들은 어김없이 교범을 발견할 것이다. 여기에서는 사마천(司馬遷)의 『사기(史記)』나 주자의 『근사록(近思錄)』의 이름을 드는 데 그치기로 하자. 그것들이 독사적인 분류원리에 의하여 구성되고, 그것을 통하여 하나의 세계관을 표현하고 있다는 것은, 새삼스럽게 말할 필요도 없다.

5. 양과 패턴의 인식

분류 원리에 의하여 세계를 포괄할 수는 있다. 그러나 그것은 반드시 세계의 규칙성과 통일성을 가리키지는 않는다. 그것을 파악하는 데는 다른 원리가 필요하였다. 양적 인식과 패턴 인식이 그것이다.

세계의 다양성은 양으로의 환원에 의하여 하나의 평면에 투영된다. 양적 관계에 어떠한 규칙성이 발견된다면 세계의 통일적인 상이 그려내어질 것이다. 더욱이 사물과 현상의 양적인 파악은 국가 통치나 생산과 유통의 불가결한 수단이기도 하다. 중국인은 양적인 관측·관찰·측정·실험·조사·계산·기록·설명·사색의 엄청나게 많은 자료를 남기고 있다. 예를 들면 이미 말했듯이, 정사에는 '지(志)'[『사기』만은 '서(書)']라고 불리는 부분이 있다. 지는 지(誌)이며, 자연지 natural history라고 하는 경우의 지(誌) history에 대체로 해당한다. 거기에는 양적 인식의 범람을 볼 수 있다. 천체의 위치와 운동에 관한 역계산에 관한 것, 악기의 음정에 관한 것, 제기(祭器)나 수레[車]나 의복의 규격에 관한 것, 인구에 관한 것, 관직의 정원과 봉급에 관한 것, 형법의 양적 규정에 관한 것, 화폐나 경제 정책이나 토목 사업에 관한 것, 그것은 양적(量的) 기술이라고 하여도 지나치지 않을 것이다. 더욱이 양은 사실로서 거기에 내던져져 있을 뿐만 아니라, 양에 질서를 부여하고 여러 가지 양의 사이에 연관을 맺어, 어떠한 규칙성을 발견하려고 하는 지향이 거기에 작용하고 있다. 『한서(漢書)』 율력지(律曆志)가 아마도 가장 두드러지게 그것을 표명한다.

중국의 수학이 양의 수학, 즉 대수학이었던 것같이, 천문학도 대수학적 천문학이며, 그리스의 기하학적 천문학과의 선명한 대조를 보이고 있다. 천체의 운동은 모두 가상적인 구면상에서 적도좌표계에 기초를 두고 양적으로 파악된다. 행성계의 기하학적인 구조는 묻지 않는다. 관측된 양은 몇 개의 현상의 복합인데 그 모든 요소를 양적으로 분리하면서 오로지 계산을 진행해 간다. 그런 만큼 계산법의 발전에는 눈부신 것이 있으며, 예를 들면 뉴턴의 보간(補間)공식에 필적하는 보간법이 생긴 것은 6세기 수(隋)의 시대였다. 중국인은 천체운동을 자연히 갖추어진 수[하늘의 역수(曆數)]로서 파악한 것이다.[32] 중국인에게는 음악도 또한 자연의 수의 표현이었다. 중국의 음정은 현의 길이에 의해서가 아니고 관(管)의 부피에 의하여 결정된다. 그리고 기본적인 음정을 나타내는 12개의 관의 부피에는 단순한 수적 비례관계가 성립하고 있다. 『한서』 율력지는 이 음악의 수와 천문상수를 연결시켜 전자에 의하여 후자에 기초를 부여하는 동시, 다시 '역(易)'과 도량형의 수를 포함하는 수의 통일적 원리의 존재를 주장한 것이었다.[33] 이러한 극단적인 시도는 당연히 파탄한다. 예를 들면 관측의 정밀도가 높아져서 천문상수가 바뀌면 파탄된다. 사실 『후한서(後漢書)』 율력지는 이미 그 시도를 취하지 않는다. 그러나 수의 기본원리를 발견하려고 하는 중국인의 노력이 거기서 끝났던 것은 아니다.

  수의 원리는 어찌 되었든 양적 기술에 충만된 '지(志)'가, 정사의 불가결하지는 않아도 중요한 구성요소로 생각되고 있었다는 것은 중국인의 인식에 있어서 양이 지니고 있던 의미를 단적으로 시사한다. 사실 양적 인식·양적 사고야말로 중국인이 가장 자랑하는 것이었다. 세계에서 처음으로 합리적인 십진법의 자리잡이와 표기법을 발명한 데서 시작되는 수학상의 성과에 대하여는 이미 어느 정도 언급하였다. 산목(算木)이나 산반(算盤) 등의 계산기의 발명도 잘 알려져 있다. 한대의 『상한론(傷寒論)』으로 시작되는 처방집, 후위(後魏)의 『제민요술(齊民要術)』로 대표되는 농서, 송대에 쓰여진 건축서 『영조법식(營造法式)』, 명대의 수공업기술을 집대성한 『천공개물(天工開物)』, 이러한 기술서에 세부에 걸친 양의 기재와 지시가 포함되어 있는 것은 도서의 성격상 당연할 것이다. 오히려 여기서 강조하여 두고 싶은 것은 이미 니덤이 지적하였듯이 침과 문자판에 의한 양의 표시라는, 오늘의 계기류(計器類)에서 빼놓을 수 없는 장치를 우리들은 중국인의 발명(나침반)에 힘입고 있는 사실이다.[34] 중국인은 나침반을 사용하여 아마도 당말(9세기 중엽)부터 지자기의 편각의 측정을 하고 있었다. 송대의 문헌에는 몇 가지의 확실한 기록과 논의가 있다. 국가의 손에 의한 대규모의 측지 사업이 이루어지고, 중국 대륙의 정확한 지도가 작성된 것도 당대이다. 그 지도는 돌로 새겨져서 전해지고 있다. 기계시계에 의하여 자동적으로 천체를 추적하는 관측장치, 이른바 수운혼천의(水運渾天儀)의 발명도 당대까지 거슬러 올라갈 수가 있다. 송대에 제작된 수운혼천의에 대하여는 현재는 그 메커니즘이 세부에 이르기까지 밝혀져 있다. 당대부터 송대에 걸쳐서 중국인이 사물이나 현상의 단순한 양적 기술이라는 한계를 넘어서, 자각적인 양의 측정, 나아가서는 실험으로의 길을 걷기 시작하고 있었다는 것을 그것들이 입증하고 있다.[35]

양적인 인식에 의하여 다양한 사물이나 현상은 산술 혹은 대수적 조작으로 처리 가능한 단일 존재로 환원된다. 그러나 그것뿐이라면 한정 없이 잡다한 양을 찾아내는 데에 그칠 것이다. 천체운동이나 음정 및 인위적으로 결정된 도량형이나 화폐의 단위 등 소수의 예외를 제외하면, 거기에서 어떠한 규칙성을 발견하는 것은 곤란할 것이다. 주자는 각각의 영역에 고유의 수적 규칙성의 탐구를 주장하고 있으나,[36] 하나의 사물이나 현상의 영역에 한정했다고 하더라도 양 이외의 어떠한 원리를 도입하지 않는 한 규칙성은 밝혀지지 않을 것이다. 중국인이 잡다한 사물이나 현상 가운데에 규칙성을 찾아냈던 것은 패턴 인식을 통해서였다.

패턴은 규범이 일정한 형식이지 형상(形)은 아니다. 그것은 배열·

순서를 의미한다. 물질이나 에너지의 배열과 순서가 짜여져서 만들어
내는 무늬이다. 중국인에게 있어서는 존재는 부동의 실체가 아니고 움
직이며 멈추지 않는 것이었다. 움직여 멈추지 않는 존재는 기(氣)라고
부른다. 만물은 기에서부터 생성하여, 기로 소멸되어 간다. 중국인은
기의 운동 가운데에서 유동하는 세계의 기본적인 패턴을 찾아낸다. 기
는 우주에 충만하는 연속적 물질(에너지와 구별되지 않는다)이다. 그
에 관련해서 중국에는 원자론이 존재하지 않는다. 그것을 만들어내지
않았을 뿐만 아니라 인도의 극미(極微—원자)설도 받아들이지 않았
다. 기는 말하자면 연속적인 장(場)이며, 기의 운동은 흔히 파동의 이
미지를 통하여 파악된다. 그 운동의 기본적인 패턴은 태양의 운동에
바탕하는 사계절의 변화 가운데에 나타난다. 봄부터 여름에 걸쳐서는
양기가 신장하고 음기가 쇠퇴하는 과정, 가을부터 겨울에 걸쳐서는 양
기가 쇠퇴하고 음기가 신장하는 과정이다. 음양의 기의 파동적인 리듬
은 1년을 주기로 하여 순환한다. 음기 앞에는 양기가 있고 양기 앞에
는 음기가 있다. 더욱이 양기라는 것은 기가 가볍고 빠르게 운동하는
상태(動), 음기라는 것은 기가 무겁고 느리게 운동하는 상태(靜)에 대
하여 주어진 비교 개념이며, 본래는 단 하나의 기가 존재하는 데 지나
지 않는다. 따라서 음양의 기의 순환은 상호 전화라고 볼 수도 있다.
체용(體用)의 논리로 말하면 음기는 주체, 양기는 작용이며, 언어로 말
하면 음기는 명사적 기능, 양기는 동사적 기능에 대응한다. 이 음양의
기의 상호 전화와 순환적 변화에, 기의 운동의 기본적 패턴—적어도
그 하나—가 있다. 물론 개개의 실재(實在)는 기의 복잡한 형성물이
며, 더욱이 동류간(同類間, 음기—음기, 양기—양기) 및 이류간(異類
間, 음기—양기)에 특정의 상호 작용이 있기 때문에, 그 패턴은 극히
다양한 변화를 만들어낸다.[37] 이리하여 개개 사물과 현상 혹은 그 유
(類)에 대하여 하나하나의 고유한 패턴을 탐구하지 않으면 안된다. 결
코 일률적으로 논할 수는 없다. 주자는 『대학』에서 말하는 '격물(格

표 2 역(易)의 패턴

명칭	괘	이진법에 의한 표시
坤	☷	0 0 0
震	☳	0 0 1
坎	☵	0 1 0
兌	☱	0 1 1
艮	☶	1 0 0
離	☲	1 0 1
巽	☴	1 1 0
乾	☰	1 1 1

物)·치지(致知)'(사물의 이치를 연구하여 후천적인 지식을 명확히 하다)를 강조했는데, 그것은 개개의 사물과 현상 가운데에서 고유한 패턴을 탐구하는 것을 의미하였다. 덧붙여 말하면 송학에서는 이 패턴을 이(理)라고 부른다. 그리고 가치 개념으로서의 이를 자연의 패턴과 같은 위치에 놓음으로써 인간학의 자연주의적 기초를 부여했던 것이다.

여기까지 이르고 보면 패턴 인식은 유서적 분류 원리와 밀접하게 대응하고 있는 것이 분명할 것이다. 뿐만 아니라 중국인은 패턴을 양의 인식에다 결부시키려고 노력하였다. 그 최초의 성과가 전국시대 말기에 대충 현존하는 형태를 갖추게 되었다고 생각되는『역경(易經)』이었다. 역의 원리는 이진법(二進法)에 의한 패턴의 표시이다. 음과 양, --과 ―, 오늘날의 방식으로 말하면 0과 1의 여러 가지 배열 방법, 즉 패턴에 의하여 사물과 현상의 여러 가지 패턴을 분류하고 표시하려고 한다. 기본적인 패턴으로서는 8가지가 선택된다. 그것은 이진법의 3자리수까지의 수에 해당한다(표 2). 그리고 8의 2승, 즉 64, 2진법으로 말하면 6자리수까지의 수에 의하여 사물과 현상의 모든 패턴이 표현된다. 또는 무한히 다양한 패턴도 결국은 64가지의 패턴에 귀착한다고 생각한다. 그것이 바로 역의 64괘이다. 괘(卦)의 의미 부여는 각각의 괘에 있어서의 음양의 배열 방법과 괘 상호간의 배열의 변화 방법에 의하여 주어진다. 왜냐하면 그것은 각 패턴에 있어서의 음양의 배치와 상호 전화 및 순환적 변화의 양상을 가리키는 것에 지나지 않기 때문이다.

  양적 인식과 패턴인식을 결합하려는 노력은 이윽고 상수학(象數學)이라고 불리는 학문을 낳았다. 송의 철학자 소강절(邵康節)의 이론은 아마도 그 정점을 가리키는 동시에 또 그 운명마저도 말하여도 좋다. 역의 이론을 기초로 하여 수와 패턴의 통일적 이론을 쌓기 위하여, 그는 몇 개의 도식(圖式)을 채용하였다. 하나는 만물의 패턴을 이끌어 나가는 우주생성론적 도식이다. 주렴계의 『태극도설(太極圖說)』로 말하면 태극으로부터 음양이, 음양으로부터 사시(四時)가 생긴다고 하는 도식을, 소강절은 1에서 2가, 2에서 4가, 4에서 8이라는 무한한 수의 2분할로 전개하여 1·2·4·8이라고 하는 기본적인 수에 원소나 성질 등에 의한 의미를 부여하면서 만물과 그 고유의 패턴을 이끌어 낸다. 다른 하나는 역사적 시간의 패턴의 도식이다. 1년은 12월, 1월은 30일, 1일은 12각(刻), 1각은 30분이라는 시간 단위에 착안하여, 이 12와 30이라는 수의 조합을 1년을 단위로 하는 역사적 시간에 끼워 넣어 순환적인 역사의 여러 가지 주기를 이끌어 냈다. 그 최대의 주기는 2만 8천 2백 11조 9백 9십만 7천 4백 56억 년이라는 엄청난 것이었다.[38] 소강절의 상수학은 다양한 사물이나 현상의 패턴을 간결하고 통일적인 수의 이론으로 구성하려는 시도가 그 의도에 반하여 마침내 방대한 숫자의 유희라는 밑 없는 늪에 빠져 들어갈 수밖에 없었다는 것을 잘 보여주고 있다.

  그러나 지금이라면 중국인이 목표로 하고 있었던 것이 무엇이었던가를 우리들은 이해할 수 있다. 역의 이진법과 라이프니츠에 의한 이진법 발명과의 관계는 이미 주지하는 바이다.[39] 오늘날의 정보과학에 있어서의 이진법과 패턴인식에 대하여도 새삼스럽게 설명할 필요는 없을 것이다. 역과 상수학에는 정보과학으로의 싹이 내포되어 있었던 것이다. 여기서 논한 것과 같은 어디까지나 한정된 의미에 있어서이기는 하지만, 중국인은 근대과학을 뛰어넘어 현대과학의 과제를 만지작거리고 있었다고 말할 수 있을는지 모른다. 그러나 거기서부터 근대과학이 태어날 수는 없었다.

6. 필터의 변질과 근대의 변질

예수회의 지적을 상기하자. 그것에 의하면 중국인은 기하학의 문제를 연역에 의하여가 아니고 '귀납'에 의하여 해결한다. 그 경우의 귀납은 결코 induction이 아니고, 퍼스식으로 말하면, 과학적 탐구의 제1단계로서의 abduction에 지나지 않는다. 가설 형성의 단계이다.[40] 다음은 양적, 대수적으로 해결한다. 또 예수회에 의하면 중국인은 이성(理性)의 자연의 빛에 따라서 온갖 관념을 비교하여 정확한 결론을 이끌어낸다. 모든 사물이나 현상, 사고나 행동의 패턴 가운데서부터 당면하는 문제에 가장 적절한 패턴을 선택하고, 그것에 의하여 유추하고 판단하는 것이다. 그것은 바로 패턴 인식과 기술적 사고의 결합이다. abduction의 과정에도 사실은 그것이 작용하고 있을 것이다.

그것은 기하학이나 논리학의 영역에 그치지 않는다.『근사록』을 살펴보자. 주자가 친구 여동래(呂東萊)와 함께 북송(北宋)의 철학자의 문장과 말을 모아서 편집한 일종의 어록이다. 개별적인 사례에 대하여 말한 것도 있고, 일반적인 문제에 대하여 논한 것도 있으나, 어떤 문장이나 말도 사고와 행동에 관한 어떤 패턴을 표현하고 있으며, 유서적(類書的) 분류원칙에 거의 대응시킬 수 있을 만한 분류 원리에 의하여 14류로 분류되어 배열하여 있다. 독자는 당면하는 과제에 따라서 적당한 유목에 수록된 문장이나 말을 훑어보면 적합적인 패턴을 어딘가에서 발견할 수 있을 것이다. 그것을 실마리로 하여 과제를 해결하면 된다. 해득되는 것이 패턴인 이상, 구체적 상황에 대하여는 자유로이 바꿔 읽을 수가 있다. 패턴인식과 기술적 사고의 결합의 산물이며, 그와 같은 것으로서의 교범인 것이다.『근사록』은 초학자를 위한 입문서이기 때문에, 그러나 내용은 매우 높은 수준의 것이지만 교범의 성격을 지니는 것은 아니다. 그러한 어록을 편집할 수 있다는 것 자체에 이미 철학적 사고의 특질이 나타나 있다.

중국인에게 결정적으로 결여되어 있었던 것은 연역적 사고이며 기하학적 정신이었다. 유럽에서의 근대과학의 성립에 양적 방법과 실험적 방법의 확립이 불가결하였다고 하는 것은 중세에 있어서 연역적 사변이 넘쳐 있었기 때문이다. 중국에서는 다르다. 양적인 관측·측정·실험이라면 있었다. 방법적 자각도 있었다. 예를 들면 주자는 천문학에서의 발견의 방법으로서의 양적 관측을 극도로 중시하였다. 그러나 연역적 사고가 결여되어 있었기 때문에 이른바 가설연역법(가설—추론—검증)의 검증단계에다 그것을 정립시키지 못하고, 결국 발견의 방법에 머무를 수밖에 없었다. 사실 주자는 관측 데이터의 부족 때문에 천문학의 급무는 정밀한 관측장치의 제작에 있다고 하여 이론의 구축을 엄격히 주의시키고 있다.[41] 그러한 사고 방법이 양적인 관측·측정·실험의 자연 연구에 있어서의 유효성을 두드러지게 약화시켰다. 그러므로 여기에서 다룬 주제에 한정하여 말하면, 중국에서의 근대과학의 형성을 저해한 것은 연역적 사변의 결여에 있다고 말하지 않으면 안 된다.[42]

아편전쟁 이후 유럽과의 이미 피할 수 없는 접촉은 필터를 조금씩 변질시켜 간다. 그렇다고 모든 변화가 그 때에 시작되었다는 것은 아니다 예를 들면 송대 이후 중국인이 문어(文語)가 아니고 속어로 철학적 사색을 행한 기록(대표적인 것에『주자어류(朱子語類)』가 있다)이 남아 있으나, 속어는 계사(繫辭)와 조사를 발달시킴으로써 과학적 사고에 의하여 적합한 언어를 만들어내고 있었다. 그러한 사실을 잊어서는 안될 것이다. 그러나 변질이라고 부를 수 있는 과정은 서양의 과학기술을 도입하여 부국 강병을 꾀하려 한 청말의 양무(洋務) 운동에서 시작된다. 여기에서 근대과학의 수용 과정을 더듬어 필터의 작용과 변질의 역사를 추적할 수는 없다.⁴³⁾ 양무 운동의 슬로건인 '중체서용(中體西用, 중국의 학문을 주체로 하고 서양의 학문을 작용으로 한다)'설 이후의 그 발걸음이 얼마나 난삽하였던가를 기록하는 데에 그쳐둔다.

현대 중국에서의 과학기술의 발전에는 눈부신 것이 있다. 필터는 당연히 변질하였다. 그럼에도 불구하고 나는 혁명운동 또는 군중운동에 나타나는 사고 양식에 주목하지 않을 수 없다. 특히 최근의 '문화' 혁명에서, 기술적 사고와 패턴인식이 생생하게 작동하고 재생산되고 있는 것을 본다. 운동론 속에 현재화(顯在化)하여 있는 이 필터는 마르크스주의의 토착화와 혁명의 확대를 가능하게 하는 요인으로서 작용하고 있다. 당면과제에 대하여 말하면 실천지향에 지탱된 이 독자적인 합리주의는 과학의 기술화를 추진하는 힘으로서 작용하는 것이 아닐까. 물론 사상과 사회 속에서 과학기술에 유럽의 그것과는 다른 위치를 정립함으로써, 근대를 변질시키고 근대를 뛰어 넘어가기 위하여는,⁴⁴⁾ 사상의 영역에서 그것을 이론화하고 보편적 원리로까지 높여가는 노력이 필요한 것은 말할 여지도 없다.

◈ 주

1) Russell, B., *The Problem of China*, London, 2nd ed., 1966, p.194.
2) 『과학여인생관(科學與人生觀)』 2권, 아동도서관(亞東圖書館), 1923년.
3) 이 논쟁에 대하여는 그다지 좋은 소개가 없다. 우선 곽담파(郭湛潭波) 『근오

십년중국사상사(近五十年中國思想史)』 용문서점(龍門書店), 홍콩판(香港版). 1965년 [가미다니마사오(神谷正男)역 『현대지나사상사(現代支那思想史)』 생활사(生活社), 1940년]을 보시기 바랍니다.
4) 다케우치고노미(竹內好)는 「일본인의 중국관(日本人の 中國觀)」(1949년)에서 "5·4운동은 당시, 공자 타도를 외친 개혁자의 한 사람이 반대파에 대하여 공자 타도야말로 공자의 정신을 진실하게 살리는 까닭이라고 말한" 사실을 지적하고 있다[다케우치 고노미 평론집 제3권 『일본과 아시아』 쓰쿠마서방(筑摩書房), 59쪽].
5) 서종택(徐宗澤) 편저 『명청간야소회사역저제요(明淸間耶蘇會士譯著提要)』 대만중화서국(臺灣中華書局), 1958년, 259쪽.
6) 『명리탐』 하권, 권지삼(卷之三), 상무인서관(商務印書館), 1941년.
7) 서종택, 앞의 책, 258쪽
8) 서종택, 앞의 책, 256쪽.
9) Clavius, C., *Euclidis Elementorum Libri XV*, Romae, 1574, Prolegomena.
10) D'Elia, P.M., *Fonti Ricciane, Storia dell'Introduzione del Cristianesimo in Cina*, Vol. II, Roma, 1949, pp.359~360.
11) Kokomoor, F. W., "The Teaching of Elementary Geometry in the Seventeenth Century." in *Isis*, Vol. 10, No. 33, pp.21~32 and Vol. 11, No. 35, pp.85~110; "The Distinctive Features of Seventeenth Century Geometry." in *Isis*, Vol. 10, No. 34, pp.367~415.
12) 이 사이의 사정은 Du Halde, J. B., *Description Géographique, Historique, Chronologique, Politique et Physique de l'Empire de la Chine*, Tome 4, 1736.에 수록된 "Second Voyage fait par Ordre de l'Empereur en Tartarie par Les pères Gerbillon et Pereira." 1689 및 Bouvet, J., *Histoire de l'Empereur de la Chine*, 1699.[고도 스에오(後藤末雄) 역, 『강희제전(康熙帝傳)』, 평범사(平凡社), 동양문고(東洋文庫). 1970년]에 상세하다.
13) 『수리정온(數理精蘊)』 책의 『기하원본』의 원서는, 이제까지 Pardies, *Gémoétrie pratique et théorique*.라고 되어 왔으나, 잘못이다. 이 점의 논증은 지금 준비하고 있는 다른 원고에 미룬다.
14) 야스다 니로우(安田二郞) 역 『냉사사의소증』『대신집(戴震集)』, 아사히(朝日)

신문사, 1971년]을 참조하기 바란다.
15) Demiéville, P., "Les Premiers Contacts Philosophiques entre la Chine et l'Europe." in *Diogène*, n° 58, 1967, p.106.
16) 서종택, 앞의 책, 257쪽.
17) Bouvet, *op. cit.*, pp.100~101, 방역(邦譯). 179쪽.
18) Du Halde, *op. cit.*, Tome 3, pp.331~332.
19) Du Halde, *op. cit.*, Tome 3, p.327.
20) 요시가와 고지로(吉川幸次郞), 『중국산문론(中國散文論)』(쓰쿠마서방, 1965년), 동(同) 『한문의 이야기(漢文の話)』(쓰쿠마서방, 1962년), 을 참조하기 바란다.
21) 장동손(張東蓀), 「종중국언어구조상간중국철학(從中國言語構造上看中國哲學)」(『동방잡지(東方雜誌)』 제33권 제7호)가 이 문제에 대한 실마리를 제공하고 있다.
22) Fung Yu-lan(tr. by D. Bodde), *A History of Chinese Philosophy*, Vol. II. Princeton, 1953, p.435.
23) 체용의 논리에 대하여 상세하게는 시마다 겐지(島田虔次), 『주자학과 양명학』 [이와나미신서(岩波新書), 1967년], 3~10쪽을 참조하기 바란다.
24) 시마다, 앞의 책, 5쪽.
25) 『주자어류』 권1, 증조도록(曾祖道錄).
26) 『주자어류』 권1, 진순록(陳淳錄).
27) 『주자어류』 권6. 엽가손록(葉賀孫錄).
28) Fung Yu-lan, "Why China has no Science." in *The International Journal of Ethics*, Vol. 32, No. 3.[빙우란(馮友蘭) 『중국철학사보(中國哲學史補)』 수록]
29) 후쿠나가고지(福永光司), 『장자』(아사히신문사, 1956년) 참조.
30) 상세한 것은 야마다 『주자의 자연학』(이와나미서점, 1978년) II, 우주론, 1, 방법의 근거에 대하여 참조.
31) 사이쿠사 히로네(三枝博音) 『기술의 철학』(이와나미서점, 1951년)은 칸트적인 입장에서 전개된 뛰어난 기술론이다. 이 책으로부터 많은 시사를 받았다.
32) 상세한 것은 야마다 『주자의 자연학』 III, 천문학을 참조.

33) 노다 다다요시(能田忠亮)·야부우치 기요시(藪內淸), 『한서율력지(漢書律歷志)의 연구』[전국서방(全國書房), 1947년].
34) 야마다 「과학·기술의 전통」(『미래로의 질문』 쓰쿠마서방, 1968년) 참조.
35) 이들은 혹은 더 많은 사실에 대하여는 야부우치기요시 『중국고대의 과학』[사색사(思索社) 제4~11권, 1975~81년], 니덤 『동서의 학자와 장인』[가와데서방신사(河出書房新社), 상, 1974년, 하, 1977년]을 보기 바란다.
36) 『주문공속집(朱文公續集)』 권2, 답채계통서(答蔡季通書).
37) 상세한 것은 앞의 『주자의 자연학』 II, 우주론을 참조.
38) 시마다, 앞의 책 71~74쪽 및 『주자의 자연학』 II, 우주론을 참조.
39) 우선 고바야시 다지로(小林太市郞), 『지나(支那)사상과 프랑스』[홍문당(弘文堂), 1939년], 고토 스에오 『중국사상의 프랑스 서점(西漸)』(평범사, 동양문고, 1969년), 아키요시 츠쿠루(五來欣造) 『유교사상의 독일 정치사상에 미친 영향』[와세다(早稻田) 대학 출판부, 1929년]을 참조. 어느 것도 상세한 참고문헌을 들고 있다.
40) Buchler, J.(ed.), *The Philosophy of Peirce*, London, 3rd ed., 1965. p.151.
41) 야마다 『주자의 자연학』, III, 천문학을 참조.
42) Feuer, L. S., *The Scientific Intellectual : The Psychological & Sociological Origins of Modern Science*, New York & London, 1963은 중국에서 근대과학의 형성을 저해하였다고 생각되는 여러 가지 요인을 검토하여 시사적이다.
43) 중국의 근대과학사에 대하여는 현재로서는 Peake, C. H., "Some Aspects of the Introduction of Modern Science in China" in *Isis*, Vol. 22, No. 63, pp.173~219가 제일 좋은 문헌이다.
44) 야마다 「노동·기술·인간」(『미래에 대한 물음』) 참조.

—강좌 『철학』 1968. 8—

혁명과 전통

1

 오늘은 중국의 낡은 전통이 새로운 중국에 있어서 어떤 의미를 지니고 있는가, 중국혁명의 본연의 방향에 어떻게 관련되고 있는가에 대하여, 내가 평소에 생각하고 있는 것을 말씀해 보려고 합니다.
 이것은 매우 어려운 주제입니다. 전달되는 정보로부터 두 개의 극단적으로 대립되는 견해를 끌어낼 수도 있을 것입니다.
 하나는 오늘날의 중국이 전통을 송두리째 부정하려 하고 있다는 견해입니다. 또 하나는 근대를 부정하고 전통 속으로 깊이 빠져들고 있다는 견해입니다. 현대 중국에 대하여 쓰여진 문장을 읽어보면, 물론 이런 곧이 곧대로의 표현은 취하고 있지 않으나 근저에는 그러한 견해가 숨겨져 있구나 하고 느껴지는 일이 자주 있습니다.
 여러분은 아직도 기억하시리라 생각합니다만, 문화대혁명 가운데에서 '4구(四舊)'를 없애고 '4신(四新)'을 확립한다는 것이 언급되었습니다. 4가지 낡은 것, 낡은 사상·문화·풍속·습관을 근본에서부터 단절하고 새로운 사상·문화·풍속·습관을 만들어 내려고 하는 것입니다. 이것은 특히 초기의 홍위병(紅衛兵)운동 가운데에 나타난 표면적인 현상만이 저널리즘에 왁자지껄하게 전해져서, 전적으로 비웃음 대상이 되거나 미치광이 취급을 받기도 한 것입니다. 그러나 이러한 의미에서의 전통으로부터의 단절은 훨씬 깊은 의미를 지니고 있습니다. 그것은 가치체계의 근본적인 변혁이며, 문화대혁명을 어김없는 문화혁명으로 만들게 하고 있는 까닭입니다.
 그 경우 '4구'가 낡은 중국의 전통이라는 것뿐이라면 이야기는 간단합니다. 요컨대, 전통을 근대로 대체하려는 것에 지나지 않는다. 그러나 '4구'에는 근대적인 여러 가치가 포함되어 있다. 큰 비중으로써 포함되어 있다. 그것이 부르주아적인 가치체계로서 부정되고 있다. 이것은 도대체 어떤 일인가. 그렇다면 무엇에 의거하여 새로운 사상·문화·풍속·습관을 수립하려는 것인가. 결국은 낡은 전통으로 빠져 들어가게 되는 것이 아닌가. 그러한 의문이 당장 떠오릅니다.

조금 다른 측면으로부터 생각하여 봅시다. 중화인민공화국이 성립한 것은 1949년이므로, 금년으로 꼭 20년이 됩니다. 그 사이의 과학기술의 발전에는 상당히 눈부신 것이 있습니다. 출발점의 수준이 낮았던 것을 고려한다면 그 발전 속도는 다른 나라에 예를 볼 수 없다고 하여도 좋을 것입니다. 그러나 그 발전의 양상은 서구나 일본 또는 소련 등과 매우 달라서, 특이한 양상을 보이고 있습니다. 그 점은 전에도 쓴 일이 있으므로(「공업화와 혁명」, 『미래에 대한 물음』 수록, 쓰쿠마서방) 상세하게 말하지 않겠지만, 극히 대충 말하면 근대의 여러 가치를 받아들여서, 그 위에서 과학기술의 발전을 추진하려 한 시기와, 그것을 부정하고 밀고 나가려고 하였던 시기가 번갈아 나타납니다. 그렇게 말하기보다는 줄곧 2개의 방향이 존재하고 있어, 번갈아 가면서 표면에 나타났었다고 말하는 편이 한층 정확할 것입니다. 전자는 제1차 5개년계획기와 조정기로, 후자는 대약진기와 문화대혁명기로, 각각 대표됩니다. 유소기(劉少奇) 노선과 모택동 노선의 대립과 교대라는 식으로 바꾸어 말해도 좋습니다.

여기에서도 어려운 문제가 생깁니다. 일반적으로 과학기술의 발전에 적합한 가치체계와 그것에 뒷받침된 사회형태가 있다고 생각되고 있습니다. 그 원형은 물론 서구에 있습니다. 특히 영국입니다. 그 외의 서구제국이나 일본은 말할 것도 없이 소련 등의 사회주의 여러 나라도 그것을 모델로 하여 근대화를 추진시켜 왔다고 말힐 수 있을 것입니다. 그런데 중국에는 그 원형을 부정하려는 방향성이 있다. 모택동 노선으로서, 있다. 그것은 적어도 극히 일반적인 이해에 입각하면 과학기술의 발전에 가장 적합하다고 간주되는 근대의 여러 가치와 사회형태를 부정하고 변혁하려 하고 있다. 그러므로 대약진운동이나 특히 문화대혁명은 과학기술의 발전을 저해하는 강력한 요인으로서 작용한다는 해석이 아무래도 생겨나게 됩니다. 어떤 의미로서는 지당한 의견입니다. 그 해석을 성립시키고 있는 전제를 인정한다면 그러한 결론이 성립될 것이며, 적어도 어떤 사태에 대한 날카로운 지적으로 되어 있습니다. 그러나 나는 그 전제에 의문을 갖는데다 일단 그 전제를 털어내 버리고 다른 전제에 선다면 같은 사태가 다른 의미를 띠게 됩니다. 왜 그 전제에 의문을 갖는가 하면, 대약진운동이나 문화대혁명이 과학기술 발전의 저해 요인으로만 작용하고 있는 것은 아니라는 사실을 얼마든지 발견할 수 있기 때문입니다. 특히 과학기술이라고 하기보다도 기술에 한정하는 혹은 과학의 기술적 측면에 한정하는 편이 오해를 받을 염려가 적겠지만 중국에서의 그 질적인 비약을 수반하는 발전은 대약진운동과 문화대혁명을 연결하는 흐름 가운데에서 일어났다는 주목할 만한 사실입니다. 이러한 발전의 특이한 양상이 중국에 대한 이해를 크게 곤란하게 하고 있습니다. 그 곤란성을 제거하는 데는 역시 앞에서 말씀드린 전제 그 자체를 바꾸어 가는 작업이 필요할 것입니다.

2

근대화라는 개념을 사용하여 생각하여 보면, 모델인 서구에 얼마만큼 접근하고 있는가, 그 정도에 따라 그 나라의 근대화가 얼마만큼이나 진척되어 있는가를 측정하려는 근대화이론이 있습니다. 예컨대 중요한 지표는 공업화인데, 그 밖에도 예컨대 합리적인 관료제의 성립이라든가, 전문가 혹은 테크노크라트 집단의 성립이라든가, 매스 미디어의 보급이라든가, 그러한 여러 가지 지표를 설정하여 그 정도를 서구와 비교하면서, 그 나라가 얼마만큼 근대화되었는가를 측정한다. 이러한 근대화이론을 적용하면 오늘날의 중국에는 그것에 들어맞지 않는, 그것에서 빚어나온 또는 그것에 역행하는 것 같은 현상이 많이 나타납니다.

　가령, 지금 든 4가지 지표 가운데에서 공업화는 우선 좋다고 하여 둡시다. 합리적인 관료제의 성립이라는 사실에서는, 조정기에는 그것이 일단 불충분하나마 성립되고 있었다고 저는 생각하고 있습니다만, 지금은 그것을 해체하는 방향으로 개혁이 진척되고 있습니다. 전문가 혹은 테크노크라트 집단인들 마찬가지입니다. 그들에 의한 관리·지배 체계를 해체하는 방향으로 향하고 있습니다. 궁극적으로는 관료제나 테크노크라트 그 자체를 소멸시키는 것을 노리고 있습니다. 매스 미디어의 보급에는 두드러진 것이 있습니다. 신문이나 라디오라면 이미 어느 가정에도 갖추어져 있고 공공기관에는 텔레비전도 놓여져 있습니다. 그러나 매스 미디어의 보급만으로는, 매스 커뮤니케이션의 발달만으로서는 중국에서의 커뮤니케이션의 체계를 잡을 수는 없습니다. 이른바 매스컴과 함께 미니컴이 수행하고 있는 역할의 크기를 간과하면 제일 중요한 측면을 간과하여 버리는 것이 됩니다. 커뮤니케이션의 체계 중에서 매스컴은 말하자면 종축으로서 위치하게 될 것입니다. 커뮤니케이션의 상하 통로인 것입니다. 정보가 위로부터 아래로 일방적으로 흐르고 있으면 정치적으로는 독재제(獨裁制)일 것이고, 아래서부터 위로의 흐름이 클수록 간접 민주주의가 훌륭히 기능을 발휘하고 있다고 할 수 있을 것입니다. 그에 대하여 미니컴은 횡축에다 위치시킬 수 있습니다. 정보가 횡으로 활발하게 유통할수록 직접 민주주의에 접근해 간다고 말할 수 있지 않을까요. 중국의 미니컴을 대표하는 것, 그것이 대자보입니다. 7억의 인민이 모두 익명이 아니고 서명하여 자신의 의견이나 비판을 써서 벽에 붙여 놓았다. 이것은 굉장한 일이라고 생각합니다. 이를테면 그것이 문화대혁명을 가능하게 한 것입니다. 모택동이 대자보를 영원히 커뮤니케이션의 수단으로 사용하여 가야 할 것이라는 의미의 말을 하고 있습니다만, 이러한 미니컴 수단의 발달과 그 사회적 기능에는 주목할 만한 것이 있습니다.

생각나는 대로 몇 가지의 예를 들었습니다만, 그것은 이제까지의 근대화이론이 채용하고 있는 지표를 한두 가지 대체하면 된다는 따위의 것은 아닐 것입니다. 근대화이론 자체를 개조하여 갈 필요가 있다고 나는 생각합니다. 어디까지 개조해야 타당한가는 별도로 하고, 그 경우 중요한 것은 이론의 전제의 검토입니다. 내가 말하려고 생각하고 있는 것도 이 전제에 대한 것입니다.

그런데 종래의 근대화이론에서 보면, 오늘날의 중국의 사태에 대해서 어떤 평가가 생기느냐고 하면 정상적인 코스로부터의 일시적인 일탈(逸脫)이라고 하게 된다. 내셔널리즘이라든가 농민주의라든가 그러한 요인의 강화에서 생긴 일시적인 일탈이며, 이윽고는 중국도 서구나 일본이 더듬은 것과 같은 근대화의 길로 회귀(回歸)할 것이다, 라고 말하게 된다. 바꾸어 말하면 근대 합리주의에 등을 돌린 모택동 노선은 과학기술의 발전에 브레이크를 건다. 그것이 국가의 경제적 발전을 정체시키고, 드디어는 중국을 파국으로 이끌어 갈 것이다. 그때에는 근대적 합리성을 몸에 지닌 정권 담당자가 나타나 모택동 노선은 자취를 감추어 갈 것이다. 그리고 중국은 다시 정상적인 궤도를 더듬어 가기 시작할 것이다라는 것입니다.

좀더 파고들어가 말하면 사회주의는 후진국이 급격한 근대화를 밀고나가는 데에 유효한 하나의 사회형태로서, 근대화가 진척되면 선진자본주의국이 지향하고 있는 것과 같은 데에 도달한다. 예를 들면 경제적으로는 자본주의 쪽에서부터 접근하더라도, 사회주의 쪽에서부터 접근하더라도 결국 가장 효율이 좋은 혼합경제로 정착된다. 그러한 사고방식이 있다고 생각하는 것입니다. 소련이나 동구의 경향이 그것을 뒷받침하고 있는 것같이 보입니다. 단적으로 말하면, 과학기술의 발전은 적어도 그것에 직접 관련하는 여러 측면에 관한 한, 모든 사회를 등질화하여 간다는 전제 위에 쌓아진 이론입니다. 그러나 전혀 다른 형태로 되물어 볼 수도 있을 것이라고 나는 생각하고 있습니다. 서구 모델의 근대화의 길, 그것이 과연 유일한 근대화의 길일까. 오히려 중국은 그것과는 다른 모델, 새로운 원형을 만들어 내려고 하고 있는 것은 아닐까. 만약 그렇다고 하면 다시 한 번 전통이 수행하고 있는 역할에 주목하지 않을 수 없다. 이것이 나의 생각의 출발점입니다.

여기에서 꼭 강조해 두고 싶은 것은 우리들이 '근대화'라고 말하는 것을 중국인은 '현대화'라고 말하고 있는데, 그 의미에 관한 것입니다. 신중국이 탄생하고서부터 잠시 동안은 중국인도 '근대화'라는 말을 사용하고 있었습니다. 중국이 독자적인 길을 모색하기 시작한 것은 1955년경부터입니다만, 그 무렵부터 '근대화'라는 표현이 중국어로서는 모습을 감추어 간다. 그것에 대신하여 '현대화'라는 표현이 태어난다. 독자적인 길을 모색하기 시작한 순간부터 중국인은 '근대화'라는 말을 버리고 '현대화'라는 말을 쓰기 시작한다. 그리고 그 이후는 일관하여 '현대화'라는 표현을 계속 쓰고 있다. 아무것도 아닌 것 같지만 다소 중요한 점이라고 생각합니다. 그러므로 나의 물음을 중국인이 말하는 '현대화'란 도대체 무엇이냐, 그것은 우리들의 '근대화'와 어떻게 틀리는가, 또는 어떻게 연결되는 것인가, 그렇게 바꾸어 말하여도 좋을 것입니다.

3

일반적으로 전통과 근대는 대립관념이라고 간주되고 있습니다. 전통은 근대화를 진척시키는 경우의 부정해야 할 요소라고 생각되고 있는 것입니다. 그러나 근대화 과정에서 전통이 모조리 부정되어 버리는 것은 아니다. 그것은 서구에서 원형이 만들어져 가는 과정을 보면 곧 알게 됩니다. 가령 서구의 지적 전통 없이 근대과학의 형성은 있을 수 없었을 것입니다. 다만 서구 이외의 세계에서는 근대과학이 발생하지 않았다. 수학이나 자연학이나 기술의 수준이 근대 이전에는 서구보다 높았던 중국에서도 역시 태어나지 않았다. 전통 속에 그것을 저지하는 여러 가지 요소가 있었다고 생각됩니다. 시점(視点)을 어디까지나 근대과학에 한정하고서 하는 말입니다만, 근대사회란 근대과학을 수용하고 발전시킬 수 있을 만한 사회라고 한다면 서구 이외의 세계에서의 전통은 근대화 과정에 있어서 부정해야 할 요소라고 간주되는 것입니다. 나도 일률적으로 그것을 인정하지 않는다는 것은 아닙니다. 그렇지는 않고 전통 가운데에서 부정되는 요소와 그렇지 않은 요소를 주의 깊게 구별하지 않으면 안된다는 것입니다.

    확실히 전통의 여러 가지 요소 가운데에서 대부분은 고정화하여 형해화(形骸化)하여 가는 것, 또는 이미 그렇게 되어버린 것입니다. 그러나 과거의 사회와 문화에 생명을 주어온 전통의 생생한 핵심이라는 것도 있습니다. 근대화 과정에서 형해화된 전통은 부정된다. 그러나 그것에 의하여 도리어 전통의 생생한 핵심이 소생하는 것은 아닌가 하고 나는 생각하고 있습니다. 적어도 그것이 없으면 사회와 문화의 지속적인 발전은 있을 수 없을 것입니다. 결국 어떤 나라의 사회와 문화는 근대화 과정에서, 그 나라의 전통에는 빠져 있기도 하고 싹튼 채로 머물러 있기도 한 여러 가지 요소를 받아들여 형태를 바꾸어가는 셈이지만, 그 경우 전통의 생생한 핵심이 소생되어 새로운 사회와 문화로 가치의 방향 정립을 하여간다. 그런 식으로 나는 생각하고 있는 것입니다. 또 충분히 숙고하여 얻은 표현은 아니지만, 그것을 하나의 가설로서 제시하여 두면 '근대화 과정에 있어서, 그 나라의 전통의 생생한 핵심이 소생되어 새로운 사회와 문화로 가치의 방향을 정립한다'고 하게 될 것입니다.

　이 가설을 과학기술에 적용하면, 그 계열로서 다른 가설이 나옵니다. '사회와 문화 가운데에서 과학기술에 어떤 위치가 부여되고, 어떤 기능을 수행해 가는가는 가치의 방향 정립에 의해 정해진다'고 하는 것입니다. 과학기술의 발전이 모든 사회를 동질화해 간다고 하는 사고방식에서 보면, 기묘한 가설로 들릴지도 모르지만 사실은 하나의 전제가 있습니다. 그것을 설명하자면 길어지기 때문에, 결론 비슷한 것만을 말하자면, 과학기술의 발전에는 어떤 사회, 어떤 가치체계 아래서도 성립하는 따위의 보편적 타당성과 객관적 필연성 등이 존재하지 않는다. 기껏 어떤 가치체계에 의하여 선택된 타당성과 필연성이 존재하는 데에 지나지 않는다는 것이 나의 생각입니다. 그 전제에 서면 전통의 생생한 핵심이 과학기술의 발전에 대하여도 가치의 방향을 정립하게 되는 것입니다.

　그렇다면 전통의 생생한 핵심이란 무엇인가. 그것이 되살아난다는 것은 어떤 것인가. 여기에서는 우선 두 가지 명제만을 들어봅니다. 하나는 '가치이념은 개념의 내포를 변화시켜 가면서 소생한다'는 명제입니다. 또 하나는 '사고의 패턴은 강하게 계승되는 경향을 지닌다'는 명제입니다. 각각의 명제에 대하여 구체적인 예를 둘씩 들면서 설명하려고 합니다. 어느 것도 다 현대중국의 과학기술을 본 경우, 반드시 이해해 둘 필요가 있다고 내가 생각하고 있는 보기입니다.

4

　제1의 명제, 즉 '가치이념은 개념의 내포를 변화시켜 가면서 소생한다'라는 명제에 관하여 우선 지적해 두고 싶은 것은 중국의 사상을 일관해 온 가치이념으로서의 평등주의입니다. 문화대혁명의 지도이념의 하나가 평등주의에 있는 것은 여러분도 잘 아는 대로입니다.

　중국의 문화는 그리스도교 세계나 이슬람세계의 문화와는 달라서, 절대자에게 궁극적인 가치를 두는 문화가 아니라, 인간의 극한적인 존재방식에 가치의 근거를 찾으려는 문화라고 해도 좋을 것입니다. 극한적인 존재방식을 보여준 인간, 또는 이상적인 인간, 그것을 중국에서는 예부터 '성인(聖人)'이라고 부르고 있습니다. 이 성인이라는 개념은 중국의 역사 속에서 개념의 내포를 바꿔가면서 여러 번 되살아 나옵니다. 미리 말씀드려 두지만, 중국에서 성인이라는 것은 우리들이 무심히 생각에 떠올리는 성인의 이미지와는 약간 다릅니다. 근대 또는 현대의 중국에서 성인이라고 부르는 사람은 도대체 누구인가. 손문(孫文)이며 노신(魯迅)이며 모택동이다. 그러한 사람들을 성인이라고 부르고 있다. 우리들은 과연 노신의 평론을 읽고 성인의 문장이라고 생각할까요? 아마 생각하지 않을 것입니다. 중국인과 우리들은 성인 개념의 내포가 다르군요. 왜 그렇게 되었을까. 그것이 이 가치 개념의 소생에 관계되어 오는 것입니다.

　그렇다면 고대중국에서 성인이란 도대체 어떤 것이었는가 하면, 하늘의 도리(天道), 즉 우주의 법칙(理法)을 체득하고, 그것에 바탕하여 인간이 따라야 할 규범을 정립한 이상적인 왕자입니다. 즉 보통의 인간에서 보면 그 따라야 할 규범을 외부로부터 준 사람이 성인이며, 같은 인간이면서도 보통 인간과는 다른, 보통 사람으로부터 단절된, 보통의 인간이 도달할 수 없는 존재인 것입니다. 그것이 극히 일반적인 성인관이지만 고대의 사상가 가운데에서 적어도 한 사람만이, 그러한 성인의 개념을 분명히 깨뜨리려고 한 사람이 있다. 그것은 맹자입니다. 그는 『논어(論語)』에 보이는, 누구라도 노력하면 성인이 될 수 있다고 하는 사고방식의 싹을 구명하려고 한, 아마도 유일한 사상가였으리라고 생각합니다.

이 맹자의 견해를 취하였다가 성인의 개념을 새로이 되살린 것이 11,2세기의 송대의 사상가들입니다. 그들의 학문은 보통 송학이라고 불리고 있습니다. 그것을 완성한 것이 주자이며, 주자학은 도쿠가와(德川) 시대에 일본에 큰 영향을 끼치게 되지만, 동시에 유럽의 계몽사상에 미친 영향도 적지 않다. 송학은 봉건사상과 계몽사상에 동시에 영향을 끼칠 만한 내용을 지니고 있었던 것입니다. 송학은 맹자를 실마리로 하여 성인개념의 내포를 바꿔 버립니다. 성인은 이미 누구에게도 접근할 수 없는 따위의 이상적인 인간이 아니고, 보통의 인간에게 있어서도 접근이 가능한, 도달 가능한 목표가 된다. 그 경우 개념의 내포는 어떻게 변했는가 하면, 보통의 인간에게 대하여 외적 규범 또는 에토스를 주는 인간으로부터 자기의 내면에 규범을 정립한 인간, 모랄을 확립한 인간, 칸트의 말을 빌리면 '자기의 내면에 있는 도덕률'을 확립한 인간, 그것이 성인이라고 말하게 된다. 그러므로 노력만 하면 누구든지 성인이 될 수 있습니다. 규범으로서의 성인상으로부터 모범으로서의 성인상으로의 전환이라고 하여도 좋을 것입니다. 이것은 중국적 근대, 근대라는 말을 사용하면 어폐가 있을지 모르지만 그 출발점을 형성한 사상이라고 생각합니다. 그런 사실은 다음의 명대가 되면 확실해집니다.

사회적으로 보면 송학을 짊어진 것은, 송대 이후 단 하나의 지배계급으로 된 사대부계급입니다. 사대부라는 것은 원리적으로 개명된 계급으로 봉건적 신분처럼 고정적인 폐쇄된 계급은 아닙니다. 과거(科擧) 시험에 통과하기만 하면 농민도, 상인도, 장인(匠人)도 사대부가 될 수 있습니다. 일본이나 유럽의 봉건 귀족계급과는 크게 다른 것입니다. 노력 여하에 따라서는 누구든지 사대부가 되어 자기가 품은 이상을 정치적 세계에 실현하는 길이 열려져 있다. 거기서부터 사대부는 만인을 대표힌디는 지각이 생깁니다. 그 사상적 표현이 송학이었다고 할 수 있을 것입니다. 원리적으로는 만인에게 개방되어 있다는 것이 사상적으로는 극히 중요한 점이고, 사대부계급의 사상인 송학이 만인의 사상으로 전화하여 가는 계기가 거기에 부여되어 있는 것이 됩니다.

과연 명대가 되면, 농민이나 상인이나 장인 속으로 침투해 가서 이번에는 그들이 사대부 계급에 대하여 학문을 강의하는 상황이 나타납니다. 이 역전(逆轉)의 실마리가 된 것이 왕양명(王陽明)입니다. 양명학은 주자학의 전개입니다만, 거기서 다시 한 번 성인 개념이 그 내포를 바꿔 가면서 되살아난다. 왕양명의 '모든 계층의 사람이 곧 성인'이라는 말이 있습니다. 물건을 사라고 외쳐대는 장사꾼 아저씨도, 판자집 아주머니도 모두 성인이다. 즉 인간은 모두 그대로가 성인인 것이다, 라는 데까지 양명학파는 진전하고 만다. 그러기 위해서는 주자학의 엄격주의가 악이라 하여 거부한 정념을 선으로 보는 가치 전환이 필요했던 것인데, 그것은 어쨌든 간에 모든 인간이 그대로 성인이라고 봄으로써 평등주의의 확고한 근거가 세워지는 셈입니다. 모택동의 시에 '6억의 신주(神州)가 모두 순(舜)과 요(堯)', 6억의 중국인은 모두 순과 요와 같은 성인이다, 라는 시가 있는데, 중국의 평등주의의 근거를 잘 시사하고 있다고 생각합니다.

1911년의 신해(辛亥)혁명 때 손문을 비롯하여 많은 사상가들이, 중국은 예부터 사회주의다, 평등사회다 하고 주장합니다만 지금 말한 것과 같은 사상의 역사가 그 배경에 있는 것입니다. 실제는 사회주의도 평등주의도 아니었지만 인간은 모두 평등하다고 하는 가치관념이 아주 뿌리 깊게 흐르고 있다. 그러나 그 가치이념을 사회에 실현하여 나가는 데는 역시 하나의 쿠션이 필요합니다. 예를 들면 프랑스 혁명은 자유·평등·박애라는 가치이념을 내세운다. 그러나 이룩된 시민사회는 만인에게 있어서 자유도 평등도 박애도 아니지 않는가. 억압과 착취의 사회가 아니던가. 그것을 배제하고서야 비로소 부르주아 혁명의 가치이념도 실현된다. 그러한 형태로서 사회주의가 나타난다. 그것과 비슷한 과정이 신해혁명 이후의 중국에서도 일어납니다. 노신식으로 말하면, 사람이 사람을 잡아먹는 사회라는 인식에 서서 새로운 사회로의 모색이 시작됩니다. 그것이 신(新)중국으로 결정하는 셈인데, 거기서 다시 한 번 성인개념이 되살아나고 있다고 나는 생각합니다.

실제로 성인이라는 말이 쓰여지고 있는지 어떤지는 중요하지 않습니다. 역사적으로 보아도 내가 말한 것과 같은 인간상이 언제나 성인이라는 말로 표현되어 온 것은 아닙니다. 그러나 여기에서는 굳이 성인이라는 표현으로 사용하여 두겠습니다. 오늘날의 중국에서 성인이란 무엇인가. 인민에게 복무하는 인간입니다. 인민에게 복무한다는 모랄을 확립하여 오로지 그것을 실천하는 인간입니다. 즉 내부의 도덕률은 송학이나 명학에서도 역시 우주의 이법이었습니다만 그것이 인민에게 대한 복무로 바뀌어진다. 그런 식으로 개념의 내포를 바꿔 가면서 되살아나고 있다. 앞에서 규범으로부터 모범으로의 성인상의 전환이라고 말했으나, 가치의 궁극적인 근거가 인간의 극한적인 자세, 내적인 도덕률을 확립하여 오로지 실천하는 인간의 본연의 자세에서 구해지는 한, 그러한 인간상은 규범이 아니고 모범으로서 파악됩니다. 인민해방군의 병사 가운데서 잇달아 모범이 나타나고 떠들석하게 입에 오르고 있는 것은 여러분도 잘 알고 있는 그대로입니다. 중국문화의 가치체계에 있어서는, 궁극적인 가치는 어디까지나 인간에게 있습니다. 또 거기에 기반을 둔 평등주의라는 것이 있다. 그것이 문화대혁명 가운데서 일거에 표면으로 나타났다고 생각합니다.

근대사회는 분업의 세분화를 전제로 하여 성립되고 있다. 그 분업체계의 테두리 속에서 어떤 전문적 업무에 관하여 어느 만큼의 능력을 가지고 있는가가 인간을 재는 가치기준으로 되어 있다. 근대사회는 전문적 능력에 의하여 인간을 평가하는 사회입니다. 노동에 대한 보수도 그 사람의 전문으로 하는 업무가 어떤 사회적 기능을 수행하고 있느냐, 그 속에서 그가 어떠한 능력을 발휘하느냐에 의하여 정해집니다. 이미 사망한 사람이지만 미국에 위너라는 수학자가 있었습니다. 사이버네틱스라는 새로운 과학분야를 개척한 사람입니다.

그 위너가 이러한 의미의 말을 하고 있다. 현대의 과학기술혁명이 완성될 때에는, 보통의 능력을 지니는 사람과 보통 이하의 능력을 지니는 사람에 대하여는 더 이상 누구도 돈을 내어 그 능력을 사려고는 생각하지 않게 될 것이다. 즉 그 정도의 능력이라면 모두 기계가 대행하여 주기 때문에 아무런 소용도 없게 될 것이라는 것입니다. 확실히 능력을 평가의 기준으로 하는 사회에서 과학기술이 더욱 발전하여 가면 그러한 두려움이 없다고는 말할 수 없습니다. 위너는 그것에 대하여 인간을 사고 파는 사회, 바꾸어 말하면 인간이 노동력 상품인 것 같은 사회를 인간 자체에 가치를 두는 사회로 바꾸지 않으면 안된다고 말하고 있지만, 인간의 평가 기준을 능력에 두고, 그 능력을 돈으로 환산하는, 즉 양적으로 계측한다는 사고방식과 인민에게 대한 복무에 평가의 기준을 두는 사고방식과는 정면에서 대립하는 것입니다. 인민에게 복무하느냐 않느냐는 것은 전문적인 능력의 크기와는 전혀 관계가 없다. 보통 이하의 능력의 사람일지라도 인민에게 복무하는 방법은 얼마든지 있다.

지금의 중국에서는 인간을 평가하는 데에, 인민에게 대한 복무에 제1차적인 기준을 두고 있습니다. 능력 격차는 제2차적인 부차적인 기준에 지나지 않습니다. 물론 그것만으로 문제의 해결이 되지는 않는다. 더욱 한걸음 나아가서 분업체계 자체를 없애 간다. 관리자와 기술자와 노동자, 노동자와 농민, 지식인과 대중의 차별이나 대립을 없애 간다는 노력이 거듭되고 있다. 마르크스주의의 용어로 말하면 육체노동과 정신노동의 대립, 계급의 대립을 배제한다고 하는 시도가 이루어지고 있다. 과학기술의 발전에 제일 적합하다고 보여지고 있는 근대사회의 가치기준에 감히 도전하여, 가치체계를 근저로부터 변혁하고 그 위에다 새로운 사회와 문화를 건설하려 하고 있다. 그러한 가치의 방

향정립으로서, 중국의 전통의 생생한 핵심인 평등주의의 가치이념이
작용하고 있다고 나는 생각합니다. 거기에서는 당연히 과학기술의 위
치 정립과 발전의 방향도 바뀌어지지 않을 수 없습니다. 그러한 가치
체계 아래서는 전혀 새로운 과학기술체계를 만들어내는 일이 가능할
것입니다.

　인간에게 가치의 궁극적인 근거를 두는 사고방식은 각도를 바꾸
어 말하면 인간주의의 입장입니다. 그러므로 지금까지 말한 것을 중국
적 인간주의라는 관점에서부터 다시 파악할 수도 있습니다.

　영국의 중국과학사가(科學史家) 니덤은 범선을 발달시켜 노예에
게 노를 젓게 하는 갤리(galley)배는 결코 만들지 않았던 중국의 인
간주의에 대하여 말하고 있습니다. 그런 식으로 일반화할 수 있을지
어떨지 나는 의문이라고는 생각하지만 적어도 가치이념으로서의 인간
주의는 중국에 있어서의 전통의 생생한 핵심입니다. 이 인간주의에는
인간은 어디까지나 자기변혁이 가능하다는 신념, 앞에서 말한 노력하
면 누구라도 성인(聖人)이 될 수 있다는 것도 그것의 하나의 발현인
데, 그러한 신념이 포함되어 있습니다.

　여기에서 상세히 말할 여유가 없기 때문에 시사하는 것만으로
그친다면, 가령 '4가지의 제일'이라는 가치선택에, 이 인간주의의 소
생을 볼 수 있을 것입니다. 4가지의 제일 가운데에, 무기와 사람의
관계를 처리할 때는 사람의 요인을 제1위로 둔다고 하는 것이 있습니
다. 그것을 기술과 사람과의 관계로 바꾸어 놓아도 좋다. 이른바 '기
술 제일주의'에 대한 '인간 제일주의'입니다. 인간은 어디까지나 자기
변혁이 가능하다는 신념을 포함하는 인간주의는 문화대혁명의 지도이
념의 하나이며 그것이 과학기술의 영역에서의 변혁마저도 유도하고 있
는 것입니다.

　전통의 생생한 핵심이 되살아나고, 가치의 방향정립을 부외한다
는 나의 가설이 무엇을 의미하고 있는지, 이것으로 대강 추찰할 수 있

는 것이 아닐까 하고 생각합니다. 나머지는 되도록 간단히 말씀드릴 작정입니다.

5

　평등주의 혹은 인간주의와 더불어 매우 중요한 가치이념이 또 하나 있습니다. 항상 이론보다도 실천에 우위를 인정하려고 하는 가치이념입니다. 인간의 여러 가지 활동 가운데서 사회적 실천에 가장 큰, 또는 궁극적인 가치를 두고, 거기서부터 다른 여러 가지 활동을 평가하는 사고방식이라는 식으로 더욱 일반화하여 표현하여도 좋지만, 여기에서는 과학기술을 염두에 두고 있으므로, 일단 이론과 실천의 관계를 좁혀 놓겠습니다. 중국 사상에는 전통적으로 사회적 실천의 유용성으로부터 유리된 입장에서 비로소 성립되는 따위의 이론적 사색, 또는 일반적 이론의 구축을 악(惡)으로서 거부하는 사고방식이 일관하여 흐르고 있습니다. 이론적인 사색의 필요성은 인정하지만, 그것을 어디까지나 사회적인 실천의 유용성의 테두리 안에다 한정시키려고 한다. 역으로 말하면 이론에다 그 자체로 자립시킨 가치를 인정하는 것이 아니고, 어디까지나 실천에 종속시켜, 실천의 측면에서부터 이론의 가치를 평가하여 가려는 것입니다.

　이론에 대한 실천의 우위라는 생각은 중국 고대의 최초의 사상가인 공자에게서 이미 보여지는데 그 후의 맹자나 순자(荀子) 등에 이르면 더욱 확실해집니다. 예를 들면 맹자는 분석적 이성이라고 할까, 혹은 오성(悟性)이라고 하여도 상관없지만, 그 인식의 작용에 높은 평가를 주면서도 분석적 이성의 작용은 사회적 실천에 대하여 유용한 범위에 그쳐야 할 것이며, 그 한계를 넘어서 분석을 진전시켜 가는 것은 악이라고 말하고 있습니다. 그것은 가령 그리스의 사상가 아리스토텔레스가 프락시스(실천)보다도 테오리아(이론)에, 즉 실현보다도 이론에 우위를 두어, 실천에서부터 유리되어 순수하게 머리 속에서 행해지는 사색에다 최고의 가치를 인정한 그것이야말로 자유인에게 어울리는 일이라고 생각한 것과는 대극(對極)에 서 있다고 하여도 좋을 것입니다. 이론보다도 실천을 중시하는 이 가치이념은 중국인이 사물을 생각해 가는 경우에 그 방향을 기본적으로 규제하는 힘으로서 작용하여 왔다. 그것이 그리스의 문화적 전통을 이어온 지중해 세계, 아마 인도도 거기에 포함시킬 수 있을 것입니다만, 그러한 점과 중국의 사상적 풍토를 크게 다르게 만들고 있다고 나는 생각합니다. 중국에서는 최후까지 연역적인 논리라든가 분석적인 방법 같은 것은 태어나지 않았지만, 그것은 중국인의 실천 지향과 깊이 결부되어 있는 것이 아닐까 하고 생각합니다. 그것에 대하여는 나중에 다시 언급합니다.

전통의 생생한 핵심이 가치의 방향을 정립한다고 하여도, 밖으로부터 새로운 요소를 수용할 경우 그것을 송두리째 그대로 같은 문맥으로 받아들였다고 하면, 가령 그런 일이 가능하다고 하고서의 말이지만, 그렇게 하면 그 요소에 본래의 문맥과는 다른 가치 방향을 정립하는 등의 일은 처음부터 논외의 것이 되어 버립니다. 독자적인 가치적인 방향정립이 가능하기 위하여는 그들의 요소를 원래의 문맥에서 떼어 내어 선택적으로 수용할 필요가 있습니다. 말하자면 체로 걸러두는 것입니다. 어떤 가치 기준에 비추어 필요한 것, 좋은 것, 적합한 것만을 선택한다. 그러한 필터의 역할마저도 가치이념은 수행해 갑니다. 사실은 전통의 생생한 핵심이 필터의 역할을 한다는 것도 앞에서 든 2가지 명제와 동등한 독립된 명제로서 나는 생각하고 있습니다만, 필터론은 이미 서술하였으므로 그 쪽에 미루기로 하겠습니다.

현존하는 사람인지 아닌지 아직 확인하지 못했지만 장동손(張東蓀)이라는 철학자가 있습니다. 중국에서는 보기 드문 논리 실증주의자입니다. 이 사람이 어느 때 교사로서의 체험을 회상하고 있습니다. 중국 학생에게 서양철학사를 강의하는 경우, 학생은 영국 경험론과 그 계보를 따르는 철학, 미국의 프래그머티즘 등은 아주 잘 이해한다. 하지만 독일의 관념론, 특히 칸트의 철학이나 그 계보에 속하는 철학은 전혀 이해해 주지 못한다는 것입니다. 독일 관념론이 철학의 주류였던 일본과는 아주 다릅니다. 실제로 근대 중국에 받아들여진 또는 소화된 서구사상은 아마도 두 가지밖에 없다. 프래그머티즘과 마르크스주의입니다. 프래그머티즘이라고 해도 퍼스나 제임스는 아니고 듀이입니다. 그 이외의 사상은 강단(講壇)철학으로서는 있어도 학생의 마음을 사로잡았다고는 할 수 없을 것입니다. 그것은 매우 중요한 의미를 가지고 있습니다. 어느 것이나 실천을 아주 중시하는 사상이기 때문입니다. 필터를 거친 두 가지 사상 중, 결국 마르크스주의가 승리를 차지하고, 프래그머티스트(실용주의자)는 대만으로 도망치는 셈이지만, 그것은 중국의 사회적 필요성에 마르크스주의 또는 마르크스주의자 쪽이 훨씬 잘 견뎌내었기 때문이라고 할 수 있을 것입니다. 어쨌든 사회적 실천에서부터 유리된 이론을 엄격히 배제하려고 하는 가치이념이 강하게 살아 있다는 것을 나타내고 있습니다.

중국에는 '지(知)'와 '행(行)'이라는 말이 있습니다. 모택동의 『실천론』에 「인식과 실천―지와 행의 관계에 대하여」라는 부제가 붙어 있습니다만, 지와 행은 틀림없이 인식과 실천에 거의 상당할 것입니다. 내가 다루고 있는 것도 말하자면 지와 행의 관계입니다만, 그것을 인식과 실천이라고 하지 않고 이론적 사색과 사회적 실천이라는 표현을 선택하고 있는 것은, 중국의 '지'가 가령 아리스토텔레스의 에피스테메(실천), 즉 이론적 지와는 상당히 다르기 때문입니다. 그 차이를 확실하게 하기 위함입니다. 고대의 『서경(書經)』이라는 책에, 아는 것은 어렵지 않지만 행하는 것은 어렵다는 유명한 말이 보입니다. 은(殷)왕의 고문관이 왕에게 정치를 하는 경우 이러한 때는 이렇게 하십시오라고 상세하게 지시를 한다. 왕은 이것으로 정치하는 방법을 알

았노라고 기뻐한다. 그러자 그 고문관이 '이것을 아는 것은 어렵지 않으나, 이것을 행하기는 어렵다'고 대답한다. 즉 지라는 것은 실천을 위한 지시이지 결코 이론적 인식은 아닌 것입니다. 지와 행의 관계는 중국사상의 역사 가운데서 하나의 중요한 테마이며, 왕양명이 지는 행의 시작이요, 행은 지의 완성이라고 하는 지행합일론(知行合一論)을 주장하기도 하고, 손문이 '행하는 것은 쉽고 알기는 어렵다'고 주장하기도 했는데, 그것이 실천에의 지시로서의 인식과 실천의 관계이다, 라고 하는 기본적인 성격은 줄곧 일관되고 있는 것같이 내게는 생각됩니다. 이론적 사색도 어디까지나 실천에 대한 지시가 정당하다는 근거를 주는 데에 그친다, 바꾸어 말하면 이론적 사색은 사회적 실천의 유용성의 범위내에 머물러야 한다는 가치이념을 자명의 공리로서 전제한 논의라고 생각합니다.

　　모택동의 『실천론』은 지행 통일론입니다만, 그 경우 주의해야 할 일이 두 가지 있습니다. 첫째로 전통적인 가치이념이 필터로서 작용하여 마르크스주의를 거친 것입니다만 거치는 것에 의하여 필터 그 자체의 구조가 변화하고 있다. 바꾸어 말하면 개념의 내포가 변하고 있다. 모택동이 '행', 즉 사회적 실천이라고 부르는 것은 물질적 생산·계급투쟁·과학실험이고 '지'에는 당연히 이론적 인식이 큰 비중으로 끼어 듭니다. 그럼에도 불구하고 둘째로, 지는 역시 실천으로의 지시이다, 라고 하는 기본적 성격을 강하게 보유하고 있다. 이론적 사색을 사회적 실천의 유용성의 범위내에 머무르게 해야 한다는 공리는 여전히 의심되고 있지 않다고 나는 생각합니다. 그것은 『실천론』을 그것만 끄집어내는 것이 아니고 모택동의 저작 전체 속에 위치시켜 보면 확실해진다. 중국 혁명을 보면, 특히 문화대혁명을 본다면 더욱 확실해질 것입니다. 거기에 근대가 전제하고 있는 인식과 실천의 관계를 뒤집어 놓을 가능성이 싹트고 있는 것이 아닌가.

　　그것은 이러한 것입니다. 도대체 과학적인 탐구 방법이라는 것은,

먼저 어떤 문제가 있고, 그것에 대하여 어떤 가설을 세운다. 다음에는 그 가설로부터 연역적으로 추론한다. 최후에 그 추론의 결과를 검증하여 가설이 경험적으로 타당한가 어떤가를 확인하는 것입니다. 자연과학의 실험은 검증의 단계에 해당합니다. 모택동이 과학실험을 사회적 실천의 하나로 들고 있기 때문에 그것을 그대로 사용하면, 가설-추론의 과정이 이론, 검증 과정이 실천됩니다. 이러한 인식의 구조에서는 아무래도 실천이 왜소화될 수밖에 없습니다. 요컨대 실천은 단지 이론이 사실인가 아닌가를 검증하는 역할밖에 주어지지 않는다. 자연과학의 경우는 아직 괜찮습니다. 검증하여 하나라도 맞지 않는 현상이 나오면 그 가설은 틀렸다고 말하게 된다. 적어도 비교적 간단히 그것을 말할 수 있다. 사회과학의 영역이 되면 그렇게는 되지 않는다. 얼마든지 핑계를 댈 수가 있다. 조리(條理)를 맞추기 위하여 임기응변의 가설, 그 때뿐인 발뺌의 가설을 갖고 오면 얼마든지 이론을 보강할 수 있습니다. 그렇게 되면 실천은 항상 이론의 정당함을 증명해 주기 위해서만 존재한다는 턱없는 사태가 발생합니다. 이론이 도그마로 된다는 것은 그러한 것이며 인식의 발전과정에 있어서 실천이 수행하는 역할을 중시하는 마르크스주의조차 예외는 아니었다. 스탈린주의가 그 좋은 보기입니다. 역설적으로 말하면 마르크스주의는 스스로를 과학이라고 부르기 시작한 순간부터 도그마로 전락하여 간 것입니다. 겸하여 말하면 나는 마르크스주의를 과학이 아니고 실천의 철학이라고 생각하고 있는 것입니다. 사항을 너무 단순화하는 것은 위험하지만, 요컨대 내가 강조하고 싶었던 것은 과학의 방법에 있어서는 실천 또는 경험의 의미가 아무래도 왜소화되지 않을 수 없다고 하는 것입니다.

중국의 실천 철학은 그 실천의 의미를 회복하려 하고 있다. 실천의 직접성 가운데에 창조의 원천을 발견하려 하고 있다. 그러기 위해서는 먼저 이론비대증을 없애는 데서부터 시작해야 할 것입니다. 예를 들면 앞에서도 언급한 '네 가지의 제일'의 가운데에 사상공작에 있어서 서적에서 얻은 사상과 살아 있는 사상과의 관계를 처리하는 경우에는 살아 있는 사상을 제일 위에 둔다고 하는 것이 있습니다. 서적에서 얻어진 사상을 이론이라고 하면, 살아 있는 사상이란 실천의 직접성 가운데에서 얻어진 인식입니다. 이것은 그대로 지식인의 비판으로도 되어 있습니다. 여러분은 『북경주보(北京周報)』나 『인민중국(人民中國)』을 읽으시고, 오로지 서적으로부터 이론적 지식을 흡수한 과학기술자가 외국의 모방밖에 할 수 없는 것에 비하여, 실천의 직접성 가운데서 살아 있는 사상을 몸에 지닌 노동자가 어떻게 능동성과 독창성을 발휘하여 곤란한 문제를 해결하여 가는가, 그러한 보고가 되풀이되어 실려 있는 것을 알고 있을 것입니다. 모택동이 너무 책을 읽지 말라고 합니다만 그것은 실천의 직접성의 가운데에서 창조의 원천을 발견하는 것과 깊이 연관되어 있습니다.

교육체계의 개혁을 보면 그것을 잘 알 수 있습니다. 예컨대 기술자를 양성하는 경우, 보통이라면 먼저 대학에서 이론적 기초를 부여해 두고, 그러고 나서 사회적 실천에 투입시킨다. 가설-추론-검증 혹은 이론-실천이라는 인식 방법에 딱 대응하는 교육체계입니다. 그런데 지금 진행되고 있는 교육개혁은 이 관계를 역전시키려고 하고 있다. 먼저 사회적 실천을 거치고 나서 대학에 진학하고, 단기간에 대학을 마치고 다시 사회적 실천으로 되돌아 간다. 실천-인식-재실천이라는 도식입니다. 이 교육체계가 노동자들 가운데서부터 기술자를 양성하는 방식을 정규의 교육체계에 도입한 것이며, 공업체계 혹은 기술체계의 변혁과 밀접하게 결부되어 있는 것은 이미 앞에서 말하였기 때문에 여기에서는 생략합니다만, 실천의 직접성의 가운데에 창조의 원천을 발견하여 낸다는 것은 습관화한 경험 가운데로 매몰하는 것과는 전혀 다르다는 것을 이해하여 주었으면 합니다. 요컨대 이론적 사색을 사회적 실천의 유용성의 범위내에 두고, 어디까지나 지와 행을 통일하려고 하는 가치이념이 전통의 생생한 핵심으로서 되살아나 과학기술의 영역에 있어서의 가치의 방향 정립으로서 작용하고 있다고 하는 것이 나의 생각입니다.

6

가치 이념에 관한 제일의 명제에 대하여 지금 두 가지 예를 들었는데, 이번은 '사고의 패턴은 강하게 계승되는 경향을 갖는다'라는 제2의 명제에 대하여 역시 두 가지 예를 이야기하려고 합니다.

하나는 중국인의 사고 패턴은 과학적이라기보다는 기술적이라고 하는 편이 옳다는 것입니다. 과학적이라는 말은 매우 다의적(多義的)으로 사용됩니다만 여기에서는 상당히 한정된 의미로 쓰여지고 있습니다. 인식의 과정으로부터 말하면 앞의 가설-추론-검증의 방법, 존재론과 결부된 형태로 말하면, 물체나 형상을 단순 요소로부터 구성되어 있다고 간주하는 요소론에 대응하는 분석적 방법, 그러한 방법의 적용 및 그것에 의하여 추상적으로 구성된 인식의 체계를 나는 과학이라고 일러두고 싶다. 그러므로 가령 변증법적인 방법, 또는 현상학적인 방법에 의한 인식은, 지금 나의 말의 사용 방법으로 말하면 과학에는 들지 않습니다. 마르크스주의는 과학이 아니라고 한 것은 그러한 의미입니다. 과학의 개념을 그런 식으로 정의하면 중국인의 전통적인 사고 패턴은 과학적이라고는 할 수 없다. 과학의 요소를 포함하고 있지 않은 것은 아니지만, 그것도 또한 포함하여 기술적이라고 부르는 편이 낫다.

중국인은 연역적인 논리를 끝내 만들어 내지 못했습니다. 앞에서도 말했듯이 이론적인 사색보다도 사회적 실천에 의하여 큰 가치를 둔다는 이념이, 중국인의 사고를 기본적으로 규제하는 힘으로서 작용하고 있었다. 그것이 연역논리를 낳지 않은 큰 요인이라고 생각합니다. 그것에 대하여 그리스인이 인류의 문화에 남긴 최대의 공헌의 하나는 연역논리를 만들어낸 것일 것입니다. 테오리아(이론)를 중시하는 가치이념과 분리하여 그것을 생각할 수는 없습니다. 그리스인의 연역논리는 유클리드 기하학이라는 형태로 결정하고 있다. 또는 아리스토텔레스의 형식논리로 결정되어 있다. 몇 가지 공리를 세트로 한 공리계가 있어, 거기서부터 연역적 추론에 의하여 여러 가지 명제를 이끌어 내어 온다. 그러한 논리를 중국인은 낳지 않았다.

    17세기에 예수회의 선교사들이 중국에 와서 유클리드 기하학을 소개합니다. 그것은 어느 정도 중국인에게 소화되었으나 그 소화방법이 재미있다. 어느 예수회가 중국인은 기하학의 문제를 연역에 의하여서가 아니고 귀납에 의하여 해석한다는 의미의 글을 쓰고 있다. 기하학의 문제를 귀납에 의하여 해석한다고 하는 것은 어떤 뜻일까. 매우 기묘한 표현이기는 하지만 꽤 핵심을 찌른 말입니다. 중국인의 사물에 대한 사고방식에 있어 꽤나 진실에 가까운 표현입니다. 실제로는 결코 엄밀한 귀납법을 사용하였던 것은 아니지만 말입니다. 더 자세하게 말하면, 중국인은 기하학을 증명할 경우 일반적인 증명을 주는 것이 아니라, 밑변은 몇 치[寸], 높이는 몇 치라는 식으로 구체적인 수치를 주어서 예증(例證)하였던 것입니다. 타당한 수치의 조합을 전부 열거하여 예증하면, 그것은 완전 매거(枚擧)라고 하여 엄밀한 귀납법, 베이컨이 주장한 귀납법이 되지만, 타당한 수치의 조합은 무한히 많이 있으므로 유한의 삶을 살고 있는 인간이 무한회(無限回)의 조작을 한다는 것은 원리적으로 불가능합니다.

    그렇다면 중국인이 장기로 삼는 사고 방식은 어떠한 것인가. 여러 가지 사물이나 현상, 인간의 행동 등을 패턴에 의하여 포착하는 방법이다. 자연이건 인간이건 그 거동, 그 행동에는 일정한 패턴이 있고 형식이 있다. 즉 이렇게 하면 이렇게 된다, 또는, 이러한 경우에는 이러한 행동을 한다는 등의 패턴이 있다. 물론 여러 가지로 많이 있지만,

다른 현상 가운데에 공통의 형식이 발견된다. 그러한 여러 가지 패턴을 인식하며 식별한다. 미지의 현상에 부딪쳤을 경우에는, 이미 아는 패턴을 실마리로 삼아 유추해 간다. 미지의 현상이 기지의 패턴에 들어맞으면 그것으로 좋고, 들어맞지 않으면 새로운 패턴으로서 파악한다. 중국인의 사고방법의 가장 기본적인 형은, 그러한 패턴의 인식이다. 거기에는 독특한 이론이 있다. 예를 들면, 작용하는 것과 사물의 작용과의 관계에는 체용의 논리가 있고, 사인과 심벌에 관하여 감응의 논리가 있다. 그것은 연역적인 논리와는 많이 달라서 사색자 또는 인식자의 논리라기보다는 실천자의 논리다. 왜냐고 하는 의문에 공리라든가 원리를 세워서 대답해 나가자는 것이 아니라, 이렇게 하면 이렇게 된다, 그러므로 이렇게 하면 된다는 식으로 실천의 지시로 이끌어 가는 셈이다. 그러한 사고방법은 과학적인 사고법이 아니라 기술적인 사고방법이다.

그것은 한마디로 말하면, 물건을 만드는 것이 기술인데도, 그 경우 어째서 그렇게 되는지를 몰라도 이렇게 하면 이렇게 된다고 알고 있으면, 물건은 만들 수 있는 것이다. 실제로, 적어도 19세기 중엽까지의 기술의 역사는, 이렇게 하면 이렇게 된다고 하는 경험적인 지식만으로 물질을 만들어 온 역사라고 해도 좋다. 왜 그렇게 되는가를 탐구하는 과학은 기술에는 거의 도움이 되지 못하였다. 과학이론이 물질을 만드는 데 도움이 된 것은, 그 이후의 일에 지나지 않는다. 과학이 기술의 기초이다, 기술은 응용 과학이다, 라고 보게 된 것은 겨우 20세기로 접어들어서의 일이다.

앞에서도 잠시 언급했지만, 근대 이전에 있어서의 중국의 기술 수준은 매우 높다. 인류는 기술적인 발명이나 고안의 상당히 큰 부분을 중국문명에 힘입고 있다. 기술적인 사고법과 그것과는 아마도 떼놓을 수 없다. 동시에 기술적인 사고법으로부터는 체계적 논리는 결코 생기지 않는다. 분류원리에 바탕하는 서술은 가능하여도, 추상적인 이론 구성은 할 수가 없다. 그러나 체계적 이론을 낳지 못하였다는 것은 자연의 인식이라고 할까, 근대의 자연과학과 구별하여 자연학이라는 말을 사용한다면, 자연학에 있어서 훌륭한 발견이 없었고, 아무런 성과도 올리지 않았다는 것을 의미하고 있는 것은 결코 아니다. 중국의 자연학을 우리들의 사고법에 익숙하기 쉽도록 재구성해 보면, 웬만큼 대단한 것인지 알 수 있다. 우리들은 중국에서는 자연학이 전혀 발달하지 않았다고 보통 이해하고 있지만, 그것은 사고방법의 차이에서 오는 편견에 지나지 않는다.

중국에는 연역적인 이론이 없으므로 기하학이 발달하지 않았다. 기하학이라 해도 토지측량술로서의 기하학은 아니다. 토지측량술이라면 중국에도 훌륭한 것이 있다. 내가 말하는 것은 유클리드 기하학이다. 그것도 확실히 토지측량술에서 태어난 것에는 틀림이 없으나, 이 둘은 일단 별개의 것으로 생각하는 편이 낫다. 중국에서는 그 대신, 그리스와는 달리 대수학이 발달한다. 토지측량술도 그렇지만 대수학은 사회적 실천과 아주 긴밀하게 결부된 수학이다. 게다가, 대수학을 공리계에 바탕하는 이론체계로 완성시키는 데는, 그것은 매우 어려운 일이지만, 패턴의 인식이 매우 유효하다. 하나의 대수방정식을 풀어서 해법의 패턴을 만든다. 그렇게 하면 다른 방정식도 적당한 조작을 베풀어서 그 방정식의 형태로 갖추기만 하면, 같은 패턴의 해법으로 풀 수가 있다. 앞에서도 시사했듯이, 중국인은 기하학의 증명마저도 대수화하여 버린 것이다. 기하학적인 사고법과 대수학적인 사고법은 꽤 다른 것이다. 아마 여러분 가운데도 기하를 좋아하는 사람과 대수가 장기인 사람이 있겠지만, 그것은 서로 다른 사고 패턴의 소유주라고 생각된다. 중국인의 사고법은 대수학에 친숙해지기 쉬운 사고법이었다고 할 수 있는 것이 아닐까. 그리고 그것은 기술적인 사고법과 긴밀하게 결부되어 있다.

이야기를 본론으로 되돌리면 기술적인 사고법이라는 것은 물건을

혁명과 전통 71

만든다, 또는 바꾸는 것을 전제로 한 사고법이므로 당연히 실천을 중시하는 가치이념에 딱 대응하고 있다. 거기서부터 태어나는 사상은 실천에 대한 지시라는 성격을 강하게 지닌다. 그것과 또 하나 중요한 일은 실천의 직접성 속에서 창조의 원천을 발견해 나가자고 하는 사고방식에 기술적인 사고법이 친숙해지기 쉽다고 하는 것이다. 거기에는 몇 가지 중요한 문제가 포함되어 있다. 실천적 경험을 총하여 얻은, 이렇게 하면 이렇게 된다고 하는 지식에서부터 출발하여 물건을 만든다. 이렇게 하면 이렇게 된다고 하는 것은 그렇게 하더라도 이렇게는 되지 않는다는 것이므로, 거기에 왜냐고 하는 탐구가 시작된다. 물질적 생산과정에 과학적 인식과정이 겹쳐지게 된다. 적어도 중국의 공장은 단순한 생산의 기능뿐 아니라, 그대로 교육이나 연구의 기능을 영위하고 있으므로 그렇게 된다라고 하기보다는 만드는 일이 앎의 시작이라고 하는 사고방식이 공장의 기능을 변화시켰다고 보는 편이 나을지 모른다. 그 경우, 미리 기성 이론을 몸에 지니고 있는 것을 전제하고 있지 않기 때문에, 노동자 가운데서 과학자나 기술자가 자라날 길을 트는 것이 된다.

    대체로, 기술의 과정에는 미지의 요소가 많이 있다. 이론적 지식만으로는 결코 만들 수가 없다. 이렇게 하면 이렇게 된다고 하는 경험적 지식 없이는 물건을 만들 수 없는 것이다. 그러한 지식은, 예컨대 경험공식이라는 형태로 정식화(定式化)된다. 미리 이론적 지식을 몸에 지닌 기술자는 실제로 물건을 만들어 보고, 이론만으로는 어떻게 할 수도 없다는 것을 알게 되면, 전적으로 경험공식에 의존하게 된다. 또는 반대로, 이론 과신에 빠져들어 도무지 창조성을 발휘하지 못한다. 이론에 대한 불신과 과신 사이를 왔다갔다 한다. 중국의 여러 가지 보고를 읽어보면, 후자의 예가 전적으로 공격의 대상으로 올라가 있는데, 그것은 과거의 연구개발 체제의 비판, 지식인 비판에 얽혀 있기 때문일 것이다. 반대로, 실천의 직접성에서부터 출발하여 왜냐고 하는 탐구를 시작한 경우, 실천에 도움이 안되는 이론이란 무엇이냐고 하는 방향으로 사고가 돌려진다. 그것이 실천에 도움이 되는 이론의 탐구로 나가게 하는, 이론적 탐구의 방향정립이 바뀌어지는 일이 있다고 생각하는 것이다. 아니 중국이 아닐지라도 실천에 도움이 될 이론을 탐구하고 있다는 반론이 당연히 돌아올 것이다. 그러나 그것에 의하여 기술체계가 바뀌어지게 될 것이다라고 하는 점이 중요하다. 물론 다른 조건도 고려한 다음의 이야기지만 이론적 탐구의 방향정립의 변화와 기술체계의 변혁이 결부되는 것이다.

한마디 덧붙여 두고 싶은 것은, 그렇다면 중국에서의 과학의 발전은 매우 한정된 것이 되지 않을 수 없을 것이다, 그것이 나아가서는 기술의 발전가능성을 좁혀 놓을 것이다, 라는 의문에 대해서입니다. 솔직히 말하여 과학론 혹은 기술론으로서는 내게도 알 수 없는 해결되지 않은 일들이 많이 있는데, 우선 여기서 지적해 두고 싶은 것은 모택동의 말입니다. '인간의 올바른 사상은 어디서부터 오는가'라는 짧은 문장 가운데서 '프로레타리아 계급이 세계를 인식하는 목적은, 단지 세계를 개조하기 위한 것이지, 그 이외에 목적은 없다'라고 단언하고 있다. 마르크스의 유명한, 지금까지의 철학은 그저 세계를 인식하여 왔을 뿐이다, 중요한 일은 세계를 개조하는 일이다라는 말을 바꾸어 말한 것에 지나지 않는 듯이 보이지만, 아마 그렇지는 않다. 내가 지금껏 말한 문맥에 덧붙여 이해해 주시면 알 것으로 생각한다. 인식이 실천의 유용성에 의해 하나의 선이 그어져 있다. 좀더 일반화시켜 말하면, 도대체 무엇 때문에 또는 누구를 위하여 과학기술을 발전시키느냐 거기로 귀착된다. 그 물음을 감히 제기한 것이 문화혁명이었던 셈이다.

7

　제2의 명제의 예로서 한 가지 더 들어 두고 싶은 것은 인식의 방법에 관한 것입니다. 인식이라고 하는 이상, 당연히 실천을 중시하는 가치이념에 결부되게 됩니다만, 여기서 거론하려는 것은 더 직접으로 과학기술에 관계가 있습니다. 그것은 외계의 사물은 관측이나 실험을 통하여 비로소 인간에게 가지적(可知的)인 것으로 된다고 하는 사고방식입니다. 지금까지의 과학사의 상식에서 말하면, 일견 기이하게 들릴지 모르나 관측적 또는 실험적 방법이 자연의 인식에 어떠한 의미를 갖느냐, 그 명확한 이해에 처음으로 도달한 것은 르네상스 유럽의 자연과학자들이 아니라 송대의 자연학자들이었다.
　앞에서 중국에서는 대수학이 발달했다고 말했는데, 대수학은 양을 다루는 수학이다. 자연을 인식할 경우, 현상을 양으로 바꿔놓는 조작의 중요성을 중국인은 일찍부터 자각하고 있었다. 다만, 어째서 그런 자각에 도달하였는가 하는 점에, 유럽적인 사고방식과 중국적인 사고방식의 차이가 분명히 나타난다.
　송의 자연과학자들은 어떻게 생각했느냐 하면, 자연은 유기체이다, 오가니즘이다. 그러나 오가니즘이라는 것은 복잡하여 잘 알 수가 없다. 어떻게 하면 자연현상이 인간에게 있어서 가지적으로 되느냐, 그것은 양(量)으로 바꿔 놓으면 된다고 하는 것이 그들의 주장인 것입니다. 양으로 바꿔 놓을 수 있으면, 자연은 인간에게는 구석구석까지 가지적이 된다고 하는 것이다. 그 경우 특별히 자연 자체가 현상을 양적으로 표현하고 있는 것은 아니므로, 인간이 그것을 양으로 바꿔 놓지 않으면 안된다. 어떻게 바꿔 놓느냐, 관측기기나 실험장치를 써서 바꿔 놓는다. 자연과 인간 사이에 기계나 장치를 개재시켜, 그것을 통해서 자연을 양적으로 인식하는 관측이나 실험에 매개되어 비로소 자연은 인간에게 가지적으로 된다. 그러므로 이를테면 주자는 자연의 인식에서 가장 중요한 것은 정밀한 관측기계의 제작이라고 생각하고 있었다.

여기서 주목해야 할 것이라고 생각하는 점은 존재와 인식이 단절되어 있다는 것이다. 존재 그 자체는 오가니즘으로서 불가지적이다. 그러나 양으로서 잡아내어진 자연은 가지적이다. 르네상스의 과학자들은 그렇게는 생각하지 않았다. 신(神)은 수학자이며, 수학의 규칙에 따라서 세계를 만들었다. 그러므로 수학을 사용하면 세계는 구석구석까지 인식할 수 있다. 즉, 존재 자체가 수학적 혹은 양적 구조를 지니고 있으므로 수학적 또는 양적인 방법에 의해 인식할 수 있다고 하는 것이다. 이 존재론과 인식론이 1대 1로 대응한다는 것은 무척 유럽적인 사고방식이라고 나는 생각한다. 이를테면 과학의 방법인 분석적 방법이라는 것은 전체를 단순한 요소로 나누어 그 단순한 요소의 조합으로서 전체를 재구성하는 방법인데, 그것에 의해 외계의 존재를 인식할 수 있는 것은 존재 자체가 단순한 요소에 의해 구성되어 있기 때문이다라고 하는 암묵의 전제가 거기에 있다. 좀더 알기 쉬운 예는 변증법이다. 나는 학생 시절에 엥겔스 등을 읽고서 아무래도 꼭 걸리적거리는 매끈하게 따라갈 수 없는 데가 있다. 변증법적인 방법이 인식의 방법이라는 것은 잘 알지만, 자연 자체가 변증법적인 운동을 한다는 데가 내게는 논리적인 비약으로밖에 생각되지 않는다. 자연과학자로서의 훈련을 받은 나는, 끝내 석연하지 않았었는데 생각해 보면 아무것도 아닌 것이다. 즉, 존재론과 인식론의 1대 1의 대응이라는 것이 유럽적 사고의 말하자면, 아마도 공리로서 오랫동안 작용해 왔다는 것에 불과했다. 그러므로 유럽인에게는 아마도, 변증법적인 방법이 인식 방법으로서 유효하다는 것과 존재가 변증법적인 운동을 한다는 것은 처음부터 같은 사항이었을 것으로 생각된다. 그것은 어떻든 간에 중국인은 자연인식에 있어서 관측이나 실험을 보택통식으로 말하면, 사회적 실천을 극도로 중요시했다. 중국에 근대과학이 생기지 않았던 일과 그것은 밀접하게 연결되어 있다. 이런 말씀을 드리면 여러분은 유럽에서 근대과학이 성립한 것은 실험적 방법의 덕택이라고 확신하고 있기 때문에 매우 엉뚱한 의견이라고 생각할 것이다. 그러나 역설도 아무것도 아니며 매우 단순한 일이다. 유럽 중세의 지식인은 연역적인 사변(思辯)에만 빠져 있었다. 그러므로 실험적 방법의 확립이 근대과학을 성립시킨 것이 된다.

즉, 가설 – 추론 – 검증의 과정 중 말하자면 가설–추론의 단계만이 있었다. 하기는 검증되지 않는 것은 가설이 아니므로, 엄밀하게는 원리–추론이라고 해야 할 것이다. 거기에다 실험적 검증이라는 단계를 보탬으로써 비로소 과학으로 된다. 중국에서는 반대로 실험만이 있고 가설–추론, 또는 원리–추론의 과정이 없었다. 근대과학이 성립되기 위해 중국에 필요했던 것은, 연역논리에 의거하는 이론 구성이었던 것이다. 그것은 실험적 방법이 검증의 방법보다도 오히려 발견의 방법이라고 생각되고 있었다는 것을 의미하고 있다. 따라서 그것은 기술적 실천도 포함하는 폭넓은 개념인 것이다. 유럽에서도, 예컨대 프랜시스 베이컨은 실험이라는 말을 『뉴애트랜티스』 등에서는 그런 의미로 사용하고 있다. 중국의 실험은 그런 의미에서 베이컨적이라고 말하면 알기 쉬울지 모르겠다. 그것에 대해 실천을 검증의 방법으로서 파악하여, 과학적 탐구 방법을 확립한 것이 갈릴레오이며, 그것을 구사하여 실험적 방법의 위력을 똑똑히 보여준 것이 파스칼이었던 것이다.

내가 주목하고 싶은 것은 모택동이 과학을 이론보다는 오히려 실험이라는 측면에 큰 비중을 두고 포착하고 있다는 점이다. 확실히 1964년경부터라고 기억하는데, 삼대투쟁이라는 말이 나오게 했다. 앞에서도 말했듯이, 『실천론』에서는 사회적 실천으로서 물질적 생산·계급투쟁·과학실험을 들고 있다. 그 셋을 삼대투쟁이라고 한다. 그 경우의 실험이란 단순한 검증방법이 아니고, 발견의 방법에서부터 기술적 실천까지도 포함하는 위에서 말한 의미에서의 베이컨적 개념이다. 물론, 중국에는 근대과학이 정착되어 있다. 그러나 이 과학실험의 강조 속에, 나는 전통의 생생한 핵심의 소생을 보지 않을 수가 없다. 그리고 그것이 실천의 직접성 속에 창조의 원천을 찾아낸다고 하는 사고방식에 긴밀하게 결부되어 있는 것은 새삼 지적할 필요도 없다. 여기서 한 마디 주의해 두고 싶은 일은 이러한 전통의 생생한 핵심을 되살리기 위해서는 고화(固化)되고 형해화(形骸化)된 전통이 철저히 부정되지 않으면 안되었다고 하는 점이다. 그 부정이 '4구(四舊)'의 부정이었던 것이다. 형해화를 부정하면 할수록 생생한 핵심이 되살아난다고 하는 구조를 파악하는 것이 전통의 문제를 이해하는 열쇠이다.

8

전통의 소생과 그것에 의한 가치의 방향 정립이라고 하는 나의 가설을 네 가지 예를 들어 설명했는데, 그러한 전통의 되살아남이 과학기술의 영역에서 결정을 이룬 것이 '토법(土法)' 사상이다, 라고 나는 생각하고 있다. '토법'이라는 사고방식은 중국인이 그 발걸음을 '근대화'가 아니라 '현대화'로 고쳐 받아들였을 때부터, 바꾸어 말하자면 독자적인 근대화의 걸음마를 모색하기 시작한 때부터 등장해 오는 것이다.

토법이라고 하면, 많은 분들은 그 1958년의 대약진 때, 도처에서 계속하여 활활 타올랐다고 하는 토법로(土法爐)를 생각에 떠올릴 것이다. 토법이란 전통 기술을 말한다고 하는 것이 극히 일반적인 이해일 것이라고 생각한다. 확실히, 근본적으로 양법(洋法), 외국이 하는 방식의 반대개념으로서 그 지방의 재래식 방법이라는 의미이므로 전통기술에 가까운 개념이다. 그리고 토법로의 경우는 전통 기술적인 측면이 강하게 나와 있었다. 그러나 토법도 역시 개념의 내포를 바꾸어 가면서 되살아난 것으로서, 전통기술의 개념과는 전혀 다른 것으로 되어 있다. 이론적으로 말하면 토법이란 물건을 만들 경우 그 시기, 그 장소, 만드는 대상, 만드는 인간 등의 여러 가지 구체적 상황에 바탕하여, 만드는 인간의 적극성과 창의성에 의존하면서 작업을 완성하는 방법이라고 정의되어 있다.

예를 들어 좀더 구체적으로 어떤 목적을 위하여 어떤 물건을 만든다고 하자. 외국에서는 이미 그 기술이 개발되어 있다. 그것을 그대로 만들려면 원료가 부족하다, 자금이 부족하다, 기술 수준이 낮다, 이론적 지식이 충분하지 않다고 하는 문제가 자주 일어난다. 보통이라면 도저히 만들 수 없으므로 경제적 수준이나 과학기술의 수준이 향상되기를 기다리자, 또는 기술을 도입하자는 것으로 되는데 그것을 그러한 조건 위에 서서 굳이 만들자, 새로운 독자적인 기술을 개발하여 그 애로를 돌파해 가자고 하는 것이 토법의 사상이다. 그러므로 당연히 인간의 요소가 매우 중요해진다. 만드는 인간 쪽에 굳이 그것을 하려는 적극성과 창의성이 없으면 도저히 불가능한 일이다. 기성 기술체계에 관한 지식을 가진 기술자가 있더라도, 그것만으로는 어쩔 수도 없다. 거기에 노동자가 그 경험적 지식을 살려서 기성 개념으로부터는 생각지도 못할 창의성을 발휘하는 장이 열린다.

바로 실천의 직접성 속에 창조의 원천을 발견하는 것으로서, 그 경우 이론적인 학습이나 연구도 물론 필요하지만 그 이상으로 과학실험이 적극적인 의미를 띠게 된다. 사실, 독자적인 기술의 대부분이 주로 노동자 출신의 기술자의 손으로 개발되고 있다는 주목할 만한 사실이 있다. 토법은 확실히 경우에 따라서는, 결과적으로 전통기술에 아주 근접되는 일도 있다. 그러나 예를 들어 1만 2천 톤의 수압프레스 역시 그들에 의하면 토법으로써 만들어졌던 것이다. 이 경우에는 이미 전통기술의 개념과는 완전히 단절되어 버린다. 그러므로 토법의 전자계산기, 토법의 제트기도 있을 수 있다. 요컨대 토법이라는 것은 유형의 기술이 아니라 기술의 사상인 것이다.

토법사상이 표면에 나타나기 시작한 것은 1958년의 대약진 때이다. 그러나 그러한 사고법의 싹틈은 이미 55년 말경에 볼 수 있다. 해방 후의 중국은 소련에 전면적으로 의존하면서 공업화를 진척시켜 가는 셈인데, 외국의 기술은 그대로 가져 들여온들 쓸모가 없다. 기술은 과학과는 달라서 추상적인 이론이 아니다. 개개의 구체적인 소재를 사용하여, 구체적인 경제적 그밖의 조건 속에서 개개의 구체적인 제품을 만들어 가는 것이므로, 그러한 구체적인 조건이 달라지면 기술도 달라지지 않으면 안된다. 즉, 기술은 그 나라의 특수한 구체적인 조건에 뿌리를 내리지 않으면 소용이 없는 것이다라는 인식이 생기게 되었던 것이다. 그것과 또 하나, 현대의 기술체계는 지극히 복잡한 것이므로 플랜트를 하나 도입하거나, 특허를 사거나 하더라도 관련기술이 그것을 소화할 수 있는 수준에 이르러 있지 않으면, 관련기술이나 필요한 제품 등을 모조리 그 나라로부터 사들이는 수밖에 없다. 기술 도입은 경제적 식민지화의 길로 이어져 가는 것이다. 이래서는 안된다는 것을 깨닫고, 독자적인 길을 모색하기 시작한다. 그것이 대약진운동 가운데서, 토법 사상으로 결정(結晶)되는 것이다.

토법 사상은 독자적인 기술개발체계와 결부되어 있다. 그것이 이른바 3결합 방식이다. 제품의 결정에서부터 연구·개발, 나아가서는 제품화 단계까지의 모든 프로세스를 관리자와 기술자와 노동자 삼자의 결합에 의해 해간다는 방법입니다. 구체적으로 어떤 방법이 취해지고 있는가를 말씀드리면 먼저 어떤 제품이 필요하냐, 이 제품을 만들어야 할 것이냐, 아니냐 하는 데서부터 토론이 시작되는 셈인데, 어쨌든 독자적인 기술을 개발하여 그 제품을 만들기로 결정하였다고 하자. 보통이라면, 전문기술자가 여러 각도로 검토해서 답안을 만들고, 그것에 비탕히여 설계시기 설계도를 그리고, 소형 모형을 만들이 다시 손을 본다는 식으로 진행되어 가는 것인데, 중국에서는 다르다. 방금 말한 것과 같은 의미에서 답안을 쓸 수 있는 전문가의 존재를 전제하지 않고 있다. 사실, 노동자만으로 연구·개발 그룹을 만들고, 필요에 따라서 전문가가 참가하는 케이스조차 볼 수 있다. 어쨌든 신제품을 개발하려 할 때, 그들이 갖고 있는 지식은 결코 충분하지 않다. 그러나 먼저 머리 속에 지식을 축적하고 나서 손을 대거나 하지는 않는다. 가진 지식을 끌어 모아서 제품이나 부품 등을 만들어 본다. 물론 실패한다. 그러면 어디가 나빴는지를 검토한다. 이 점에 관한 이론적 지식이 부족했다고 하게 되면 필요한 한계까지 연구한다. 그 기술이 불충분하다고 알게 되면 거기에다 집중하여 새로운 기술을 개발한다. 우선은 확실한 결함이 극복되면, 또 만들어 본다. 그런 과정을 반복해 가는 것이다. 실제로 이런 방법으로 생각지도 못했던 새 기술이 개발되거나 하고 있다.

    중요한 것은 3결합 방식이 단순히 유효한 기술의 자기개발의 한 방식은 아니다. 이 방법으로 해가면, 노동자가 전체적으로 기술자로서 성장해 갈 것이고, 관리능력도 몸에 지니게 된다. 관리자·기술자·노동자 사이의 지적 기술적인 격차가 차츰 좁혀져 갑니다. 사실 대약진 때는 3결합은 아직 기술개발방식에 머물고 있었는데, 문화대혁명 가운데서는 노동자에 의한 공장의 자기관리방식 및 대학에서의 기술자 교육방식으로까지 발전하는 것이다. 3결합은 개발방식인 동시에 교육방식이며 관리방식이다라는 3중의 기능을 걸머지고 있다. 거기에 획기적인 중요성과 독자성이 있다고 하지 않으면 안된다.

    그것과 또 하나 중요한 것은 토법 사상과 그것을 실천하는 3결합 방식이 근대과학이 전제되는 인식의 방법에 대한 비판으로 되고 있다는 점이다. 되풀이하여 말하지만, 그것은 실천의 직접성 속에 창조의 원천을 발견해 나가는 것이다. 그것에 따라 과학기술체계가 바뀌어 갈 뿐만 아니라, 인간 소외로부터의 회복에 있어서도 그것은 중요한 일이라고 생각한다.

현재의 중국 문헌에서는 이미 토법이라는 말은 모습을 감추었다. 그것은 토법이 완전히 정착하여, 이제는 양법에 대하여 일부러 토법을 대치시킬 필요가 없어졌다는 것을 가리키고 있다. 처음에 말씀드린 새로운 원형, 새로운 모델의 형성이 진척되고 있다고 말할 수 있지 않을까. 그 형성을 위해서는 전통의 생생한 핵심의 소생에 의한 가치의 방향 정립이 필요했다. 바꾸어 말하면, 중국의 특수한 조건에 의한 점이 컸었지만, 형성되어 가는 새로운 원형, 새로운 모델 자체는 일반성을 가질 수 있는 것이 아닐까. 거기에, 말하자면 '근대'를 넘어서서 '현대'를 발견해 나가는 싹이 있는 것이 아닐까. 그런 식으로 나는 생각하고 있다. 물론, 중국이 새로운 원형의 창조에 성공하는 데는 많은 시간이 필요하다. 앞으로 중국의 긴 발걸음에 우리는 강한 관심을 쏟지 않으면 안된다. 중국의 존재를 빼놓고서 인류의 미래를 생각할 수는 없다.

◘ 부기

이것은 1969년 7월 22일에 「중국의 모임」의 예회(例會)에서 한 보고에 가필한 것이다.

－『중국』1969.10 －

가능성으로서의 중국혁명

1

중국혁명에 관하여 사르트르는 일찍이 '수많은 승리 중에서도, 가장 인간적인 승리. 아무런 주저도 없이 사랑할 수 있는 유일한 승리' [『시추에이션』 V, 인문서원(人文書院)]라고 썼다. 물론 지금 우리들은 그것에 쿠바와 베트남의 승리를 덧붙일 수 있을 것이다.

확실히, 1949년의 중국혁명의 승리는 수많은 승리 중에서도 가장 인간적인 승리였으며, 그와 같은 것으로서 우리들 가슴에 선명하고 강렬한 인상을 새겨 놓았던 것이다. 그러나 그것은 동시에 노신의 잡감문(雜感文) 속의 혁명이기도 하다. 노신은 다음과 같이 기술하고 있다.

"혁명, 반혁명, 불혁명(不革命).
혁명자는 반혁명자로부터 죽음을 당한다. 반혁명자는 혁명자에게 죽음을 당한다. 불혁명자는 혁명자로 간주되어 반혁명자로 되거나, 반혁명자로 간주되어 혁명자에게 피살되거나, 혹은 아무것도 아닌 것으로 간주되어 혁명자 또는 반혁명자에게 피살된다.
혁명, 혁혁명(革革命), 혁혁혁명(革革革命), 혁혁(革革)……"
(「소잡감(小雜感)」, 『노신(魯迅)작품집』 3, 쓰쿠마서방)

사르트르의 말과 노신의 말은 외부에서 보는 사람과 내부에 선 사람의 차이일까. 승리의 여명과 암흑 전야의 차이일까. 그것도 있을 것이다. 그러나 그것만은 아니다.

1898년, 청조 정치체제의 개혁운동인 변법운동에서 패한 27세의 청년사상가 담사동(譚嗣同)은 자진하여 묶여가서 죽었다. "각국의 변법은 유혈에 의해 이루어지지 않은 것이 없다. 오늘날의 중국은 아직 변법에 의해 피를 흘리는 자가 있다는 것을 듣지 못하였다. 이는 곧 나라가 번창해질 수 없는 까닭이다. 그러므로 바라건대 더불어 이어가는 일에서부터 시작한다." 이것이 그의 최후의 말이었다. 35년 후에 노신은 이렇게 쓸 것이다. "이 30년간, 내가 보았던 것은 청년의 피뿐이었다. 그 피는 겹겹이 쌓여가고, 숨도 쉬지 못할 정도로 나를 파묻어 놓았다."(「망각을 위한 기념」, 앞의 책) 격렬한 낭만주의자인 담사동의 죽음과 함께 중국혁명에 겹겹이 피를 쌓아 가는 과정이 시작되는 것이다. 그러나 뒤집어 생각하면, 그 와중에 서 있는 사람에게는 그 한사람 한사람에게 있어, 혁명이란 항상 노신이 말하는 바로 '혁명, 혁혁명, 혁혁혁명, 혁혁……'의 과정일 것이다. 자신의 의지를 불문하고, 스스로의 위치를 확인할 확실한 방법도 없이, 그때 그때의 정동(情動)에 몸에 맡기고 작게 방향을 선택해 가면서, 더욱이 그것들 모두를 감싸고 눈사태처럼 골짜기로 굴러간다. 혁명이냐, 비혁명이냐, 살아 있는 사람들의 심판을 되풀이하며 역사가 심판할 때, 심판 받을 자는 이미 없다. 갑자기 그것이 찾아오기까지 여명은 한없이 멀고, 끝없이 길고 어두운 밤이 계속된다. 뿐만 아니라 그 여명이 '수많은 승리 중에서도 가장 인간적인 승리'라는 보증은 물론 어디에도 없다.

"밑뿌리는 다치고, 정신은 헤매고 다니며, 중국은 자손의 공벌(攻伐) 속에서 스스로 말라 죽으려 하고 있다. 더욱이 만천하에 반항의 소리를 지르는 자도 없이, 삭막한 정치 속에 세계는 닫혀져 있다. 사람의 마음은 광기어린 독(毒)에 맞서서, 분별 없이 행동하는 자는 날로 성하여, 독을 묻힌 칼을 쥐고 마치 조국이 빨리 붕괴하지 않는 것을 두려워하듯 하는 상태이다. 더군다나 만천하에 반항의 소리를 지르는 자도 없이 삭막한 정치 속에 세계는 닫혀져 있다." [노신, 「파악성론(破惡聲論)」, 『중국혁명』, 쓰쿠마서방]

중국의 적막, 노신은 그렇게 불렀다. 모택동도 그렇게 불렀다. 더구나 그 속에서 감히 계속하여 서 있었다. 그들을 굳이 적막 속에 계속하여 서 있게 했던 것, 그것이야말로 중국혁명을 가장 인간적인 승리로 끝내게 한 것이 아니었던가, 중국혁명을 지금도 역시 가장 인간적인 승리로 계속해 있게 하려는 것이 아닐까. 혁명자들을 감싸는 적막 속에서, 적막을 꿰뚫고 혁명자를 떠받쳐온 것, 그것은 무엇일까. 중국혁명은 정신이 아찔해질 만큼 숨이 긴 혁명이다. 나도 얼마쯤 역사적인 우회를 하면서 그것에 접근하려 한다.

2

중국의 혁명은 후진국의 혁명이다. 후진적인 것은 어디까지나 후진적이며, 선진적인 것은 어디까지나 선진적으로 계속된다고 한다면, 선진적인 것이 후진적인 것에 의해 지탱되고, 후진적인 것이 선진적인 것을 절대로 안으로 잉태하지 않는다고 한다면, 아무것도 할 말이 없다. 후진자는 선진자를 스승으로 삼아, 그 뒤를 충실히 뒤따르면 되는 것이다.

"제국주의의 침략은 서방으로부터 배우려고 하는 중국인의 미몽(迷夢)을 타파했다. 이상한 일이다. 왜 선생은 언제나 생도를 침략하는가. 중국인은 서방으로부터 많은 것을 배웠으나, 통용되지 않았으며, 이상은 언제나 실현할 수 없었다."〔모택동, 「인민민주주의 독재에 관하여」, 『모택동선집』 제4권, 외문출판사(外文出版社)〕

도대체, 중국의 혁명이 후진국의 혁명이라고 하는 것은 무슨 말일까. 서방으로부터 배운 것을 실현할 수 없었다는 것과 그것은 어떻게 결부되어 있을까. 대저 중국이 후진국이라는 것은 무슨 뜻인가.

1840년, 아편전쟁은 중국의 문호를 서방에 트게 한다. 이미 산업혁명을 경과한 영국은 압도적인 사회적 생산력을 배경으로 청조

(淸朝)에 대하여 그 때까지 취해 온 '종신(從臣)의 예'를 팽개치고, 자본주의 세계체제로의 최대의 난관을 억지로 열었던 것이다. 여전히 수공업적 세계에 머물러 있는 중국을 멀리 후방에 남겨두고, 유럽이 지수함수적인 발전을 하기 시작한 그 확고 부동한 증거였다. 선진자와 후진자의 위치적 역전의 역력한 증명이었다.

중국인은 수천 년에 걸쳐 지속적으로 고도의 문화를 발전시켜 왔다. 거의 자신의 힘으로 쌓아올려 왔다. 15~16세기의 시점에서 세계를 가로로 절단한다면, 중국은 기술 수준까지를 포함시켜 가장 선진적인 국가로서, 거기에 우뚝 솟아 있었던 것이다. 17세기 이후, 특히 산업혁명을 거치면서 상황은 일변한다. 영국이 산업혁명의 과제를 거의 수행한 직후에 아편전쟁이 일어난 것은 단순한 우연이 아니다.

아편전쟁은 중국 우위의 상실을 갑자기 백일하에 드러냈다. 중국은 일찍이 선진자였으며, 그리고 항상 계속하여 선진자였던 전통의 무게를 묵직하게 짊어졌던 나라였다. 그 무게 아래서 중국의 지식인에게는 자신이 놓여진 위치를 인식하고 사태에 대응할 어떠한 길이 트여 있었을까. 자기사상의 새로운 형성을 통하고서 밖에는 이 미답(未踏)의 상황에 대처하지 못한다고 하더라도, 그 계기 자체를 어디에서 발견하면 좋았을 것인가. 후진자가 피하기 어렵게 대결을 강요하는 선진자에 대하여 자기의 사상을 형성하는 방법은 현재적 상황과 더불어 후진자의 역사적 경위(境位)에도 깊이 관계되어 있다. 중국의 지식인에게 있어서, 그것은 일찍이 선진자였던 자부(自負)의 자기 확인으로부터 시작하는 일이었다. 1860년대에 시작되는 양무운동(洋務運動) 가운데서 우리들은 그것을 본다. 즉, 청조 지배체제를 뒤흔들어 놓은 거대한 농민반란, 1851년부터 14년간에 이르는 태평천국의 난의 진압에 남김없이 효과를 발휘한 유럽의 기술을 도입하고 부국강병을 꾀하는 데서 내외의 위기에 대처하여 정치체제를 보강하는 당장의 유일한 길을 발견했던 것이다. 그리하여, 태평천국의 난의 종언과 때를 같이하여 양무운동이 시작된다. 그 운동을 내면에서부터 떠받쳐 준 사상 가운데에, 자기 정당화의 논리 속에 중국지식인의 최초의 반응, 자기의 위치정립이 선명하게 표현되어 있다. 뿐만 아니라, 그 속에 중국혁명이 더듬어 나갈 사상적 과정이, 바꾸어 말하면 근대가 단순히 플러스 가치일 수는 없으며, 전통이 단순히 마이너스 가치일 수 없는 저항과 창조의 과정이 이미 예고되어 있는 것이다. 그 하나는 '중체서용(中體西用)'설이며, 또 하나는 '서학(西學)의 원류는 중학(中學)에서 나왔다'는 설이다.

중체서용을 자세히 말하면, 중국의 학문을 주체로 하고, 서양의 학문을 작용으로 한다는 이 주장은, 일견 사쿠마쇼잔(佐久間象山)의 '동양도덕, 서양예술 기술'을 상기시킨다. 선진자에게 우선 군사력 = 기술을 매개로 하여 접한 후진자의 발상의 공통성을 느끼게 한다. 그러나, 역시 다르다. 단순히 중국의 정신과 서방기술을 결합시키려는 것이 아니라는 논리구조를, 그것은 갖고 있다. 당면한 현상적 형태가, 자기의 완고한 보호유지와 단순한 성과로서의 기술 채용에 그쳤다고 하더라도, 다시 거기에서 그칠 수 없기 때문에 정치와 사상의 혁명이 시작되어 갔다고 해도, 역시 거기에 포함되는 사상자의 저항의 논리를 간과해서는 안될 것이다. 완고하리만큼 자기를 보전하려는 결의가 자기도 남도 함께 변질시키지 않고는 두지 않는 결의로 전화될 때, 새로운 창조의 가능성이 근대 비판으로서 열려 오는 것이다.

도대체, 중국에서의 학문이란 결코 지식을 의미하지 않는다. 사이언스의 원의(原義)가 지식이라는 것과는 분명히 다르다. 학문이란 하나의 행위이며, 실천자의 하나의 태도인 것이다. 실천자의 행위는 여러 갈래에 걸쳐진다. 실천자에게 있어서 지적탐구는 그 자체로는 결코 완결되지 않는다. 지적탐구 자체가 자기목적으로 화하는 일은 절대로 없다. 실천 속으로 되던져짐으로써, 비로소 적극적이며 긍정적인 의미를 띠게 된다. 학문은 자주 선인(先人)의 가르침의 한결같은 실천이라고까지 이해되었던 것이다. 중국의 학문이 지니는 이 실천적 성격은 서양의 학문까지도 실천적 측면에서 파악하게 한다. 이질의 정신적 풍토의 소산을 수용할 경우, 고유의 학문의 개념이 필터로서 작용함으로써, 공통의 측면만을 투과시키는 것이다. 바꾸어 말하면 과학이 이론으로서보다는 기술로서, 또는 기술적 측면에서 파악되었던 것이다.

    그렇다면 중국과 서양의 학문이 실천성을 공유한다고 하고, 그것은 어떻게 관계하는가, 그 관련성을 체용의 논리가 보여준다. 중국 철학에 따르면, 모든 존재는 작용하는 것, 작용을 통하여 인식되는 것이다. 그 경우, 작용하는 주체를 '체(體)'라고 부르고, 작용 자체를 '용(用)'이라고 부른다. 가치론적으로 말하면, 체는 제1성적(第一性的)인 것·근본적인 것이고, 용은 제2성적(第二性的)인 것·지엽적인 것이다. 그러나, 인식론적으로 말하면, 체 그 자체를 직접 인식할 수는 없다. 어디까지나 그 작용을 통하여, 작용의 주체의 존재를 인식한다. 예를 들면, 마음은 체이며 기쁨이나 슬픔은 용이다. 기쁨이나 슬픔 등의 작용이 있는 이상, 그러한 작용을 하는 주체가 없으면 안된다. 그것이 마음이다. 기쁨이나 슬픔은 마음 그 자체는 아니다. 마음이란 기쁨이나 슬픔을 그 작용으로서 지니는 어떠한 것이다. 개개의 작용을 통하여 외연적(外延的)으로 정의될 만한 무엇인 것이다. 형이상(形而上)인 것이 도(道)이며, 형이하인 것이 기(器)라는 것은 『역경(易經)』의 말이지만, 이 도와 기의 관계가 체와 용, 바로 그것이다. 그렇다면 중국의 학문을 체로 하고, 서양의 학문을 용으로 한다는 것은 작용으로서의 서양의 학문=기기(機器)를 통하여, 주체로서의 중국 학문=도리(道理)가 인식된다는 것을 의미한다. 서양을 통하여 중국이 인식된다고 한다면, 그 의미하는 바는 이미 보통 일이 아니다. 물론, 여기서 단순히 2분법(二分法)을 적용하여, 중국의 학문이 서양화되거나 서양의 학문이 중국화되거나, 논리적 귀결은 두 가지밖에 없다는 식으로 결론을 서둘러서는 안될 것이다. 2분법 이외의 논리가 거기에 작용해 가는 것이다. 그러나 실천적 성격의 공통성만으로 양자가 매끈하게 결부될 수 는 없다는 말은 할 수 있을 것이다. 그것을 보완하는 것이 '서학의 원 류는 중학에서 나왔다'고 하는 설이었다.

　서양 학문의 원류는 중국의 학문에 있다. 양무운동을 떠받쳐 준 이 주장은, 그들 개개의 논거를 거론한다면, 일견 확실히 황당 무계하 다고 말하고 싶다. 화학(化學)의 기원은 전국시대의 사상가인 묵자(墨 子)에게 있다든가, 서양의 대수학은 중국 원대의 천원술(天元術)에 유 래한다든가, 기하학·역학·광학·전기학 등에 이르기까지, 유럽의 과학 기술의 원류가 중국에 있다는 것을 일일이 고전을 인용해 가면서 '논 증'해 갔던 것이다. 터무니없는 일이라고 한다면 참으로 터무니없는 억지도 적지 않다. 그럼에도 불구하고, 그것이 꼭 적중하지는 않는다 하더라도 과히 빗나가지도 않았다는 역사적 사실이, 오늘날에는 차츰 밝혀져 가고 있다. 즉 중국인이 수학과 자연학의 몇 개 분야에서 획득 한 실천적 성격을 지니는 성과나 기술적 발명의 대부분이 아라비아인 의 손을 거쳐 르네상스·유럽으로 전해져, 근대과학의 형성과 기술의 발달에 강한 자극을 주었던 것이다. 프랜시스 베이컨이 유럽의 진보의 원동력이 된, 기원을 알 수 없는 3대발명이라고 지적하는 인쇄술·나 침반·화약만이 아니다. 예를 들면 르네상스의 기술을 대표하는 기계 시계만 하더라도, 그 기원은 중국에 있었던 것이 밝혀져 있다. 산업혁 명 이전의 기술적 발명의 상당히 큰 부분을, 인류는 중국인에게 힘입 고 있었던 것이다. 어디까지나 역사적 사실에 의해 한정시킨 위에서의 이야기지만, 중국인이 자기로부터 낳아진 낙윤(落胤)의 성장한 모습 을, 근대 유럽의 과학기술로서 접했다고 하는 측면이 있는 것은 부정 할 수 없다. 중국인이 거기에서 종가로 되돌아 온 것을 보았다고 하더 라도, 자기의 역량도 모르고서 으스대는 꼴이라고만 빈정대어 말해 버 릴 수 없는 데에 보통이 아닌 전통의 무게가 있었다고 할 것이다. '서 학의 원류는 중학(中學)에서 나왔다'고 하는 것은, 그 종가로 되돌아왔다고 하는 사상이었다. 서양의 학문, 즉 과학기술의 원류가 중국의 학문에 있다고 하면, 일률적으로 그 수용을 망설이게 할 것은 없다. 분명히 중국의 학문이 체(體)이고, 서양학문은 그 용(用) 바로 그것이기 때문이다.

물론, 이것은 어디까지나 3,40년에 걸쳐진 운동으로부터, 그 사상을 논리적으로 뽑아낸 것에 불과하다. 자기의 완고한 보전이라고는 해도, 양무운동을 추진했던 것은 결코 풍화(風化)된 전통을, 고화(固化)된 전제정치 체제를 한치도 움직이지 않겠다고 결의한 반동파는 아니다. 운동의 이데올로그(관념론자)들은, 달라진 시대의 도래를 예감하여, 그 방향을 외적인 것과 내적인 것의 대결 속에서 모색하고 있던 진보파였다〔오노가와 히데미(小野川秀美),『청말(淸末) 정치사상연구』, 미스즈서방(みすず書房), 1969〕. 그럼에도 불구하고 자기의 완고한 보전과 내가 강조해 마지않는 것은, 이후 100년에 걸쳐 풍화된 전통에 대한 것과 마찬가지로, 이질의 서구 근대에 대한 괴로움에 찬 격투의 과정이 계속될 것이기 때문이며, 또 양무운동을 지탱한 사상은 그 내용을 변질시키면서도, 혁명사상의 변증법적 전개 속에, 놀랄 만한 논리적 관철성을 입증해 갈 것이기 때문이다. 중체서용의 입장은, 현대중국에 있어서야말로 그 근원적인 의미를 드러내는 것이다. "고(古)를 금용(今用)으로 하고, 양(洋)을 중용으로 한다"(모택동)라는 오늘날의 슬로건이 무엇보다도 단적으로 그것을 나타낸다.

기기(機器)로서 대상화된 과학기술에 의하여 부강을 꾀하려는 노력은, 이윽고 그것을 지탱하는 문화와 사회로 당장에는 정치제도에 대한 인식을 각성시키지 않으면 안된다. 서양의 부강의 근저에는 의회제도가 있다. 그렇다고 하면, 기술의 섭취보다도 전제제도의 변혁이야말로 급선무일 것이다. 서양학, 즉 서양의 과학으로부터 서정(西政), 즉 서양의 정치로 운동의 시점은 망설이면서 이동해 간다. 그 과정에서 우리는 다시 서양 정치의 기원을 중국의 고전에서 찾고, 또는 그것에 의하여 기초를 정립하려는 지향, 바꾸어 말하면, 특히『주례(周禮)』에서 보이는 중국고대의 정치제도 속에 서양의 의회제도와 우연의 일치를 보고, 후자를 전자의 전개로서 파악하는 저항자의 집요한 사상적 영위를 만난다. 그들에게 있어서는 고대로 회귀하는 것이 후세를 부정하는 것, 전제정치 체제를 부정하는 일이며, 입헌군주제로의 길을 트는 것이었다. 복고(復古)야말로 유신이었다. 더군다나 단순한 환상이 아니라, 모델로서는 일본의 명치유신이 가까이에 있다. 청일 전쟁의 패배로 말미암아 그 사상은 일거에 운동으로서 겉으로 드러났을 것이다. 강유위(康有爲)·양계초(梁啓超)·담사동 등의 변법운동(變法運動)이 바로 그것이다. 그들과 함께 전통사상에 의거한 저항자의 규환(叫喚)이 근대사상으로 되었다.

이미 제국주의는 걷잡을 수 없는 힘으로 퍼져 극에 달했으며, 중국은 오로지 반식민지화로의 길로 가고 있었다. 연안의 항만이나 도서, 북방영토, 철도·광산의 이권, 관세의 관리, 금융 시장 등은 열강의 지배하에 놓여 있었다. 대외적 위기감의 고양이, '변법자강(變法自彊)'이라는 슬로건 아래서 내정개혁으로의 성급한 결단을 강요했다. 그러나 반동파의 쿠데타 앞에, 그들의 시도는 허무하게 무너진다. 변법은 그렇기 때문에 운동으로서보다도 사상으로서 한층 깊숙이 근대 중국의 발걸음을 새겨 놓을 것이다. 그들이 직접 목표로 한 것은 온건한 입헌군주제로의 이행이었는데도 불구하고, 그 사상적 근거를 제공한 것이 중국적 아나키즘이라고도 해야 할 유토피아 사상이었던 것은 주목할 가치가 있다. 즉, 강유위나 담사동의 대동사상(大同思想)이다.

강유위는『예기(禮記)』에서 보이는 이상 사회=대동과『춘추공양전(春秋公羊傳)』에서 볼 수 있는 역사 발전의 법칙=3세진화(三世進化)설을 결부시켜, 그것에 의거하여 현대의 유토피아를 구상한다.『예기』에 따르면, 대동의 세상이란 천하를 공(公)으로 하는 사회, 인간의 모든 행위가 나를 위해서가 아니라, 공익을 위한 것으로 하는 사회이다. 그것에 대립하는 것이 소강(小康)의 세상이며, 천하를 사유물로 하여, 모든 행위가 자신의 이익을 위해 행해지는 사회이다. 인류의 역사는 고대의 대동사회로부터 후세의 소강사회로의 타락의 역사였다. 중국에 일반적이었던 역사관은 퇴화론인데,『예기』의 입장도 또 그것에서 벗어나지 않는다. 강유위는 공양학파(公羊學派)의 특이한 역사관을 실마리로, 그 벡터를 반전시킨다. 거란(拠亂)의 세상에서부터 승평(昇平)의 세상으로, 다시 태평의 세상으로 나아간다는 것이, 공양학파의 3세 진화설인데, 그들은 거란, 승평을 소강에, 태평을 대동에 대응시켜, 전통적인 퇴화사관(退化史觀)을 진화사관(進化史觀)으로 전복시켰던 것이다. 대동이야말로 인류가 나아가야 할 유토피아이다. 대동세계는 다가오고 있다고 강유위는 부르짖는다. 그것은 국경이 없는 세계, 계급이 없는 사회, 인종차가 없는 세계, 남녀 평등의 사회, 가족제도가 없는 사회, 생산 수단의 사적 소유가 없는 사회이다. 이 평등사회가 실현되었을 때, 태평 상태가 찾아오고 인류의 사랑은 모든 생물에 미칠 것이다.

대동사상은 그 제자인 담사동에 의해 철학적으로 기초가 다듬어진다. 전우주에 충만하는 에테르가 체이며, 그 용이 인(仁)이라는 존재론적 입장으로부터, 자타의 대립을 지양한 그의 말에 따르면 '망라(網羅)를 충결(衝決)'한 대동세계를 이론화하는 것이지만 그것에 언급할 여유는 없다[상세하게는 고지마 유마(小島祐馬),『중국의 혁명 사상』, 쓰쿠마서방, 1967]. 다만 담사동이 여기서 중국의 전통사상을 거의 역전시키는 데까지 몰아넣고 있는 것만은 간과할 수 없다. 한마디 말해둔다면, 중국의 전통철학에 가까운 철학은 서구에서는 겨우 1930년대 이후에 태어난다. 예를 들면, 체용의 논리는 조작주의(操作主義)의 입장이며, 다음에 말하는 이(理)는 정보의 개념의 선구이다. 근대중국에 있어서의 서구사상에 대한 중국사상의 대결에는, 참으로 아이러니컬한 이야기지만, 서구에서의 19세기 사상에 대한 20세기 사상의 대결이라는 느낌이 있다. 그런 만큼 기묘하게 착잡한 철학적 논의가 결말을 짓지 않으면 한걸음도 나아갈 수 없는 사상적 과제로서 나타나게 되는 것이다.

　일반적으로, 중국의 존재론은 이와 기의 두 가지 기본 개념 위에 구축되어 있다. 기는 물질＝에너지이며, 형이하의 기이며, 따라서 용이다. 그에 대하여 이는 물질＝에너지의 운동이나 배열의 패턴이며, 형이상의 도이며, 따라서 체이다. 이가 단순한 패턴에 불과한 이상, 담사동의 말을 빌면 '공막무물(空漠無物)' 속에 존재할 수는 없다. 반드시 기에 의거하며 그것을 통하여 작용할 뿐이다. 그런 경우, 이와 기를 어디까지나 준별(峻別)하여, 이를 기에 외재적(外在的)으로 얹혀 있는 것으로 보느냐, 아니면 이를 기에 내재하는 것, 즉 기의 이라고 보느냐, 두 가지 입장의 선택이 가능하며, 그것에 의하여 전혀 다른 철학체계가 태어난다. 대표적인 것을 들어 말하면 전자가 주자학, 후자가 양명학이다. 담사동은 후자의 계보에 선다. 그 경우 전통적 철학의 연장선상에 있다. 그럼에도 불구하고, 이가 기(氣)에, 도가 기(器)에, 내재하는 점을 극도로 강조함으로써 체용의 논리를 역전시켜 버리는 것이다. 즉, 담사동이 말하는 에테르는 전통적 개념에서 말하면 기 바로 그것이며, 인은 전통적 개념에서 말하면 체이고, 체 이외의 것일 수는 없기 때문에 곧 이＝인은 체로서의 기＝에테르의 용에 불과하게 된다. 도＝체, 기＝용에서부터 기＝체, 도＝용으로의 역전이다. 이 역전이 지니는 의미는 어디까지나 크다. 그것은 중국사상이 서구 근대로 몰아 넣어진 이럴 수도 저럴 수도 없는 상황의 선명하고도 상징적인 표현이며, 퇴로를 단절 당한 사상의 필사적인 반격이었다. 도대체 강유위에 따르면 서양의 제도는 중국의 고전에서 설명하는 도리에 우연히 일치되는 것이지, 결코 서양의 독창은 아니다. 담사동으로서도 중국 고대의 제도로 회귀하는 것은 그대로 서양에서 모델을 찾는 일이며, 그것이 바로 변법(變法)이었다. 바꾸어 말하면, 체로서의 기는 바로 서구 근대에 있었던 것이다. 중체서용은 일단 부정되고 서체중용으로 되어야 한다. 그렇다면 이미 벗어날 방법은 없다. 완고하리만큼 자신을 잃지 않고, 더군다나 근대를 자기의 체로 하자면, 근대에 정면으로 물고 늘어져서, 씹어 으깨어 내것으로 하여 피와 살로 만들어 갈 수밖에 없다. 그것이 20세기의 혁명사상의 과제이며, 이 책의 주제인 것이다.

어쨌든, 대동사상은 이후의 혁명사상을 방향짓게 하는 것으로서 계속 작용해 갈 것이다. 신해혁명기 무정부주의자인 유사배(劉師培)의 『인류균력설(人類均力說)』은, 그 하나의 전개이다. 유사배는 이 문장을 쓴 지 얼마 안되어 혁명을 배반하고 스파이로 전락한다. 그래서 무척 악평을 받았지만. 개인의 사상은 사회집단 속에서부터 태어나고, 집단의 사상을 정형화시켜 가는 것이라고 한다면, 대동사상이 이러한 구체적인 구상으로 표현된 그 의미를 간과해서는 안될 것이다. 무정부주의자 뿐만이 아니다. 손문도, 모택동도 그들이 목표하는 이상사회를 대동이라고 부른다. 과연 사람은 '파사입공(破私立公)'이라는 슬로건을 내건 문화대혁명에, 대동사상의 소생을 볼 수 있지 않겠는가.

3

1949년의 승리자는 농민이었다. 농촌이 도시를 포위하고 정복했던 것이다. 중국을 지배해 온 것은 언제나 도시였다. 그 때까지도 농촌은 자주 도시를 위협했으나, 으레 그 지배에 몸을 맡기고 마는 것이었다. 그러나 지금 비로소 도시의 번영과 부패를 농촌의 빈곤과 금욕이 점령한 것이다. 그것이 중국 혁명의 최초의 승리였다. 금세기 50년 사이에, 거기에서 무엇이 일어났을까.

하나의 민중적인 슬로건이 지식인을 붙잡아 변법운동―개혁주의의 실패를 극복하여 새로운 운동=혁명주의를 형성해 간다. '배만흥한

(排滿興漢)', 만족(滿族)의 청조를 타도하고, 한족의 국가를 수립하자고 하는 이른바 '종족혁명'의 슬로건이다. 중국의 혁명운동은 무엇보다도 먼저 민족혁명운동의 한 형태로서 발현했다. 그 속에서 지식인과 민중의 교착이, 당장에는 암중모색 가운데서 시작되어 가는 것이다.

사실을 말하면, 강유위 등의 변법운동에 앞서 이미 1895년, 청일전쟁 직후에 손문이 지도하는 흥중회(興中會)는 광주(廣州)에서 청조 타도의 무장 봉기를 꾀하고 있었다. 민족혁명운동의 최초의 조직자가, 바로 손문이었다는 사실은, 역사에 있어서의 결정적인 방향 선택으로서의 의미를 갖는다. 양무운동이나 변법운동에 관여했던 사람들처럼 과거제도를 계기로 하여 성립된, 그리고 정치적으로나 사상적으로도 구체제를 담당해온 전통적 지식인, 즉 독서인의 카테고리에 속하는 사람에 손문은 없다. 화교의 일족으로 태어나 하와이에서 미국식 교육을 받은 전통적 개념으로 말하면 '무학(無學)'한 사람이다. 그는 그 운동을 주로 해외의 화교 사이에서 조직했다. 운동의 핵이 된 것도, 독서인의 집단은 아니다. 오랫동안 손문 일파에 붙어다니게 되는 풍설에 따르면 '파락호'의 집단, 배만흥한이라는 명확한 목적을 지닌 정치결사인 흥중회이다. 뿐만 아니라 그는 그 후에도 실패로 끝나는 무장봉기를 거듭해 가는데, 그 때 항상 국내에 기반을 찾은 것은 '반청부명(反淸復明)'(청조에 반대하여 한족인 명조를 부흥시킨다)을 슬로건으로 내거는 회당(會堂, 민간의 비밀결사)이었다.

손문의 운동의 이러한 체질 속에서, 역시 주목되는 것은 후진국에 있어서의 변혁의 에너지의 한 원천인 민족의식의 소재를 분명하게 시사하고 있는 점일 것이다. 확실히, 3합회(三合會)나 가로회(哥老會) 같은 회당은, 반청부명이라는 당초의 목적에 관한 한, 이미 형해화되어 있었다고 할 수 있을 것이다. 그러나, 그것이 여전히 이민족 지배에 대한 민중의 저항의 한 표현, 즉 그 왜곡된 표현이며 적어도 행동하기에 따라서는 무장 봉기의 기반이 될 수 있는 정도의 것이었던 것은 의심할 바 없다. 명조 멸망시, 지식인 가운데 '중국의 루소'라 할 만한 황종희(黃宗羲)를 비롯하여 많은 저항자가 나왔으나, 청조의 엄격한 탄압하에서 민족의식의 맹아형태(萌芽形態)를 보전하고 발전시켜, 민족 혁명운동의 원류를 형성한 것은 오히려 민중이었다. 손문은 소년시절, 태평천국의 이야기에 귀를 기울이면서 자랐다고 하지만, 사실 태평천국의 난에서 의화단사건(1900년)에 이르는 일련의 대규모의 농민반란 속에, 때로는 청조에 돌려지고, 때로는 서양인에게 돌려지는 그 방향의 다양성과 혼미상에도 북구하고 민족의식의 틀림없는 고양(高揚)을 볼 수 있다. 손문의 운동은 그러한 민중에 잠재하는 민족의식 속에서 태어난 전통적 지식인의 그것과는 이질의 운동이었다.

확실히 중국혁명이 민중, 특히 농민반란의 역사를 계승한다는 것은, 단순히 거기에 민족혁명운동의 원류를 찾는다는 것에 그치지 않았다. 그것은 다시, 첫째로 농민반란을 지탱하는 유토피아 사상, 특히 토지의 공유균분(公有均分)의 사상을 계승하는 일이었다. 손문이 '경작하는 자에게 토지를' 하고 부르짖은 것은 겨우 1920년대에 들어와서부터이다. 둘째로 중국혁명의 주체를 농민 속에서 발견하는 일이었다. 만년의 손문은 어느 정도 그것을 깨닫기 시작한 것같이 보인다. 셋째로, 농민이 반란 속에서 결정(結晶)시킨 윤리를 혁명의 윤리로서 체현(體現)하는 일이었다. 이들 과제는 1927년 이후, 중국공산당의 해방구(解放區)에서 겨우 실현되기 시작할 것이다. 손문은 처음부터 이윽고는 중국혁명을 방향지어 갈 것인 이러한 특질을 확실하게 확인하고 있었던 것은 아니다. 확인하고 있지 않았기 때문에, 예를 들면 회당(會黨)에서 혁명의 주체를 찾았을 것이다. 그 혁명의 생애는 좌절에 이어지는 좌절의 연속이라 해도 무방한 것으로 끝났을 것이다. '현재, 혁명은 아직껏 성공하지 못했다'라는 말은 손문의 유언이었다. 그럼에도 불구하고, 무정형(無定型)의 민중의 민족의식을 정형화(定型化)해 가면서, 협애(狹隘)함을 극복해 가는 최초의 계기는, 손문에 의해 개척되었던 것이다. 그의 초기의 사상은 '동맹회선언(同盟會宣言)'에서 간결하게 정착되어 있다. 중국혁명은 민족혁명으로서 손문과 더불어 그 역사를 걷기 시작한다. 넓은 견식과 풍부한 서구적 교양과 인간으로서의 기량(器量)과 그것이 이윽고 그를 혁명운동 전체의 지도자로 밀어올려 간다. 그러나 초기의 손문은 지식인 사이에서는 거의 알려지지 않았던 존재였다.

『3민주의(三民主義)』나 『건국방략(建國方略)』을 통하여, 지금 우리들은 손문이 훌륭한 혁명사상가였다는 것을 확인한다. 특히 신해혁명(1911년) 후에는, 중국의 지식인도 일반적으로 그것을 확인했다. 그러나 혁명초기의 단계에서 그 사상과 행동을 통하여 지식인에게 민족의식을 일깨워야 하는 전통적인 지식인이 아닌 그는 적임자가 아니었으며, 표현 혹은 커뮤니케이션 수단도 갖지 못하였다. 그 역할은 필시 전통적 지식인만이 담당할 수 있는 것이었다.

'종족혁명(種族革命)의 사상은 한인의 마음속에 본래부터 있었던 것으로, 단지 표면화되지 않았다는 것에 불과하다'[장병린(章炳麟)]. 변법운동(變法運動)과 의화단사건의 충격이, 전통적 지식인 속에 한 사람의 격정적인 민족혁명의 고취자를 낳는다. 그리고 손문이 성취시키지 못했던 역할을 그가 수행해 간다. 전통사상에 최후의 빛을 발한 국학의 대가인 장병린이다. 1900년, 그는 변발(辮髮, 머리 주위를 깎고 중앙의 머리만을 땋아서 뒤로 길게 늘인 옛 중국의 남자 머리)을 자르고 호복(胡服)을 버리고, '만주(滿州)를 양축(攘逐)' 하려는 의도를 마음속에 숨기고 『구서(訄書)』를 써서, 만주 배척의 첫소리를 던졌다. 다시 1903년에는 「강유위를 반박하고 혁명을 논하는 글」을 발표하고, 개혁파의 지도자와 논쟁을 통하여, 혁명의 대의를 밝혀서 선언한다.

민족주의는 태고 원시인의 세상부터 그 근성은 원래 이미 잠재했으며, 멀리 오늘날에 이르러, 즉 처음으로 발달한다. 이것은 생민(生民)의 양지불능(良知不能)이로다.
 강유위는 원래 대동의 공리를 설명했으나, 오늘날에는 전부 행하면 안된다. 그러면 곧 오늘날은 물론 민족주의의 시대이다.
 만한 두 민족은 원래 양립될 수 없다. 지금 만주 500만 명을 갖고 부딪쳐 한족 4억 명을 지배하고 남음이 있는 것은, 오직 부패된 성법(成法)으로써 한족을 우롱하며 고새(錮塞)하는 데에 있을 뿐이다.
 재첨〔載湉: 광서제(光緖帝)〕는 원래 강유위의 친구로서 한족의 공적(公的) 원수이다.

장병린은 청조(淸朝) 정부의 고서에 의하여, 상해(上海)의 조계경찰에 체포되어, 3년간의 징역에 처해졌다. 혁명가 장병린의 이름은 일본 유학생뿐 아니라 국내의 지식인에게도 널리 알려졌다.
 일반적으로 혁명운동은 그 핵이 되는 정치적 이데올로기적 지도자 집단 없이는 있을 수 없다. 초기 집단의 구성원은 많았으며, 원래 전통적 지식인의 카테고리에 속해야 했으면서, 해체되어 가는 체제 때문에 이제는 그 틀에 머물 수 없는 청년들로 이루어졌을 것이다. 청말에 그러한 청년들의 배양지가 된 것은 다행인지 불행인지 일본땅이며, 그들을 일본으로 보낸 것은 아이러니컬하게도 청조 정부였다. 의화단 사건 후, 겨우 제도개혁의 피치 못할 사정을 깨달은 청조 정부는 대량의 유학생을 일본으로 파견했던 것이다. 그 수는 한때는 만 명이 넘었다고 한다. 장병린의 사상과 행동에 촉발되어 유학생 사이에서 잇달아 혁명단체가 결성된다. 청년 혁명가들은 중국으로의 귀향과 일본으로의 망명을 되풀이하면서, 혁명의 선언·무장봉기·암살에 나선다. 호남(湖南)의 황홍(黃興)·송교인(宋敎仁)·진천화(陳天華) 등은 가로회(哥老會)의 수령과 결탁하여 '화홍회(華興會)'를 조직했다. 상해에서는 채원배(蔡元培)·장병린·서석린(徐錫麟)·추근(秋瑾) 등의 '광복회(光復會)'가 활약했다. 그것과 손문의 흥중회가 주요한 혁명조직이었다.

1905년, 망명지 일본에서 미야사키 도덴(宮崎滔天) 등 일본 지사의 중개에 의해 홍중회·화홍회·광복회의 3조직이 합동하고, 망명자와 유학생 사이에 겨우 그 이름을 떨쳐온 손문을 총리로 추대하여, '중국혁명동맹회'가 성립된다. 혁명운동의 두 갈래 조류가 여기에 통일되었던 것이다. 하기야, 손문과 장병린의 대립은 동맹회 내부에 음으로 양으로 나타나긴 했었다. 그러나 이듬해인 6년에는 기관지 『민보(民報)』가 발간되었으며, 출옥한 장병린은 즉각 도쿄(東京)로 와서 그 주간이 되었다. 그 무렵 『신민총보(新民叢報)』지를 주재하는 개혁파의 양계초는 그 사상에 독창성은 부족했지만 계몽가로서의 탁월한 자질과 일세를 풍미한 명문에 의하여 청년 학생층에 적지 않은 영향을 끼치고 있었다. 예를 들면 장사(長沙)사범학교생인 모택동이 1917년 만든 학생조직은 『신민학회(新民學會)』라 불렀는데, 그 한 가지 일만 가지고도 깊고도 긴 그 영향력을 알 수 있을 것이다. 『신민총보』와의 대결은 호한민(胡漢民)·왕조명(汪兆銘)·료중개(廖仲愷)·주집신(朱執信) 등의 집필진을 거느리는 『민보』의 주요한 과제로 되어간다. 이리하여 진정한 의미에서 정치적 이데올로기적 지도자 집단의 이름에 상당하는 혁명조직이 태어났던 것이다.

4

전쟁 때부터 전후에 걸친 한 시기를 상해에서 살았던 호타 요시에(堀田善衛)는, 10수 년 후에 다시 상해를 찾아가 청년 시절의 체험이 너무나도 강렬했기 때문에 회상일 수밖에 없는 기행문 『상해에서』를 썼다. 그 문장에는 도처에서 나의 눈을 못박아 버리는 체험이나 사색이 아로새겨져 있다. 예를 들면 다음과 같은 일절도 그러하다.

"중국의 있는 그대로의 자연은, 풍요로운 강남(江南)의, 밭 속에 정크(Junk)의 돛대가 보이는 곳에서도 또는 성채 바깥의 사막에 가까운 곳에서도, 어디에서든 『사전(史前)』, 즉 인간의 역사 이전, 또는 『사후(史後)』, 인류가 절멸되고 인간의 역사가 끝났을 때의 풍경, 그러한 철저적인 것을 눈앞에 바로 펼쳐 보여주기 때문이다. 자연은 역사 이전에도 이러했을 것이다. 그리고 역사 이후도 아마 이러할 것이다. 보기에는 아무런 변화도 없을 것이라는 철저한 것……. 이 장소에서의 현대, 근대화, 미래, 그런 것들의 일을 생각하기 위해서는, …… 하다 못해 모택동만큼이라도 철학자일 필요가 있을 것이다."

자연이 거기서 삶을 영위하는 인간의 사상과 어떻게 서로 관계하는 것일까, 관계가 있다고 하면, 적어도 그 이론을 어떻게 조립하면 좋을는지 나는 모르겠다. 그러나 일단 중국 대륙의 땅을 밟고, 그 유구한 시간과 무한한 공간에 피부를 통하여 접한 뒤에는 누구라도 중국의 사상을 그 자연에서 떼어 놓고 생각할 수는 없게 될 것이다. 사실을 말하면, 나도 처음으로 중국을 찾아갔을 때, 자연의 모습으로부터 느닷없이 받은 통렬한 일격에 의하여, 기성(旣成)의 자그마한 관념이 산산조각으로 부서졌던 것이다. 지금 인용한 것은 호타 요시에 씨가 1945년 봄, 남경(南京) 성벽 위에 멈춰 섰던 날을 회상한 한 구절인데, 그것에 앞서 그는 다음과 같이 쓰기도 했다.

"자금산(紫金山)의 아름다움 또 장강(長江)이라는, 강이라고는 도저히 말할 수 없는 대하의 맹렬함, 화북(華北)의 광야의 비인간적이기까지 한 너비, 그러한 것은 만약 그것을 표현하고 싶다고 생각한다면, 인간과 그 역사의 무서움, 철저한 격렬함, 잔학함, 어쨌든 인간이란 인간의 철저한 무언가를 통하지 않고서는 도저히 표현할 수 있는 것이 아니라는 관념을, 나는 그 성벽 위에서 얻었다고 생각한다."

바로 중국의 자연은 그러한 '철저한 무언가'이며 거기에 사는 인간에게, 그 행위나 정념이나 사고에, '어쨌든 인간이란 인간의 철저한 무언가'를 낳게 하지 않고는 배기지 않을 것이라고 생각하게 하는 것이 있다.

중국 혁명의 전체 과정을 통한 '철저한 격렬함', 신해혁명기에서의 혁명사상의 서구에 대한 철저한 저항, 5.4운동기에서의 전통의 철저한 부정, 그것들을 통하여 일관해서 흐르는 이념의 철저한 강인성. 어떻든 유구한 시간과 무한한 공간과 그 있는 그대로의 자연 속에서 중국인이 낳아온 전통사상은, 『민보』에 의한 장병린의 붓을 통하여, 이제 절규로 되어 세차게 내뿜어지는 것이다. 근대 중국에서, 천재라는 이름에 어울리는 사람이 있다고 한다면 장병린(호는 태염:太炎)을 첫째로 들어야 할 것이다.

"중국의 학술이나 사상에 다소나마 관심을 갖는 사람이라면 장병린이란 이름을 모르는 사람은 없을 것이다. 석학 유월(兪越)의 고제(高弟)로서 청조고증학의 정통을 이어가면서, 다시 그것을 『국학』으로 개주(改鑄)한 불세출의 학자, 이른바 『국학대사(國學大師)』로서, 더군다나 그 반면, 열렬한 민족혁명의 투사로서, 적에 대해서는 한 걸음도 양보하지 않는 거의 각박하기까지 한 논객으로서, 게다가 미치광이라는 이명(異名)을 받을 만큼 이상한 직정경행(直情徑行)의 진담기행(珍談奇行)의 임자로서, 또 혁명에 성공한 후로는 독경[유교의 경전을 읽음, 단 공자교(孔子敎)와는 관계 없음]을 주장하고, 백화문(白話文)에 반대하고, 갑골학(甲骨學)에 반대하고, 학교교육을 매도하고, 학생을 매도하고, 신학(유럽식의 학문)을 매도하고, 공산당을 매도하고, 의회를 매도하며,『새로운 것에는 무엇이든 반대하여』억지를 쓴 완고파로서, 태염의 이름은 너무나도 유명하다."〔시마다 겐지(島田虔次),『중국혁명의 선구자들』, 쓰쿠마서방〕

장병린에게서, 서구사상에 대한 중국사상의 정면으로부터의 저항은 극도에 달했으며 일전(一轉)하여 미래를 선취하는 데로까지 돌진한다. 그것은 이미 하나의 새로운 사상의 창출이었다.

장병린에 따르면, 민족혁명의 목적은 '복구(復仇)'에 있다. 복구란 무엇인가. 불평등한 것을 평등하게 만드는 것이다. 사회의 복구와 민족의 복구는, 그 규모는 다를망정 복구라는 점에서 아무런 차이도 없다. 만약 복구를 부정한다면, 사회주의·무정부주의를 바라는 자는 오직 톨스토이의 말을 경청하여, 강자가 스스로 소멸되기를 기다릴 수밖에 없을 것이다. 민족의 복구는 본래 정권을 도외시하는 것은 아니며, 그 대상은 바로 이 민족의 강자로서 권력을 가진 자이다. 만주를 배척한다는 것은 강력한 민족을 배척하는 일이며, 청조의 천자를 배척한다는 것은 왕권을 배척하는 일이다. 추상적으로 말하면 강력한 민족의 왕권을 배척하는 일, 구체적으로 말하면 만주의 천자를 배척하는 일이다. 이 관계는, 그러나 만·한 두 민족에게만 타당한 것은 아니다. 예를 들면 한족이 침입하기 이전, 중국은 묘족(苗族)의 땅이었다. 묘족이 한족을 배척한다면, 그것도 정의에 부합한다. 내가 민족주의를 주장하는 것은 한민족에서부터 시작되어 여러 민족에 이르고, 그것을 멀리 동물에게까지 미치게 하려는 것이다. 민족주의라는 명칭은 협애하지만 그 정신은 어디까지나 광대하다(「복구시비론」).

장병린의 배만 혁명론은 그대로 공화주의를 지향한다. 신해혁명(1911년)에 앞서 다가올 중국을 '중화민국'이라 부른 것은 그였다. 그러나 그만이 공화주의를 주창한 것은 아니다. 손문을 비롯하여 모든 혁명가가 공화주의자였다. 신해혁명은 혁명가들의 직접적인 공헌은 아주 적으며, 오히려 썩은 거목이 쓰러지는 것과 비슷했지만, 그래도 매우 손쉽게 수천년에 이르는 '왕권'을 밀어내고 '민국'을 낳았다. 역사가는 자주 중국의 '정체성'을 설명한다. 그러나 이 혁명의 철저성을 어떻게 보는 것일까.

장병린의 복구론에서 주목해야 할 것은 공화주의보다는 오히려 민족의 이기주의를 철저하게 부정하고, 묘족의 배한(排漢)마저 인정하자는 원리적 철저성에 있다. 그것은 역설적으로도 이민족을 끝까지 엄격하게 구별하려는 입장에서 이끌어진 것이었다. 도대체 진화주의를 주장하는 개혁파의 강유위·양계초 등에게 있어서, 민족간의 차이란 역사 진화의 과정에서 나타난 일시적인 현상에 불과하다. 그렇기 때문에, 중국의 고전정신이 근대 서구에서 훌륭하게 발현된다는 사태가 생기며, 서구 제도의 채용도 정당화된다. 그러나 장병린은 뒤에서 말하는 바와 같이 역사의 진화론까지를 포함하여, 그러한 세계주의적 입장을 거부한다. 근대에 있어서의 민족의 구별은 역사적 존재로서의 민족에 두는 것이지, 자연적 존재로서의 민족에 두는 것은 아니다. 자연적 존재로서 본다면 6대주의 민족, 5색의 인종이라 한들 그 근본은 하나이다.(「강유위를 반박하여 혁명을 논하는 글」)

> "사회 작용 중에서 가장 중요한 것은 국가를 만드는 것과 민족의 성립이며, 그 불가결한 요소가 언어·풍속·역사이다. 3자 가운데 어느 하나를 잃어도 국가 혹은 민족이라는 싹은 자라지 않는다."
>   [『구서(訄書)』, 시마다(島田), 앞의 책]

즉, 민족의 차이란 바로 언어·풍속·역사의 차이일 뿐이다. 그렇기 때문에, 예를 들면 중국과 서양의 학문에 본래 공통점은 없다. 가끔 일치되는 점이 있더라도 우연에 불과하다[「사람에게 주어진 박학보(樸學報)를 논하는 글」]. 이 철저한 이민족 준별의 입장에 서서, 그 위에서 새삼스럽게 여러 민족의 문화의 고유성과 가치성이 적극적으로 승인된다. 그리고 그것은 예를 들면 묘족의 배한을 정당시하는 데까지 일관된다.

중화와 이적(夷狄)이라는 전통적인 민족의 구별을, 진화주의의 입장에서부터 문화의 발전단계의 차이로 단선화(單線化)시켜 극복하려고 하거나 하지 않고, 오히려 그 양자의 구별을 철저화시킴으로써, 역으로 여러 민족의 문화의 고유성과 가치성이라는 오늘날의 시야를 재빠르게 개척한 장병린은, 또 그 때문에 제국주의·식민지주의의 가차없는 비판자였다.

"오쿠마 시게노부(大隈重信) 백작은 캐나다·호주가 자치를 얻었기 때문에, 인도도 얻을 수 있을 것이라고 말했다. 이것은 확실히 엉뚱한 비교이다. 호주의 자치는 영국인이 주이고 원주민은 참여하지 않는다. 캐나다의 자치는 영국인과 다른 백인이 주이며 원주민은 참여하지 않는다. 가령 영국정부가 인도를 해방하여 자치를 얻게 하더라도 그 혜택은 백인에 미치는 데에 불과하다. 가령, 인도인은 아메리카 인디언에 비교될 정도는 아닐지 모르지만, 요컨대 어느 정도 나은 대우를 받는 데 불과할 것이다. 미국의 흑인을 보면 명목상으로는 참정권이 있으나 그 실상은 역시 시민과 평등하지 않으며, 린치·포락(炮烙)을 받고 있다.…… 필리핀에서 의원을 선출할 수 있었던 것은, 요컨대 힘으로 저항했기 때문이다.…… '관인대도(寬仁大度)'란 영국인을 위하여 변호하여 인도인을 그 술책에 빠뜨리려는 것에 지나지 않는다. 우는 아이를 달래기 위하여 엿으로 꾀는 것과 같은 짓이다. 사람을 속이는 것이 그토록 심하지 않은가."〔인도서파기왕기념기사(印度西婆耆王記念記事)〕

특히, 일본 제국주의에 대한 고발은 거의 각박하게 보일 정도로까지 준열하다. "일본이 발흥하기 이전에는, 아세아 제국에는 때로 작은 전쟁이 있었지만 아직 비교적 평화로웠다. 이제는 그와 반대다.…… 백인을 거느리고 같은 인종을 모멸하는 것은 누구인가"(「인도인의 일본관」,『중국혁명』, 쓰쿠마서방). 그러나 이 아세아의 폭군을 무력으로 타도하지 않고서는 여러 민족의 해방은 얻을 수 없을 것이라고 부르짖는 장병린의 눈은, 조선강점(역자주 : 한일합방)·대화(對華) 21개조의 요구에서부터 태평양전쟁에 이르는 긴 사정(射程)을, 그 조준에 조금의 어긋남도 없이 꿰뚫어 보고 있었던 것이다. 그의 일본에 대한 혐오는, 오직 일본에 대해서만은 문화의 고유성과 가치성을 인정하지 않는다는 데까지 치우쳐 있었다. 아주 순진하게 구미나 일본에 대해 계속적으로 원조를 바랬던 손문과는 참으로 대조적이다. 장병린에 의해 붙박혀진 제국주의 비판의 시점은 5·4운동(1919년)에서부터 항일운동으로 전개되어 간다. 그것은 오늘날의 일본 군국주의 비판에까지 이어져 있다. 나로서는 깜짝 놀랄 일이지만 중국인은「북경학생의 일본 국민에게 고하는 글」과 같은 일본인에게 호소하는 많은 문장을, 이후 60여 년에 걸쳐 계속하여 쓰고 있는데 그 내용이 일관되어 있고 변함이 없다.

이 시점은 그대로 피억압민족에 대한 연대(連帶) 시점이기도 하다. 이 시기에 있어서의 그것은 진천화(陳天華)의「맹회두(猛回頭)」에도 표현되어 있는데, 장병린의 경우는 중국과 마찬가지로 고대 문화를 낳은, 그 중에서도 그가 깊은 학식을 지니는 불교를 낳은, 인도에의 경도(傾倒)로 떠받쳐져 있었다. 그는 주장한다. 세계의 피억압민족을 해방하는 도의적 책임은 중국과 인도 양국에 있다고.

"나라를 다스리는 정치기술에 있어서는 중국은 인도에 일일지장이 있지만, 만물 일체의 박애주의가 되면 도저히 미치지 못한다. 다른 날 우리 양국이 서로 도와 일어나서, 만인에게 생활을 안정시키고, 다른 나라를 유린하거나 살상하지 않고, 제국주의의 도둑 무리를 깊이 참회시키고, 또 그 영역의 적·흑의 여러 민족을 모두 평등하게 보는 관점을 수립하는 일이 선각자로서의 양국의 책임이다."〔「인도의 발라한(鉢邏罕)·보십(保什) 두 사람을 보내는 서문」〕

인도에 대한 친근감, 그것은 그대로 그의 사상적 원점의 표백이었다.

청말은 전통사상의 전면적인 재발견과 부활 또는 재창조의 시기이다. 유학의 고전의 문헌학적 혹은 언어학적 연구인 청조고증학은, 연구상의 필요에 촉진되어 진대 이후 이미 절학(絶學)이 되어 있던 제자백가의 책이나, 송대 이후 잊혀져 있던 화엄(華嚴)·유식(唯識)의 불전(佛典)에 손을 뻗쳤다. 그것이 제자학(諸子學)이나 불학의 부활 혹은 재창조로 이끌어진다. 필로로지에서 필로소피로의 발전이라 해도 된다. 이리하여 고증학의 틀에서 빼어져나와 장병린의 손을 거쳐 '국학'으로 된다. 이 부활 또는 재창조된 전통사상이 개혁파나 혁명파로

총동원되어 그 사상적 무기가 되었다. 장병린에 한하여 말하면, 그가 주로 의거한 것은 유식이었다. 그는 이 무기를 구사해 가면서 창끝을 서구 근대사상으로 돌린다. 서구 근대에 대한 전통적 지식인의 전통사상에 의한 최후의 극한적이고도 필사적인 반격이다. 19세기의 유럽사상을 '동(動)'이라고 친다면, 그것은 바로 '반동(反動)'이었다. 그러나 거기에 후진적인 것이 선진적인 것을 뛰어넘는다는 역설적인 사태가 생긴다. 장병린의 사상에는, 이윽고 20세기의 서구가 도달할 것인 사상의 선취가 있었던 것이다.

한마디 미리 일러둔다면, 혁명가로서의 장병린은 어디까지나 민족혁명의 사상가이며, 혁명사상으로서의 사정(射程)도 어디까지나 민족혁명에 있었다는 점이다. 그 사정을 넘어서서 불교에 의거하는 서구사상 비판을 굳이 거론하려는 것은 첫째로, 서구에 대한 100년의 저항의 역사, 그 변증법적 전개과정이 오늘날의 중국에 귀결돼 있다고 내가 생각하기 때문이다. 장병린에 의한 전통의 적극적 긍정에는, 양무파(洋務派)나 개혁파에서 볼 수 있는 바와 같은, 피치 못할 현실에의 인순고식(因循姑息)한 타협 등의 냄새는 손톱만큼도 없다. 민족의 문화적 전통에 대한 긍지에 차 있다. 예를 들면, '대의정체(代議政體)는 봉건의 변상(變相)'이며 유럽이나 일본에는 적합해도 벌써 봉건제를 벗어난 중국에는 적합하지 않다('대의연부론(代議然否論)')고 해서 대표민주제를 부정한다. 또 예를 들면, 중국의 국민성은 정치·생활에 마음을 쓰고, 공상농업에 힘쓰며 관심은 삶의 영역에 한정되고 초경험적인 것은 결코 말하지 않는다. 유럽 제국이 신에게 아첨하고 법황(法皇)에 배알하며, 종교를 제도화하고 있는 것은 "지혜와 어리석음이 서로 멀리 떨어진 지 오래다"라고 단언한다. 살을 베게 하고 뼈를 자르는 것과 같은 태도를 고쳐 잡았다고 해도 좋을 것이다. 그렇다고는 하나, 그것이 아무리 역설적인 진실일지라도, 썩은 살은 썩은 살이며 설개하지 않으면 안된다. 5·4운동을 전후하여 철저한 전통부정의 한 시기가 온다. 그러나 그것은 반드시 서구의 전면적 긍정을 의미하지는 않을 것이다. 장병린 문화의 노신의 위치가 거기에 있다. 둘째로, 그 저항을 통하여 서구적 근대를 뛰어넘는 몇 가지의 사상적 계기를 낳고 있다고 나는 생각하기 때문이다. 동지로부터 "『민보』는 모름지기 민성(民聲)이 되어야 하며 불성(佛聲)이 되어서는 안된다"라고 비판받은 장병린의 '불성' 속에도 그것이 있다. 나는 중국혁명을 어디까지나 '가능성으로서의 중국혁명'으로서 파악하고 싶다. 그 가능성이란 단순히 중국인에게 있어서의 그것은 아니다. 또 중국인이 스스로 그 모든 것을 자각하거나 짐작하고 있는 것도 아니다. 오히려, 근대를 뛰어넘는 우리들의 사상적 과제에 있어서의 그것은 가능성이다.

장병린의 철학사상은 「4혹론(四惑論)」에 원리적으로 표현되어 있다. 장병린에 따르면, 현대인이 신성불가침한 것이라고 보는 것은 '첫째로 공리, 둘째로 진화, 셋째로 유물, 넷째로 자연'이다. 이 네 가지의 '현혹(眩惑)'을 깨뜨리려고 하는 것이 「4혹론」이다. 네 가지 말에 학설, 논(論), 또는 주의라는 말을 붙여 보면, 그가 주장하려는 바가 대강 추찰될 것이다. 즉 공리학설, 진화론, 유물론, 자연주의의 부정이다. 예를 들면, 진화론에 대해서는, 그것이 '객관'이며, '자연규칙(법칙)'이라는 것을 인정하면서도, 선의 진화는 그대로 악의 진화이기도 하다고 치고 사회진화론을 부정한다. 장병린의 이른바 「구분진화론(俱分進化論)」이다. 제2차 대전을 거쳐 과학기술문명의 발전은 우리들에게 있어서의 쌍날의 칼이라는 것이 더욱 드러나고 있다. 선악의 구분진화라는 사상은 오늘날 같은 상황의 선취였다고 해도 된다. 또, 우리는 물질 그 자체를 알 수는 없다. 다만 그 현상을 감각을 통해서 지각하고, 지각된 현상과 현상 사이의 인과관계를 인식하는 것이지만, 인과관계란 '원형관념(原型觀念)'의 하나이며, 어디까지나 마음의 소산에 불과하다. 따라서 유물과 유심은 말의 의미는 정반대지만, 유물론은 유심론의 한 형태에 불과하다. 그러나 역으로 말하면 감각은 신경의 작용이며 신경은 물질이다. 물질로써 물질을 아는 데에 굳이 마음을 들고 나올 필요는 없다. 그러므로 유심론은 유물론의 한 형태라고 할 수도 있다. 이리하여 장병린은 데카르트의 물심이원론 이래의 유물론과 유심론의 철학적 대립을 인식론적으로 극복한다는 바로 현대적인 과제를 추구한다. 또 자연주의의 부정이 있다. 확실히, 자연이나 자연의 법칙이라는 개념 그 자체가 마음의 소산 바로 그것이지만, 그렇다고 해서, 사회에 있어서의 가치 판단의 규준(規準)이 되는 법칙(법)과 혼동해서는 안된다. 사람이 사회의 법을 만드는 것은 자연의 법칙에 반하는 일이다. 장병린의 의도는 말할 것도 없이 자연주의적 가치론의 부정에 있었다. 진화론, 유물론의 부정에 그것은 직접 관계된다.「4혹론」의 중심적인 테마는 공리학설의 부정일 것이다. 공리란 개인이 자기가 속하는 사회집단 또는 그 성원에 대하여 져야 하는 책임, 개인이 책임이라는 형태로서 걸머져야 할 집단적 가치다. 도대체 사람은 세계를 위하여 태어난 것도 아니며, 사회를 위하여 태어난 것도 아니며, 국가를 위하여 태어난 것도 아니며, 또 남을 위하여 태어난 것도 아니다. 말하자면 특정 사회에 우연히 던져 넣어진 부조리한 존재이다. 그러므로 본래 세계·사회·국가 또는 타인에게 대하여 책임을 갖지 않는다. 책임은 나중에 생기게 된다. "반드시 남에게 힘입은 바가 있은 후에 남에게 보상하는 바가 있다." 따라서 그 한계는 남을 해치는가 어떤가에 관계된다. 남을 해치는 자를 악인, 해치지 않는 자를 선인이라고 한다면, 인류는 서로 해치기 위하여 태어난 것이 아니기 때문에, 악은 사람이 할 일이 아니며, 악인의 행위는 제지해야 하지만, 인류는 상부, 상조하기 위하여 태어난 것이 아니기 때문에, 선도 사람의 책임이 아니며, 강제할 수는 없다. 말하자면, '해야 한다'라는 형태를 취하는 공리는 개인을 심하게 속박한다. 공리를 주장하는 자는, 사회를 가지고 개인을 억압하며, 많은 사람으로 소수인을 학대하려고 한다. 학설·논·주의로서 주장되는 공리를, 장병린이 이와 같이 철저히 부정하는 것은, 사회집단에 의한 부조리한 억압으로부터 개인을 해방시키기 위한 것이지만, 그리고 그것은 여전히 인간 해방의 주요한 과제의 하나지만, 다른 한편에서는 '혁명도덕론'에서 볼 수 있는 바와 같이 혁명가들에게 엄격한 도덕적 자율을 요구했던 것도 잊어서는 안될 것이다. 그는 변법운동(變法運動)이나 당재상(唐才常)의 난이 실패로 끝난 것은 그들의 도덕적 퇴폐에 있다고 하고, 지치(知恥)·중후(重厚)·경개(耿介)·필신(必信)을 혁명자의 자격으로 간주한다. 그러한 인간의 자기 변혁이 한 사람 한사람의 혁명자에게 요청된다. 미리 주어지는 집단적 가치의 철저한 부정이, 역으로 개인의 엄격한 자기 변혁을 통하여, 남을 해치지 않는다는 한계 내에서 성립되는 새로운 금욕적 집단가치로 길을 튼다.

확실히 장병린의「혁명도덕론」, 그 자체는 전통적 지식인 비판으로서 씌어진 것이면서도, 여전히 전통적 지식인의 이념의 연장 위에 있다. 그런 이상, 이윽고 뛰어넘어 갈 수 있는 것에 불과하다. 그러나 문화혁명 또는 사상혁명, 즉 인간의 자기 변혁이라는 중국혁명을 두드러지게 하는 특질은 거기에 벌써 싹트고 있다. 사실, 중국인민해방군은 태평천국의 군대가 낳은 도덕을 계승해 가면서, 독자의 금욕적 집단 가치를 만들어 갈 것이다. 예를 들면 「3대규율(三大規律)·8항주의(八項注意)」에, 그것은 결정되어 있다〔야마구치 이치로(山口一郎)『현대중국사상사』, 게이쿠사(勁草)서방 참조〕. 자주 되풀이되는 정풍운동이란 모택동의 "인민에게 봉사한다"라든가 "우공(愚公), 산을 옮긴다"라는 등의 문장이 시사하는 인간상을 모델로 한 자기 변혁을 통하여, 집단적 가치의 형성에 참여하는 인간을 만들어 내는 운동이다. 그리고 문화대혁명은 일면에서는 그 국민적인 규모에서의 확립을 노리는 운동이었다.

어떻든,「4혹론」의 입장은 국가의 부정으로 이끌어 간다. 장병린은「국가론」에서 개인만이 실재하는 실체이며, 개인의 집합체인 사회집단은 환상에 불과하다는 분석철학의 이른바 방법적 개인주의, 또는 물질의 불가투입성(不可透入性)의 부정 등에 의거하면서, 투철한 국가 부정의 논리를 전개한다. 그러나 애국을 미망(迷妄)이라고 간주하면서도 피억압 민족으로서 "애국심은 강국의 국민은 가져서는 안되며, 약국(弱國)의 국민은 잃어서는 안된다."라는 지당한 말을 실토할 만큼의 현실적 배려를 잃지 않았다. 그러나 그는 그러한 현실적 배려 때문이 아니라 더욱 깊은 사상적 근거로부터, 결코 단순한 무정부주의의 입장에는 머무를 수 없었다. 「구분진화론」에서 그는 선악이 병진하는 이유를 두 가지 지적하고 있다. 그 하나는 습성이며, 생물로서의 본성에는 선악이 없으나, 작용에는 선악이 있을 수 있다. 또 하나는 자아의 일종인 '호승심(好勝心)'이며, 목적이 있는 호승심(재산·권위·명예에 대한 욕망)과 목적이 없는 호승심(투쟁 본능) 중에서, 후자야말로 '순악(純惡)'이라는 것이다. 바꾸어 말하면 악은 생물로서의 습성과 본능에 기초를 둔다고 간주하는 것이다. 그렇다면 무정부주의자와 같이 국가의 부정·지배권력의 부정에만 의해 대동사회(大同社會)의 실현을 기대할 수는 없다. 거기에 「5무론(五無論)」이 쓰여지는 적극적인 근거가 있다.

　　5무란 정부를 없애고, 사회집단을 없애고, 인류를 없애고, 생물을 없애고, 세계를 없앤다는 것이다. 민족간의 투쟁은 정부의 존재에 기인한다. 그러나 정부를 없애도 사회집단이 있는 한, 집단 투쟁은 없어지지 않는다. 집단을 없애도 개인간의 투쟁은 계속될 것이다. 그러므로 인류를 없앤다. 그러나 생물이 존재하는 한 또 다시 인류로 진화할 것이다. 생물을 없애도 세계가 있는 한, 같은 진화과정이 반복될 것이다. 세계 그 자체가 소멸되고서야 비로소 궁극적 완벽기에 이른다. 이것이 「5무론」의 개략이지만, 그러나 더욱 중요한 것은 한번 이러한 부정의 입장을 철저화시킴으로써, 무정부주의 혹은 유토피아 사상이 간과해 온 인간의 사회적 습성과 생물적 본능(「5무론」에서는 투쟁본능

외에 성욕을 든다)의 문제를 날카롭게 지적해 온 데에 있다. 인간의 억압과 소외로부터의 해방을 노리는 현대혁명의 사상이, 이미 이러한 문제를 피하고 지나갈 수 없는 것은 분명할 것이다. 장병린은 재빨리 그것을 제기하고 있었던 것이다. 그리고 장병린의 사상으로부터 꺼내어지는 가치체계의 변혁 방향, 남에게 대한 해를 적게 한다는 부정적인 집단적 가치와 자기 변혁을 통하여 달성되는 긍정적인 개인적 가치, 그 양자를 결합한다는 방향은 이러한 문제의 해결에 대한 훌륭하고도 실천적인 시사와 계기를 제공하고 있듯이 내게는 생각된다. 적어도 현대 중국에 있어서의 문화혁명은 그 하나의 시도일 것이다.

5

내가 장병린에게 초점을 맞추면서 이 원고를 써 온 것은, 중국혁명에서의 전통의 무게를 강조하기 위해서였다. 전통은 혁명에 있어서 이중으로 작용한다. 전통이라 부르는 것의 대부분은 고화되고 형해화된 것, 그 부정 없이는 혁명도 또한 있을 수 없는 그 무엇이다. 그러나 그 부정을 가차없이 밀고 나가면 갈수록 과거의 문화와 사회에 생명을 주어 온 전통의 생생한 핵심이 되살아나며, 새로운 문화와 사회에 가치적인 방향을 제시해 간다(「혁명과 전통」 참조).

장병린은 가차없는 부정자이며 투사였다. 이중의 의미에서 그러했다. 그의 내부에서 전통의 생생한 핵심은 되살아나고 새로운 창조의 원천으로 된다. 그것은 이미 고화되고 형해화한 전통의 부정이다. 그러나 전통의 생생한 핵심의 우월성을 확신하면 할수록, 그는 중국 문화의 옹호자로서 나타나지 않을 수 없다. 배후에는 여전히 고화되고 형해화된 전통의 중압에 빠져 있는 중국이 가로놓여 있다. 혁명적이기 때문에 반동적일 수밖에 없는 극한 지점에, 장병린은 서 있었던 것이다. 장병린 이후에는 혁명자에게는 이미 밖으로부터의 전통 부정자가 되느냐, 안으로부터의 전통 부정자가 되느냐는 두 길밖에 남아 있지 않다. 뿐만 아니라, 전통은 안으로부터의 부정에 의해서만 진실로 뛰어넘어 갈 수 있을 것이다. 장병린에 대하여,

"전투적 문장이야말로 선생의 생애 중에서 가장 위대하고 가장 영구적인 업적이다. 나의 생각으로는 설사 불완전하더라도 하나하나 집록(集錄)하여 간행하고, 이리하여 선생이 후진과 일체가 되어 전투자의 마음에 계속 살아 있을 수 있도록 해야 하는 것이다."〔태염(太炎) 선생에 관한 두세 가지」, 시마다, 앞의 책에 의함〕

라고 회상하는 노신이 거기에 선다.

확실히, 중국혁명의 진행에 입각하여 보는 한, 밖으로부터의 전통 부정자가 수행한 결정적이라고도 할 수 있는 역할을 잊을 수는 없다. 신해혁명 후, 군벌의 전천(專擅)과 제국주의의 도량으로, 중국의 암흑은 더욱 깊어져 가는데, 그 짙은 구름을 타파하고 한 줄기 빛을 던진 것은, 1915년 진독수(陳獨秀)가 상해에서 창간한 『신청년』이었다. 창간호의 권두문 「경애하는 청년에게 고한다」에서, 그는 청년에게 모든 기대를 걸면서, 전통으로부터의 단절과 정신의 혁명을 호소하고 있는데, 그 천진하면서도 젊디 젊은 신념과 정념은 암운(暗雲) 아래서 헤어나지 못하는 청년들의 혼을 뒤흔들었던 것이다. 이윽고 진독수는 채원배 학장에게 맞아들여져서 북경대학으로 옮겨가 이대쇠·호적 등과 함께 신문화운동을 추진한다. 북경은 바야흐로 문화혁명의 책원지(策源地)였다. 그리고 일본의 대화(對華) 21개조의 요구를 계기로 5·4운동을 유발하여 새로운 혁명운동의 기점으로 되어간다.

5·4 시기의 문화혁명의 슬로건은 데모크라시와 사이언스였다. 바꾸어 말하면 중국의 서구적 근대화의 길을 모색하고, 서구를 좌표계의 원점으로 하여 전통을 비판하며, 그 전면적인 부정을 지향했던 것이

다. 당시의 정치적 사상적 상황에 위치를 두고 보면, 그것이 얼마나 청신한 공기를 불어 넣었고, 중국의 각성을 인도했는지 이해할 수 있다. 그러나 반세기를 지나 그 귀결을 전망하면서 '가능성으로서의 중국혁명'이라는 관점에서 돌아다본다면 거기에 철저하기는 하나 천박한 서구화주의 이외의 것을 거의 발견할 수 없다. 이윽고 일어날 화학반응의 촉매작용에 불과했던 것처럼 보인다. 화학반응 그 자체를 떠맡은 것은 안으로부터의 전통 부정자이며, 어느 정도는 이대쇠, 그리고 특히 노신이 그 철저한 표현이었다.

노신은 천박한 서구화주의에 대한 비판에서부터, 그 사상적 생애를 시작했다. 장병린의 영향을 짙게 느끼게 하는 「파악성론(破惡聲論)」이다. 그러나 그는 붓을 꺾고, 끝내 완결시키는 일은 없었다. 혁명자인 것으로 하여 부정자였던 장병린에서, 부정자임으로써 혁명자가 된 노신으로의 비약이 거기에서부터 시작된다. 10년 후, 긴 침묵을 깨고 『신청년』에 「광인일기(狂人日記)」를 발표한다. 중국사회는 '사람이 사람을 잡아먹는' 사회라고 고발한다. 이후 그는 잠시도 손을 쉬지 않고, '사람이 사람을 잡아먹는' 사회와 싸움을 계속한다.

노신의 전체 작품을 통하여, 언제나 그 기저에 있는 하나의 형상을 상징적으로 끄집어낸다면, 이러한 구도가 될 것이다. 처형되는 중국인과 그것에 갈채를 보내는 중국인 관중. 사형집행인은 때로는 중국인이며, 때로는 외국인이다. 그것을 바라보는 외국인 관중, 그리고 그 광경 전체를 응시하는 한 사람의 중국인. 그 한 사람의 중국인의 입장에다 노신은 생애를 걸었던 것이다.

「절망의 허무함은, 바로 희망과 서로 같다」(노신작품집 2, 쓰쿠마 서방). 그 적막 속에서, 그 적막을 넘어 '사람이 사람을 잡아먹는' 사회의 변혁을 조계(租界)에서 근거지인 중국공산당에 맡기면서, 그러나 거기서는 스스로도 또 떠나야 한다는 것을 자각하면서 그는 죽어간다. 노신이 장병린에 대하여 한 말은 거의 그대로 모택동이 노신에게 보낸 말이었다.

 빛은 '굶주린 나라'에서 왔다. 1917년의 러시아 혁명의 영향은 5·4운동이 만들어낸 기반에 신속히 침투했다. 진독수·이대쇠 등을 중심으로 중국공산당이 태어났으며, 중국국민당도 개조되어 제1차 국공합작이 실현되었다. "중국인에게는 사상에서부터 생활에 이르기까지 아주 새로운 시대가 나타났다."(모택동「인민민주주의 독재에 대하여」) 진독수·확추백(瞿秋白)·채화삼(蔡和森)·팽술지(彭述之) 등을 이론적 지도자로 하는 중국공산당은 『신청년』이 그대로 기관지가 되었다는 것에서부터 시사되듯이, 어떤 의미에서 『신청년』그대로의 연장이었다. 바꾸어 말하면 코민테른의 노농동맹론을 기초로 하는 밖으로부터의 전통부정자의 운동이었다. 그것은 20년대의 노농운동의 광동(廣東)코뮌으로 결정되는 놀라운 고양(高揚)에도 불구하고 안으로부터의 전통부정자의 운동, 예를 들면 팽배(彭湃)가 지도하는 농민운동에 의해 일단 부정되지 않으면 안되었다. 그것을 받아서

 "모든 혁명적인 정당, 혁명적인 동지는 모두 그들 앞에서 그 심사를 받고 받아들여지느냐 어떠냐가 결정될 것이다. 그들의 선두에 서서 그들을 지도하느냐, 아니면 그들 뒤에 서서 그들을 이러쿵 저러쿵 비판하느냐, 아니면 그들의 맞은편에 서서 그들에 반대하느냐. 모든 중국인에게는 이 세 가지 점에 대하여 선택의 자유는 있으나, 다만 정세는 모두에게 신속한 선택을 강요할 것이다."〔「호남성(湖南省) 농민운동의 시찰보고」,『모택동 선집』제1권, 외문출판사(外文出版社)〕

모택동이 그렇게 선언했을 때 중국혁명의 방향은 확실히 정해진 것이다.

 변경의 근거지 건설에 있어서, 도시를 정복한 후의 3반(三反)·5반(五反) 운동에서, 또 독자의 사회주의의 길로 나선 대약진·인민공사화운동에서, 고학(固化)되고 형해하한 전통적 여러 가치를 부정하면서, 그러나 서구 근대의 가치체계를 고스란히 그대로 받아들이는 것도

부정하면서, 중국혁명은 해방으로부터 사회주의와 공업화의 실현으로의 과정을 모색하여 왔다. 그것은 서구 근대가 낳은 마이너스 가치까지도 동시에 뛰어넘으려는 거대한 실험이었다. 모순은 농촌이 아니고 도시에, 농업이 아니라 공업에, 피하기 어렵게 현재화(顯在化)되어 온다. 문화대혁명에 의해 그 모순에 대결하는 중국혁명은, 이제야말로 새로운 서장을 기록하기 시작하고 있다고 말해야 한다.

문화대혁명은 안으로부터의 전통 부정의 입장──중국으로 이식된 근대의 전통을 포함하여──을 다시 한 번 선명하게 했다. 그러나 그것에 의해 역으로, 전통의 생생한 핵심이 되살아나고, 새로운 가치체계의 방향을 제시하고 있는 것같이 보인다. 중국혁명의 '인간적인 승리'를, 개인적으로도 집단적으로도 떠받쳐 온 것은 전통의 생생한 핵심이 아니었던가. 5·4 이후의 운동에 입각하여 그것을 말할 수는 거의 없었다. 그러나 '가능성'은 단순히 존재하는 것이 아니라 발견하는 것이다. 그 발견의 작업을 나는 독자에게 맡기고 싶다.

─『중국혁명』1970. 2 ─

창과 방패

모택동은 존재를 '모순'의 한 점에서 파악한다. 그의 존재론은 어디까지나 『모순론』이다. 그렇다고 하더라도 존재를 '모순'의 한 점에서 파악한다는 것은 무슨 말일까.

이미 알고 있듯이 모순이라는 말은 『한비자(韓非子)』에 보이는 설화에 유래한다. 그 「난세편(難世篇)」에서 다음과 같이 말한다.

"창과 방패를 파는 자가 있었다. 그 단단한 방패를 칭찬하여 설명하며 '어떠한 것으로도 뚫을 수가 없습니다.' 그러고는 당장 말을 뒤집어 그 창을 칭찬하여 설명하기를 '나의 예리한 창은 어떠한 것이라도 뚫습니다'라고 했다. 한 사람이 '그렇다면 당신의 창으로 당신의 방패를 뚫으면 어떻게 되느냐'고 응수하자 그는 대답할 수가 없었다. '뚫을 수 없는 방패'와 '무엇이든 뚫는 창'은 말로써 양립될 수 없다고 나는 생각한다."

여기서 '언명으로서 양립될 수 없다'고 풀이한 원문은 '명분이다. 양립해서는 안된다'이다.

이 '양립될 수 없는 명분'은 그대로 라틴어의 contradictio에 해당된다. contradico, 즉 반대의 것을 말하는 명사형이기 때문에 반대의 언명, 양립되지 않는 언명을 의미하고 있다. 모순이란 양립되지 않는 언명이다. 한비(韓非)는 그렇게 생각한다. 제후에게 유세하며, 그 면전에서 자주 다른 학파와 논쟁한 제자백가로서 논적(論敵)의 '양립되지 않는 언명'을 논박하는 것은 필시 변론술의 첫째 요체였을 것이다. 이 설화는 인식의 특질을 잘 나타내고 있다.

'양립되지 않는 언명'이라면, 언명을 양립되도록 비꿈으로써, 모순은 없어진다. 예를 들면 '이 창은 이 방패 이외의 모든 방패를 뚫는다'

혹은 '이 방패는 이 창 이외의 어떠한 창도 뚫을 수가 없다'고 말하면 이들의 언명은 양립된다. 이것이 과학의 길이다. 인식자의 사고방법이라 해도 좋다. 과학이론은 그 내부에 contradictio가 생기지 않도록 논리적으로 구성된 언어에 의한 인식의 체계인 것이다. 엄밀히 말하면 논리학상의 어려운 문제가 거기에 있지만, 적어도 과학에 있어서의 인식의 심화는 언어 표현의 모순이 생기지 않는 방향으로 나아간다고만은 말할 수 있을 것이다.

그런데 조금 전의 두 가지 명제, '이 창은 이 방패 이외의 모든 방패를 뚫는다'와 '이 방패는 이 창 이외의 어떠한 창도 뚫을 수가 없다'의 어느쪽이 진실인가는 경험적으로 검증할 수밖에 없다. 그 경우 과학자는 갑자기 창을 잡고 방패를 찌를까. 그렇게 하지는 않을 것이다. 설사 그렇게 해서 방패가 뚫리거나 창이 부러지는 사태가 생기더라도 한쪽 명제가 진실이라고는 단정하지 않을 것이다. 그는 방패나 창의 재료의 강도에서부터 결정구조까지를 조사할지도 모른다. 그리고 예를 들면 창으로 방패의 어느 곳을 어느 각도로부터 어떤 힘이 뚫으면 방패에 균열이 생겨서 찢겨질 것이다라는 식으로 결론지으며, 그 조건으로 실험해 볼 것이다. 그런 경우에는 명제 자체도 이러이러한 조건이 만족된다면 이 창은 이 방패를 뚫을 수 있다는 식으로 보다 명확한 지시 기능을 갖는 명제로 대체될 것이다. 그와 같이 하여, 창과 방패의 '모순'은 해결된다. 즉 모순은 소멸된다. 바꾸어 말하면 창과 방패에 관한 과학적 인식이 성립된다.

그러나 창과 방패의 문제는 그것으로 완전히 해결되었을까. 모순은 양립되지 않는 언명이라 하여, 언명을 바꿈으로써 '모순'은 정말로 소멸되었을까. 『한비자』에는 또 한 군데 「난일편(難一篇)」에도 모순설화가 있다. 사실을 말하면 「난세편」은 한비가 쓴 것인지 어떤지 약간 의심스러우며, 모순설화로서는 「난일편」 쪽을 드는 것이 상식이긴 하나 지금의 관심은 어느 쪽이 한비 그 사람의 사상을 보다 잘 전달하고 있느냐고 하는 데에는 없다. 오히려 양자의 문장 표현의 사소한 차이에 '모순' 문제의 핵심이 숨어 있을듯이 생각된다. 전문을 인용하면 다음과 같다.

"방패와 창을 파는 초(楚)나라 사람이 있었다. 그것을 칭찬하여 설명하는 말로 '나의 단단한 방패는 어떠한 것이라도 뚫을 수가 없습니다'. 말을 뒤집어 그 창을 칭찬하여서는 '나의 예리한 창은 어떠한 것이라도 뚫습니다'라고 말했다. 어떤 사람이 '그렇다면 당신의 창으로 당신의 방패를 찌르면 어떻게 되느냐'라고 하자, 그는 대답할 수가 없었다. '뚫을 수 없는 방패'와 '어떠한 것이라도 뚫는 창'과는 동시에 존립할 수 없다."

'동시에 존립할 수 없다'는 원문은 '세상을 같이하여 서서는 안된다'라는 말이다. 문제는 이 마지막 한 마디와 '난세편'이 대응하는 한 마디 '언명으로서 양립할 수 없다'의 차이다. 언명으로서 양립할 수 없다는 것뿐이라면, 언명을 바꾸면 그것으로 된다. 그러나 만약 정말로 동시에 존재할 수 없는 것이라면 그렇게는 안될 것이다. 한쪽 또는 양쪽의 존립 그 자체를 없애거나, 아니면 존립 상태를 바꾸거나 어쨌든 언명이 아니라 언명의 대상 자체를 변혁시킬 수밖에 없을 것이다. 언명을 바꾸려는 것이 인식자 또는 과학의 입장이며, 언명의 대상을 바꾸려는 것이 실천자 또는 기술 또는 혁명의 입장인 것은 말할 것도 없다.

그건 그렇다고 하더라도 도대체 동시에 존립할 수 없는 '모순'이란 무엇일까. 그러한 것이 있을까. 창과 방패로 되돌아 가서 생각해 보자. 창과 방패를 잡는 전사에게는 상대방을 쓰러뜨리지 않으면 자신이 쓰러진다, 그것은 양립될 수 없는 싸움일 것이다. 거기에서 생길 모든 사태를 예측하는 것은 아무도 못한다. 기량이 뒤진 전사에게도, 이길 수 있는 기회는 항상 남겨져 있다. 창과 방패에 한정시켜 보자. 창을 쥔 전사가, 가령 상대의 방패의 약점을 잘 인식하고 있다면, 확실히 그것은 전투의 지침이 될 수 있을 것이다. 모를 경우에 비해 각별히 유리하며 싸우는 방법까지도 바꿀 것이다. 그러나 만약 그가 방패의 어떤 곳을 어떤 각도로부터 어떤 힘으로 뚫는 데에만 열중한다면 도리어 치명적인 것이 될지도 모른다. 또는 아무리 단단한 창이라도, 힘을 주는 방법에 따라서는 뚝 부러져 버릴지도 모른다. 그런 식으로 힘을 주어서는 안된다는 것을 알고 있어도, 순간적으로 그렇게 안된다는 보장은 어디에도 없다. 뿐만 아니라, 창과 방패의 모든 물리적 성질을 미리 인식하기는 절대로 불가능하다. 뜻밖에 단단한 창이 부러졌을 때, 그 창이 왜 부러졌는지 의문이 생긴다. 그리고 금속에 균열이 생길 때 거기에 작용하는 힘과 그 금속의 성질을 알 것이다. 대상에 대한 인식은 그런 식으로 하여 시작되는 것이다. 싸움이 끝난 뒤에 우리는 비로소 승리와 패배의 기로를 보다 충분히 인식할 것이다. 해가 진 뒤에 날아가는 미네르바(로마신화에서의 지혜와 무용의 여신)의 올빼미라는 성질을, 인식은 결코 불식할 수 없는 것이다.

관점을 바꾸어 말하면, 적대하는 전사가 있고 양립할 수 없는 이상, 인식에 있어서의 '양립할 수 없는 언명'으로서의 '모순'을 배제할 수는 있어도 '동시에 존립할 수 없다'는 현실의 모순은 없어지지 않는다. 인간끼리어야 할 필요는 없다. 대상이 자연이라도 좋다. 대상을 변혁시키고 그것을 통하여 자신을 변혁시켜 간다는 일, 예를 들면 자연의 소재를 변혁시켜 물질을 만들며, 인간의 환경과 인간 그 자체를 변혁시켜 간다는 일이 인간에게 고유한 기능으로서 있는 한 인식상의 모순을 없애는 것은 그대로 현실의 '모순'을 없애는 것을 의미하는 것은 결코 아니다. 바꾸어 말하면, '모순'은 인간이 변혁자=실천자로서 설 때 거기에 존재한다. 모순이 형식논리학적인 개념이며, '모순'이 변증법적인 개념인 것은 말할 것도 없다. 『한비자』의 두 가지 모순설화는 각기 다른 입장에서 고쳐 파악되고 있어 다른 개념을 표현하고 있다. 그 어느 쪽의 맹아(萌芽)도 전국시대의 중국에는 있었다. 그러나 중국인이 그 사고방법을 발전시켜 간 것은「난일편」의 모순설화의 방향이며,「난세편」의 방향으로는 아니었다. 거기에 중국적인 사유와 그리스적인 사유의 두드러진 특질이 생기는 것이다. 모택동의 사고방법 속에는 중국적 사유의 특질이 생생하게 숨쉬고 있는듯이 보인다. 마르크스는 존재를 모순의 한 점에서의 파악한 것은 결코 아니었다. 그러나 모택동은 그 한 점에서 파악한다. 그것은 인식의 위치부여의 차이에 대응하고 있다. 다음의 두 문장을 비교해 보자.

- 철학자들은 세계를 여러 가지로 해석해 온 것에 불과하다. 중요한 것은 그것을 변경시키는 일이다. —마르크스〔고자이 요시시게(古在由重) 역〕
- 프롤레타리아 계급이 세계를 인식하는 목적은 단순히 세계를 개조하기 위해서이며, 그 이외에 목적은 없다. —모택동

마르크스에게 있어서는 해석에 머무르는 것에 대한 변경의 중요성이 강조되어 있는데도, 모택동에게서는 인식의 목적이 명확하게 개조에 한정되어 있다. 이 차이는 역시 작지는 않다.

노동자 출신의 기술자가 모택동의 『모순론』을 배우고, 기계의 구조의 모순을 파악하여 기술혁신을 했다는 보고에 우리는 많이 접한다. 얼핏보기에 기이한 느낌을 주지만 인식자로서가 아니라 실천자의 입장에 서면 그와 같은 파악방법은 문제 해결의 한 실마리로서 아마도 유효성을 발휘할 수 있을 것이라고 나는 생각한다. 전문적 교육을 받지 않은 노동자에 의한 기술혁명의 성과에는 눈이 번쩍 뜨이게 하는 것이 있다. 그것이 어떻게 인식을 이끌어 가느냐, 과학기술에 있어서의 문화혁명의 성패는 그 점에 달려 있다.

—『오늘의 세계』1970.4.—

패턴·인식·제작

중국과학의 사상적 풍토

처음에

우리는 지금 전인류에게 공통된 하나의 문화 탄생에 입회하고 있다. 말할 것도 없이 과학과 기술을 공유하고, 그것을 사회 발전의 원동력으로 하고, 그것에 의해, 또 그것에 대하여 사상과 행동을 규제해 가는 하나의 문화이다. 그것이 제기한 몇 가지 곤란한 문제에 대결하여 뛰어넘어 간다는 과제를 포함하여 인류의 생존은 과학과 기술에 달려 있다. 이 공통의 문화는 직접적으로는 근대 유럽의 산물이다. 그러나 주요한 원천으로까지 거슬러 오르면 그리스와 중국 문화에 도달할 것이다.

고대 그리스와 고대 중국 문화는 거의 때를 같이하여 기원전 6~5세기경부터 서와 동으로 개화되어 갔는데, 그 발전의 양상과 방향, 만들어 낸 문화의 내용은 전혀 달랐다. 그리스인은 불과 5세기 정도 사이에 험한 비탈길을 올라가 발전의 절정에 도달했으며, 그 문화를 지중해세계로부터 인도에 이르는 다른 풍토와 민족에 전하고, 세계사의 무대에서 사라져 갔다.

중국인은 거의 25세기에 걸쳐 완만한 상승선을 그리며, 지속적으로 그 문화를 발전시켰으며, 주변의 민족을 동화시키면서 중국 대륙의 전토에 퍼져, 그 말단부에 위치한 인도지나·조선·일본을 포함하는 독자적 문화권을 성립시켰다. 오늘날의 그리스는 남유럽의 한 귀퉁이에 있는 작은 나라에 불과하지만, 중국은 1세기여의 반식민지적인 예속과 굴종 후에 불사조처럼 소생하여 지구상의 육지의 14분의 1, 인구의 5분의 1을 차지하는 거대한 존재로서, 인류의 미래사를 결정하려 하고 있다.

고전적인 문화 내용에 눈을 돌려 보자. 그리스인은 신화를 전승시켜 갔으며, 중국인은 그것을 잊고 말았다. 그리스인은 신들과 인간을, 나아가서는 자연까지도 동등하게 따르게 하는 엄격한 법도, 범할 수 없는 운명의 존재를 믿었다. 중국인은 자연과 인간의 현상을 짜 내는 더 느슨하고 다양한 패턴의 존재, 그것을 선택하는 인간의 가능성을 믿었다. 인간을 번롱(翻弄)하는 운명의 가혹함을 주시하는 그리스의 문학은 서사시와 비극으로 결정되었으며, 인간의 정감을 행동의 패턴을 통하여 자연과 교차시키면서 노래하는 중국인에게 있어서는 서정시가 언제나 문학의 주류였다. 그리스인은 딱딱하고 무기적인 소재인 돌을 좋아했으며, 중국인은 연하고 유기적인 소재인 나무와 흙을 좋아했다. 조형의지(造形意志)의 최고 표현은 그리스에서는 세부까지 손에 의해 완성되는 돌의 조각으로, 중국에서는 최후의 마무리를 우연에 맡기는 흙의 도자기로 응결되었다. 그리스인은 형태의 미를 기하학적인 대칭과 균형에 엄밀하게 따르는 데서 발견했으며, 중국인은 그것을 미묘하게 허물어뜨리는 데서 발견했다. 일단은, 문양(文樣)의 추상화와 기하학화를 추구한 그리스인과 생물의 문양을 복잡한 그대로 패턴화해 갔던 중국인은 대상적 세계를 보는 눈이 달랐던 것이다.

문자를 들어보자. 모든 문자는 그림문자, 상형문자에서 시작되어 있다. 그러나 그것은 단순히 추상화·단순화의 방향을 더듬어 간다는 것뿐 아니라, 이윽고 말을 음소(音素)로 나누고 그것을 표기하는 알파벳화가 시작되어 간다. 거기서는 모든 말을 소수의 단순한 기호의 조합과 배열로 나타낸다. 유럽의 알파벳화를 완성시킨 것은 그리스인이었다. 그러나 한자는 전혀 다른 길을 걸었다.

한자는 상형문자라고는 하나 일(日)・월(月)과 같은 대상의 모양을 본 뜬 순수한 상형문자는 아주 적다. 그 밖에 글자의 모양을 만드는 원리에 지사(指事)・형성(形聲)・회의(會意)의 세 가지가 있다. 예를 들면 상・하는 본래는(二・二)로 표기되었다. 기준선의 위 또는 아래에 위치해 있는 것을 나타낸다. 이것은 모양을 본뜬 것이 아니라 상태를 가리켰기 때문에 지사문자라고 말한다. 형성문자라는 것은 예를 들면 강(江)・하(河)이다. 즉, 천(川)만이 상형이고, 공(工)・가(可)는 원래 내와는 관계가 없는 문자인데, 단순히 음성을 나타내기 위하여 빌어 온 것이다. 문자형성의 원리로서 제일 복잡한 만큼 추상개념까지 감싸 들일 수 있는 것은 회의다. 예를 들면, 취(取)는 귀[耳]와 손[手]의 상형문자를 짜 맞추어 손으로 귀를 잡고 있는 상태를 나타낸다. 전쟁 때 죽인 적병의 귀를 잘라 무훈의 증거로 가지고 돌아온 데서 유래한다고 한다. 거기에서 취의 의미가 생겼지만, 이미 귀나 손과는 아무런 관계도 없다. 또 동(東)은 원래 나무[木]에 해, 즉 태양이 걸려 있는 해돋이의 상태를 나타낸 것인데, 그러한 상태에 관계 없이 동쪽 방향을 의미한다. 한자의 대부분은 이 회의문자인 것이다.

자형(字形)이 아니고, 말의 용법 또는 자의(字義)에 관하여, 다시 두 가지 원리가 있다. 그것을 나타내는 글자가 없을 경우, 원래는 서로 다른 의미를 가진 글자를 빌어 와서 사용하는 것을 가차(假借)라고 한다. 예를 들면 현령(縣令)이라는 관직의 령(令)이라는 글자는 본래 호령한다는 의미를 나타내지만, 그것을 차용한 것이다. 또 하나는 전주(轉注)이다. 기원은 달라도 서로 비슷하거나 또는 겹쳐지는 의미를 가진 글자가 있다. 그 경우, 어떤 글자의 의미를 다른 글자로 나타내거나 바꿔 놓거나 한다. 예를 들면 초(初)와 수(首)・기(基)・조(肇)・조(組)・원(元)・태(胎) 등과의 관계가 그러하다. 요컨대 사서(辭書)를 생각하면 된다.

상형・지사・형성・회의・가차・전주, 이 여섯 가지 원리에 따라 형성되는 것이 한자의 세계이다. 초기의 문자로부터 어떤 종류의 추상화가 이루어지지 않았던 것은 아니다. 그러나 그것은 반드시 단순화를 의미하지 않았으며, 결코 알파벳화의 방향을 가지 않았다. 소수의 단순한 요소로의 분리, 그 조합 및 배열에 의한 표기로 예를 들면 한자를 받아들인 조선인이나 일본인은 그런 길로 나갔는데도, 중국인은 가지 않았다. 뿐만 아니라 은대(殷代)의 갑골문자는 거의 3천이라고 했는데도 청조에 만들어진 『강희자전(康熙字典)』에는 4만을 넘는 한자가 채록되어 있다. 중국인은 오늘날도 넓은 의미에서의 상형문자를 사용하고 있는 유일한 국민이다. 그것이 중국어의 특질과 어떻게 관계되어 있으며, 대상적(對象的) 세계를 보는 눈이나 사고방법과 어떻게 결부되어 있는지는 나중에 생각하기로 하자.

과학사 연구의 주요한 소재는 문자에 의한 기록, 즉 문헌이다. 과학사만이 아니다. 문헌을 통하여 우리는 과거의 인간의 사상이나 행동의 여러 영역으로 갈라져 헤쳐 들어간다. 그들 영역은 자주 뒤얽히고 뒤섞이며 결부되고 있다. 자연에 관한 인식이 깊이 결부되어 있는 것은 한편에서는 동시대의 철학이며, 다른 한편에서는 기술이다.

그리스인은 그 철학적 사색을 세계는 무엇에서부터 구성되어 있느냐는 의문에서부터 시작하였다. 바꾸어 말하면, 대상적 세계를 구성하는 실체를 추구했다. 이리하여, 존재의 학으로서의 형이상학이 가장 높은 가치부여가 주어지는 제1철학으로서 성립했다. 그리스인의 자연에 관한 인식은, 이 존재론과의 관계를 빼고는 생각할 수 없다. 중국인은 사람이 보다 잘 산다는 것은 어떤 것을 말하느냐는 문제에서부터 그 철학적 사색을 시작했다. 바꾸어 말하면, 인생의 목적과 그것에 어울리는 행동양식을 추구했다. 인간의 삶에 대한 깊은 예지로 충만된 인간학이 이렇게 하여 성립되었다. 자연의 탐구 자세도 또한 그것과 무관할 수는 없으나.

오랫동안 유럽의 학예의 전통이 된 리버럴 아트와 메커니컬 아트의 구별은 그리스에서 발단되었다. 자유인에 걸맞는 자유로운 학문, 그것이 리버럴 아트였다. 그것에 대하여 기계적인 기예, 즉 메커니컬 아트는 노예의 것이었다. 아리스토텔레스는 『형이상학』에서 전혀 손을 사용하지 않고 머리 속에서만 행해지는 사색에 인간의 여러 가지의 영위 속에서 최고의 위치를 부여했으며, 자유인에게 가장 걸맞는 영위라고 불렀다. 아르키메데스 등 소수의 예외를 제외하면, 메커니컬 아트에 지식인은 거의 손을 뻗치지 않았다. 물론 그것은 기술에 대하여 사색하는 것과는 별도였다. 예를 들면, 아리스토텔레스에게는 기술에 대한 깊은 통찰이 있다.

중국인의 전통적인 관념에 따르면 여러 가지 기술을 만들어 내고, 그것을 백성에게 준 것은 성인(聖人)이었다. 성인이란 인간의 이상적인 존재를 보여준 사람이다. 유교의 고전인 『주례(周禮)』 속의 1편인 「고공기(考工記)」는 이렇게 말하고 있다. "지자(知者)는 물질을 창조한다. 교자(巧者)는 이것을 조술(組述)하며, 이것을 세상에서 보전한다(유지한다). 이것을 공(工)이라고 한다"라고. 만든다고 하는 인간의 행동의 형태, 즉 기술에 아주 높은 평가를 하고 있는 것을 엿볼 수 있을 것이다. 기술적인 일에 종사하며, 새로운 기계장치를 발명한 많은 지식인을 역대 왕조의 역사인 『이십사사(二十四史)』는 기록하고 있다.

여기서 들고 있는 주제에 입각해서 말하면 인류 문화에 대한 그리스인의 최대의 기여가 데카르트나 파스칼이 '완전한 논증 방법'이라고 불렀던 유클리드 기하학을 만들어 낸 점에 있었던 것은 의심할 바 없다. 순수한 사색의 산물인 유클리드 기하학이 후세의 학문에 끼친 영향은 근대과학까지 포함해서 헤아릴 수 없다. 그런데 중국인의 기여는 오히려 가지가지의 훌륭한 기술적 달성에 있었다. 종이·인쇄술·화약·나침반의 이른바 4대발명을 비롯하여 지진계에서부터 로켓이나 기계시계에 이르는 엄청난 발명과 고안이 있는데, 그 대부분은 중앙아시아의 육로를 통했거나 혹은 아랍의 항해자의 손을 거쳐 르네상스·유럽으로 흘러들어, 근대과학의 성립 기반을 형성했던 것이다. 중국인의 기여는 단순히 기술영역에 한정되어 있든지 어떤지, 그것은 이제부터 생각해 나갈 것이나, 그리스와 대비한 경우 기술적 성과에 있어서 보다 특징적이며, 두드러진 것임은 부정할 수 없다.

그리스문화와 중국문화의 특질을 두드러지게 하기 위하여, 몇 가지 측면에서 대비를 거듭해 왔다. 분명히, 공통적인 요소를 끄집어내지 못하는 것은 아니다. 그러나 그것들도 문화의 전체 맥락 속에 위치가 자리매김을 하면 다른 의미를 갖는다는 것이 쉽게 추찰될 것이다. 내가 이제부터 생각해 나가려는 것은 다음과 같은 몇 가지 문제이다. 즉, 이러한 문화를 구축해 온 중국인은 안다고 하는 행동 형태에 어떠한 위치를 부여하였을까. 그것은 만든다고 하는 행동 형태와 어떻게 관계되고 있었을까. 그것은 자연에 관한 어떠한 인식을 낳게 했을까. 그러나 그것에 앞서 내가 이 문장에서 취하려고 하는 입장을 분명히 하는 동시에, 이제부터 과학사에 관하여 생각해 보고자 하는 독자를 기성 편견과 오해로부터 풀어놓기 위하여 어떤 질문을 문제삼아 두고 싶다.

여기에 한 질문이 있다. 많은 사람들에 의해 제기되어 가지가지로 회답되어 온 질문이다.

중국인은 어찌하여 근대과학을 낳지 못하였는가.

분명히 중국인은 근대과학을 낳지 못했다. 그러므로 그것은 역사적 사실에 관한 단순한 질문인 것처럼 보인다. 해답은 다양할 수 있다고 치더라도, 질문 그 자체는 의심할 여지없이 명석한 것같이 보인다. 그러나 과연 그럴까.

그 질문을 다음과 같이 바꾸어 보자.

중국인은 어찌하여 과학을 낳지 않았던가.

조금 전의 질문과는 달라서, 독자의 반응은 필시 두 갈래로 갈라질 것임에 틀림없다. 한쪽에서는 이 질문은 타당하지 않다, 중국인은 근대과학을 낳지 못했는지 모르지만, 중국에는 중국의 과학이 있었다고 생각하는 사람이 있을 것이다. 다른 쪽에서는 이 질문은 타당하다, 중국에는 근본과학이라고 말할 수 있는 것은 없었다고 생각하는 사람도 있을 것이다. 후자에는 다시 두 가지 선택이 있을 수 있을 것이다. 과학은 근대가 되어서 비로소 성립되었다. 과학이란 근대과학을 가리키는 뜻으로 간주하는 사람과 그리스에는 과학이라 할 수 있는 것이 있었지만 중국에는 없었다고 간주하는 사람이 있을 것이다. 이러한 입장의 분기(分岐)가 과학이라는 개념의 정의의 차이에 의한 것은 분명할 것이다. 어느 입장을 취하건 과학이란 무엇이냐, 근대과학이란 무엇이냐, 과학 가운데 근대과학은 어떤 위치를 차지하느냐, 그것이 확실하지 않으면, 중국인은 왜 근대과학을 낳지 못했느냐는 질문의 의미가 애매해질 뿐만 아니라, 혼탁한 회답이 나올 것은 뻔하다.

그 경우 과학의 개념을 좁게 한정시켜 과학은 곧 근대과학이라고 간주하는 입장은 매우 명확하다. 나도 그쪽이 문제점 또는 주장을 보다 분명히 할 수 있다고 판단한 경우에는 과학이라는 말을 근대과학에 한정시켜 사용하고 있다. 그러나 이 문장에서는 더 넓은 의미로 사용해 가고 싶다. 어디까지 확대시키면 타당한가를 확실히 하기 위하여, 과학이라고 할 수 있는 것은 그리스에는 있었으나 중국에는 없었다는 입장이 과학에 내재적인 근거를 갖는지 어떤지 검토해 둘까 한다. 그것은 말할 것도 없이 그리스의 전통을 잇는 유럽만이 과학을 만들어 낼 수 있었다는 '유럽의 우월' 신화의 산물인 것이며, 오늘에 이르러서도 여전히 불식되었다고는 말하기 어렵다.

구체적인 예를 들어 본다. 그리스에서도 중국에서도 활발하게 사용된 천문관측장치에 노몬이 있다. 노몬이란, 요컨대 지상에 수직으로 세운 한개의 막대에 불과하지만, 낮 동안은 그 그림자를 측정해서 방위・시간・계절(2지2분(二至二分))을 결정할 수 있으며, 야간에는 막대 앞끝에 매단 끈을 사용해서 북극성의 고도나 남중하는 별을 관측할

그림 1 장안 비림(碑林)에 남아 있는 돌에 새긴 우적도(禹跡圖)

수 있다. 어떤 전제만 있으면 측정치로부터 그 지방 위도를 얻거나, 또 지구의 크기까지 계산할 수 있다. 단순하지만 무시할 수 없으며 그런 만큼 전근대사회에서 널리 사용된 장치이다. 알렉산드리아기의 그리스인은 하지날에 경선상(經線上)에 위치하는 남북 2지점의 노몬의 그림자를 측정해서 지구의 크기를 얻었다. 그 경우 대지는 둥글다는 관념, 즉 지(地)'구(球)'설이 미리 존재해 있는 것이 계산의 전제로서 필요하다. 중국인은 당대에는 알렉산드리아기를 훨씬 웃도는 대규모의 천문측지사업을 하여, 오늘날의 것과 거의 다름없는 정밀한 중국대륙의 지도(그림 1)를 완성시키면서도 지구의 크기는 구하지 않았다. 지도상에는 동서·남북으로 격자(格子) 모양의 선을 그었으면서도, 각지의 위도 결정하지 않았다. 지구라는 관념을 갖지 못하고, 대지는 평평하다고 생각하고 있었기 때문이다.

그렇다면 그리스인은 지구라는 관념을 어디서 얻었을까. 경험적 사실로부터 이끌어 냈을까. 그렇지는 않다. 지구설의 기원은 피타고라스교단(敎團)의 종교적 관념에 있다. 그것에 따르면 천(天)은 신적(神的)인 것, 완전한 것, 영원 불멸한 것, 처음도 끝도 없는 것이다. 따라서 천체에 걸맞는 것은 처음도 끝도 없는 완전한 도형이다. 평면이라면 원, 입체라면 구가 그것이다. 여기서부터 천체는 완전한 구형이며 완전한 원궤도를 그린다는 관념이 생긴 것이다. 이들 관념은 근대과학에 의해, 더 자세하게 말하면 원궤도는 케플러에 의하여, 지구설은 데카르트나 뉴턴에 의하여 각각 타파된다.

물론 나는 이 관념 그 자체를 따지고 있는 것은 아니다. 이 관념이 말하자면 작업가설과 비슷한 역할을 했고, 발견적으로 작용했다는 것을 충분히 평가하고 있는 것이다. 예를 들면 프톨레마이오스의 『알마게스트』는 지구설의 증거로서 지평선상에 뱃그림자가 나타날 때, 먼저 돛 끝이 보이고, 이윽고 선체가 떠오른다고 지적하고 있다. 미리 지구의 관념이 있었기 때문에 그리스인은 이 현상을 발견했던 것이다. 그 반대에서는 결코 아니다. 중국인에게는 이 현상에 주목한 흔적이 없다. 미리 존재하는 관념에 의하여 대상적 세계를 보는 눈이 달라지게 된다는 것을 이 예는 잘 보여주고 있다. 그럼에도 불구하고 대지는 둥글다는 관념과 평평하다는 관념은 그것이 모두 부동의 신념으로서 있는 한 결과적으로 얼마만큼 발견적인 작용을 하는가를 별도로 친다면 등가(等價)라고 나는 생각한다. 결과에 큰 간격이 생기더라도, 그것은 적어도 이 문제에 관하여 그리스인의 업적과 중국인의 업적 사이에 명확한 선을 긋는 과학에 내재적인 근거일 수 없는 것이다. 뿐만 아니라 노몬에 의한 측정은 보르네오의 다이아크족과 같은 '미개'사회에서도 하고 있다. 이 점에 대하여 그리스인의 '과학'을 말한다면 중국인의 '과학'은 말할 것도 없고, 보르네오의 부족의 '과학'에 대해서도 말해야만 하는 것이다.

아마도 중국에는 과학이라 할 수 있는 것이 없다는 것은 그리스

그림 2 보르네오 부족의 노몬. 모심기 계절을 결정하는 데 사용한다(『기술의 역사』 제1권, 쓰쿠마서방, 1962).

인과 같이 '완전한 논증의 방법'을 만들어 내지 않았기 때문이라는 반론이 즉각적으로 돌아올 것이다. 확실히 중국인은 원리 또는 공리로부터 연역적으로 추론해 가는 엄밀히 사고하는 습관을 갖지 않았다. 그러나 인도인에게는 그것이 있었다. 인도의 논리학에는 그리스의 논리학의 협애(狹隘)함을 뛰어넘는 점도 있었다. 그리고 확실히 중국인은 논증의 절차를 엄밀화하지는 않았지만, 예를 들면 그리스인의 논리에 걸고 있는 순서공리를, 말하자면 사고의 공리로서 채용하고 있었다. '완전한 논증방법'은 근대과학의 중요한 요소의 하나이며, 그리스인은 그것을 유클리드 기하학으로 결정시켰으나 그렇다고 해서 근대과학의 원천을 그리스에서만 찾고, 거기서 과학과 비과학의 하나의 선을 그을 수는 없다. 뒤에서 말하겠지만 근대과학의 또 하나의 요소인 양적(量的) 실험적 방법에 대한 자각은 중국인에 의해 비로소 가져와진 것이다.

과학의 개념은 그것을 가장 좁게 한정시켜 근대과학의 의미로 사용하느냐, 아니면 제일 넓게 확장시켜 '각기의 사회와 문화는 모두 고유의 과학을 가지며, 과학은 그 사회와 문화의 유지에 불가결한 기능의 일부를 수행해 간다'라고 간주하거나, 그 어느 한쪽만이 타당성을 가진다고 나는 생각한다. 여기서 나는 후자의 의미에서 과학이라는 말을 사용해 가겠다. 그리고 우선 만든다고 하는 행동의 형태를 기술이라고 부른 데에 대응시켜 과학을 안다고 하는 행동의 형태라고 규정해 두고 싶다. 그렇게 하면 앞에서 내가 이제부터 생각해 나가고자 하는 몇 가지 문제로서 든 설문은 다음과 같이 바꾸어 말할 수 있다. 즉, 중국인은 과학에 어떠한 자리매김을 부여하고 있었을까. 그것은 기술과 어떻게 관계하고 있었을까. 중국인은 어떠한 과학이론을 만들어 냈을까.

근대사회 이외의 각 사회와 문화에 고유한 과학을 인류학자는 에스노 사이언스(인종학)라 부른다. 그것이 사회와 문화의 유지에 불가결한 기능의 일부를 떠맡고 있는 것이라면, 적어도 그 관점에 서는 한 에스노 사이언스는 모두 등가(等價)라고 간주된다. 다이아크족의 과학도 중국인이나 그리스인의 과학도 가치적으로 우열은 없다. 에스노 사이언스는 그 풍토·사회경제제도·국가기구·관습·종교·예술·언어 등과 결부되어 있으며, 처음부터 다른 사회의 그것과 우열을 비교할 공통의 기반을 갖지 않는 것이다. 바꾸어 말하면 어떤 사회의 에스노 사이언스가 그대로 다른 사회에서 이해되고 수용되는 일은 절대로 없는 것이다. 만약, 우열을 비교한다면 근대과학을 전제로 하여 그것에 얼마만큼 가까웠느냐, 그 요소 중의 얼마만큼을 갖고 있었느냐 등의 형태로서 생각할 수밖에 없을 것이다. 그러나 근대과학은 사회와 문화의 차이를 넘어서서 이해되고 수용되는 보편적인 인식을 만들어내고 있다. 그렇다고 하면 근대과학은 어찌하여 그러한 보편적 인식일 수 있었느냐고 하는 질문과 더불어 에스노 사이언스와 근대과학의 관계가 다시 고쳐 물어져야만 할 것이다.

여기서 하나의 문제가 생기게 된다. 중국인은 어찌하여 근대과학을 만들어내지 못했느냐고 하는 질문은 근대과학을 기준으로 하여, 그것과의 관계에 있어서 중국인의 '과학'(과학이라 부를지 어떨지는 별도로 하고)을 헤아려 보려는 것이다. 근대과학을 기준으로 한다는 것은, 그러나 좌표의 원점을 제도로 하는 것과는 다르다. 근대과학을 가치적으로 제도로 간주하고, 좌표상에 위치를 병립시키려는 것은 아니다. 처음부터 근대과학에 플러스 가치를 부여하는 것을 의미하고 있다. 따라서 앞에서의 질문은 가치적 관점에서부터, 중국인은 왜 플러스 가치를 만들어 내지 않았느냐고 하는 질문으로 반전된다. 심리적인 함정으로서 아무래도 그렇게 되기 쉽다. 그 경우의 대답은 중국인 또는 그 과학에는, 이것이 결여되어 있었다는 부정적인 상이 된다. 그러나 그것은 궁핍한 결론밖에는 이끌어가지 못할 것이다.

내가 중국인은 어찌하여 근대과학을 만들어 내지 않았느냐고 하는 질문을 피하고, 이러한 질문을 제출한 것은 중국인의 과학의 특질을 긍정적 인상으로서 그려 내려고 의도하기 때문이다. 새삼스럽게 말할 나위도 없이, 그것은 근대과학에 단순한 마이너스 가치를 부여하려는 것은 결코 아니다.

1. 언어와 사고

과학이란 안다는 행동의 형태라고 나는 규정했다. 안다는 것은 무슨 뜻인가. 먼저 언어면에서 생각해 보고 싶다.

아는 행동에는 언어를 매개하지 않는, 예를 들면 지각행동이 포함된다. 그러나 지금의 주제에서는 단순한 지각행동은 제외해도 좋다. 과학은 어디까지나 언어에 의한 내상적 세계의 인식인 것이다. 우리는 대상에 이름을 붙이고, 대상 사이에 관련을 지어 현상을 설명한다. 그것을 언어를 통하여 한다. 에스노 사이언스가 사용하는 언어는 자연언어이다. 자연언어에는 그 사회의 문화가 결정(結晶)되어 있다. 그것을 사용하여 자연을 인식하는 한 과학은 그 사회에 고유한 것이라는 성격을 탈각할 수 없다. 근대과학은 인공언어를 사용한다. 그것에 의해 어떤 사회에만 고유한 것을 불식한다. 에스노 사이언스에도 인공언어(예를 들면 수학)가 없는 것은 아니며, 근대과학도 자연언어를 이용하지 않는 것은 아니지만, 에스노 사이언스와 근대과학의 언어에서 본 주된 상위(相違)는 자연언어와 인공언어의 상위에 귀착한다고 해도 좋다. 자연언어가 갖는 특질은 인식된 대상적 세계에 피하기 어렵게 각인(刻印)된다. 그렇기 때문에 에스노 사이언스를 연구할 경우에는 아무래도 자연언어의 특질을 파악해 둘 필요가 있다.

중국어는 단음절의 말을 배열하여 글을 구성하는 고립어이다. 말은 음성적으로는 항상 하나의 통합체를 이루며, 의미적으로는 그것만으로 하나의 개념을 나타낸다. 단음절의 말을 그 기본적인 구성요소로 한다는 것이 중국어에 두드러진 특성을 부여하게 되었다.

중국어는 의태적(擬態的)인 언어이다. 단순히 의태어가 많다는 것뿐 아니라 언어 그 자체가 의태적인 성격을 띠고 있다. 우리가 사물에 접한 경우, 그 사물은 지각을 통하여 우리에게 신체적 혹은 정서적인 반응을 일으킨다. 그 사물을 단음절(單音節)의 말로 표현하면, 다음절(多音節)의 말로 표현하기보다 훨씬 직접적으로 그 반응을 음성으로서 나타내게 될 것이다. 사물에 대한 신체적 반응으로서 말이 발성(發聲)되는 경향을 갖는다는 것이 중국어를 두드러지게 의태적으로 한다.

예를 들면, 잠자리를 청령(蜻蛉 : qing-ling)이라고 하는데, 그것은 획획 날아가는 상태를 나타낸다. 지주(蜘蛛 : zhi-zhu)라는 것은 주저(躊躇 : chou-chu)와 같으며 꾸물꾸물거리며 기어다니는 상태이다. 양양(洋洋 : yang-yang)은 부손(蕪村)의 구(句), '봄의 바다, 봄이 겨워서 바다는 종일토록 일렁거리네'의 '일렁일렁'과 마찬가지로 파도의 상태를 나타낸다. 이러한 이른바 의태어만이 아니다. 예를 들면 동 (同)이라는 음 tong은 통하고 똑바로 뚫고 나가고 있는 느낌을 나타 낸다. 같은 음인 동(桐)·통(筒·通·桶·統·痛) 등은 모두 똑바로 뚫고 나가는 모양이나 느낌을 가지고 있다. 통(痛)이란 관통하듯이 치닫는 심한 아픔이다. 같은 계열의 음 dong도 마찬가지인데, 동(洞·胴·動) 등이 그것이다. 혼(混)이라는 음 hun은 물체의 형체가 확실하지 않아 분명하게 식별할 수 없는 느낌을 나타낸다. 혼(昏·婚·渾·魂·溷·餛) 등에는 어딘가 그러한 의미가 있다.

공(空)의 음 kong은 텅 비어 아무것도 없는 느낌을 나타낸다. 공 (控·孔) 등이 같은 음이다. 또 하나를 든다면 포(包)의 음 bao는 물 체를 감싸는 느낌을 나타낸다. 손으로 감싸는 것이 포(抱), 고기로 감 싸는 것이 포(胞), 불로 감싸는 것이 포(炮), 사람이 감싸는 것이 보 (保), 토벽으로 감싸는 것이 보(堡), 의복으로 감싸는 것이 보(褓), 감 싸서 챙겨두는 것이 보(寶), 감싸 가지고 가는 것이 보(報), 역으로 감 싼 것을 칼로 벗기는 것이 포(刨), 벗겨내기 위한 금속제의 도구가 포 (鉋)이다.

이 의태적인 성격은 사고에도 영향을 미치지 않을 수 없다. 거기 에 독자적인 음성적 사고가 생긴다. 음성이 사물에 대한 신체적 또는 정서적 반응인 이상, 같은 음 또는 가까운 음의 말은 같은 의미 또는 가까운 의미를 갖는다고 생각하는 것이 당연하다. 그래서 어떤 말을 같은 음 또는 가까운 음의 말로 정의하거나, 그것들을 결부시켜 논리 를 전개하거나 한다. 그것을 음통(音通)이라고 한다. 예를 들면, 중국 인은 사회적으로 승인된 관습의 총체를 예(禮)라고 부르고, '예는 이 (履 = 실천)이다', '예는 이(理) = 규범적인 패턴이다'라고 정의했다. 외 국인인 우리들은 '예란 실천이다', '예란 이(규범적인 패턴)이다'라 읽 고서 비로소 이해한다. 그러나 중국인이라면 아마 그렇지는 않다. 예·

이라는 음은 모두 li, 이(履)는 같은 계열의 lü이기 때문에, 먼저 음성적 사고를 통해 예(禮)=이(履)=이해(理解)로 하고, 그 위에서 어떠한 설명을 덧붙일 것이다. 아니, 그러한 정의 자체가 원래 음성적 사고의 산물인 것이다. 북송의 철학자 정이(程頤, 伊川 1033~1107)가 저술한『역(易)』의 주석서『역전(易傳)』에 다음과 같은 말을 볼 수 있다. "건(乾)은 천(天)이다. 천은 건의 형체, 건은 천의 성정(性情), 건은 건(健)이다. 건(健)하여 그치지 않음, 이것을 건(乾)이라 한다." 천지를 건곤이라고도 하는데,『역』의 서두는 건의 괘이며, 거기에 "천행건(天行健)하다(천의 운행은 튼튼하다)"라는 말이 있다. 정이는 그것을 설명하고 있는 것이다. 중국어로서 발음해 볼 필요도 없이 건(乾)·천(天)·건(健)이 같은 음 혹은 가까운 음이라는 것을 알 수 있으며, 음통(音通)에 의거한 논리적 전개란 어떤 것인가를 엿볼 수 있을 것이다.

음성적 사고는 굳이 음통에만 한정되지 않는다. 중국의 철학 및 과학의 기본적인 개념의 하나로 음양이 있다. 음양개념에 대해서는 나중에 언급하기로 하고 여기서는 음성적인 면에 대해서만 말해 둔다. 음(陰)은 원래 어두운 것을 가리키며, 양은 밝은 것을 가리킨다. 음의 음은 임(yin)하고 입을 오무리고 발음하며, 양(陽)은 양(yang)하고 입을 크게 벌려 발음한다. 사물에 접하여 어두운 느낌을 받았을 경우, 그 신체적 반응은 입을 오무린 발성으로 되어 나타날 것이며, 밝은 느낌일 때는 입을 벌린 발성이 될 것이다. 여러 가지 개념, 특히 추상개념을 음과 양의 카테고리로 나누어 갈 경우 그 음성적 사고가 적용해 온다. 의미와도 관련되어 오기 때문에, 예외는 물론 있지만 일반적으로 입을 오무리고 발성하는 말=개념은 음의 카테고리에, 입을 벌리고 발성하는 것은 양의 카테고리에 속하는 경향을 갖는다. 예를 들면, 동정(動靜)=(dong-jing)·경중(輕重)=(qing-zhong)·강유(剛柔)=(gang-rou)라는 개념을 음양으로 나눈다면, 동(動)·경(輕)·강

(剛)이 양이고 정(靜)·중(重)·유(柔)가 음의 카테고리에 속한다. 두 말을 비교한 경우 어느 것이나 보다 입을 크게 벌려 발성하는 말이 양에 속해 있다. 그리고 의미적으로도 예를 들면 경중은 '보다 가볍다', '보다 무겁다'라는 의미의 비교 개념인 것이다. 추상적인 사색에 있어서 중요한 역할을 하는 개념 속에, 이러한 비교 개념이 매우 많다는 것은 주목할 만하다. 그것이 자연의 인식에 어떻게 관계되어 오는가에 대해서는 나중에 언급하겠다.

　이 음성적 원리는 낱말을 결합시켜 복음절화(複音節化)하는 경우에도 작용한다. 단음절에서는 음성의 수가 한정되며, 아무래도 동음어가 많아진다. 두 말을 결부시키면 의미도 분명해지고, 음성적으로도 안정된다. 그 경우, 의미적으로 같은 방향을 갖는 같은 음 또는 가까운 음의 두 말을 결합시켜 복음절화시키는 경향이 있다. 단음절의 발성부분이 같은 음인 것을 쌍성(雙聲), 운미(韻尾)의 부분이 같은 음인 것을 첩운(疊韻)이라고 한다. 주저(躊躇)·강개(慷慨)·남루(襤褸:쌍성), 벽역(辟易)·배회·혼돈(첩운) 등 들자면 한이 없다. 그러나 의미에 중점을 둔 결합(예를 들면, 남녀·주야·동서·한서와 같은 반대어도 그 하나)에서는 이 원리는 들어맞지 않는다. 따라서, 추상적 사색 속에서는 이 경향이 적어진다. 송대 이후의 문장에는 의태어·쌍성·첩운이 적어져 가지만, 그것은 아마도 추상적 사색의 전개, 철학의 개화와 결부되어 있을 것이다. 어떤 의미에서는 인공적 색채를 강화시켜 왔다는 것을 의미한다.

　중국어의 글이라 해도 이른바 문언(文言), 즉 한문이지만 그것은 두 어구의 배열을 기본적 요소로 하여 성립된다. 따라서 문장은 2·4·6·8…… 등의 짝수의 낱말로 구성되는 것이 기본이다. 글의 구성에도 음성적 원리가 작용하고 있는 것을 알 수 있으나, 그 이상의 음성과 글의 관계에 대해서는 아직 명확한 생각이 없다. 다만, 중국어에는 문법이 없으며, 글의 구성을 결정하는 것은 음성적 원리라고 하는 주장까지 있다는 것을 지적하는 것에 그친다. 사실, 중국어의 문법을 만들려는 시도는 지금껏 별로 잘 되지 않고 있다. 낱말이 표현한 대상 사이의 관련성을 우리는 글에 의하여 하기 때문에, 이 점은 중요한 의미를 지닌 음성적 원리에 의해 형성되어지는 말과 글의 세계를 음성공간이라 불러두자.

중국어는 문법을 갖지 않는다고 생각하는 사람도 있다고 했지만, 굴절어인 인도=유럽어에서 구성된 문법을 모델로 하는 한, 중국어의 구문규칙은 지나치게 엉성하거나 예외가 너무 많거나 그 어느 쪽이 될 수밖에는 없을 것이다. 고립어는 아주 특이한 언어이다. 첫째로, 낱말은 원래 품사를 갖지 않는다. 낱말이 어떤 기능을 하는가는 배열 속에서 낱말의 위치 및 다른 낱말과의 의미 관련에 의해 결정된다. 구체적인 예를 들어 보자. 이것도 정이의 말이다.

仁者天下之正理. 失正理, 則無序而不和(인은 천하의 정리. 정리를 잃으면 곧 질서가 없어지고 화합하지 못한다.)

性卽理也. 天下之正理, 原基所自, 未有不善, 喜怒哀樂未發, 何嘗不善, 發而中節, 則無往而不善(성은 곧 이다. 천하의 정리는 그 말미암은 바를 찾으면 아직껏 선이 아닌 일이 없다. 희노애락이 아직 발하지 않았음에, 어찌 본래부터 선하지 않을 것인가. 발하여 절도에 맞으면, 곧 간다고 해서 선 아닌 일이 없다.)

'仁者天下之正理'에서는 인이 주어이고, 천하지정리가 술어이다. 동사적인 작용을 하는 낱말은 없다. 그 경우 자(者)는 인이 주어인 것을 가리키는 조사로서 작용하고 있다. 앞에서 든 '知者創物'의 자는 그렇지 않다. 지자라는 두 낱말로써 명사적인 작용(이 경우는 주어)을 한다. 자의 작용은 밑에 오는 동사적인 작용을 하는 말과의 연관에 의해 결정되는 것이다. 예를 들면,

仁者以天地萬物爲一體(인자는 천지 만물로써 일체를 이룬다 — 정이) 그렇다면, 인자가 위(爲)와의 관련에서 명사적으로 작용하고 있

다. 이러한 예에서는 주어-술어의 구문 속에서 말의 위치 및 동사적으로 작용하는 말의 유무에 의해, 말의 작용이 정해진다. 그렇기 때문에 문법적인 규칙을 추출할 수 있을 것같이 보인다.

그런데 까다로운 것은 '失正理, 則無序而不和'와 '發而中節, 則無往而不善'의 경우이다. 우선 주어가 없다. 則의 위가 조건문, 아래가 주문이며, 즉은 그 관계를 나타내는 작용을 하고 있으나, 조건문과 주문의 어느 것에도 주어는 없다. 앞의 문장에 적합한 주어는 세계·자연·사회라는 말이며, 그것이 배후에 숨겨져 있거나, 이해의 공통전제로서 미리 있다고 해석할 수밖에 없다. 사회를 주어로 선택한다면, 사회는 '실천의 패턴으로서의 올바른 규범을 잃는다면 질서가 없어져 잘 되지 않는다'는 의미가 된다. 어떻든, 이러한 글은 그것만으로는 완결되어 있지 않다. 말의 의미를 이해시키고, 전달하는 장이 있으며, 무언가가 처음부터 거기에 이양되어 있다. 역으로 말하면, 그 장 속에 놓여졌을 때 글은 비로소 완결되는 것이다. 그것을 언어장(言語場)이라 불러 두자. 이 경우에는 주문과 장이 의미적으로 연관되어 있다. 의미적 연관의 장을 의미 공간이라고 부른다면 그것은 앞서 지적한 음성공간과 더불어 언어장의 중요한 구성 요소이다.

의미 공간은 문화 총체의 언어적인 표현이다. 의미 공간이 달라지면 같은 문장이라도 전혀 다른 의미를 지니게 될 것이다. 예를 들면, 만약 중국인이 이(理)에는 '정(正)의 이'와 '부정(不正)의 이'가 있다는 생각을 가지고 있었다고 상정한다면, '실정리(失正理)'는 '정리를 잃는' 것인지, '정(正)을 잃게 하는 이'인지를 결정할 수 없게 될 것이다. 상정(想定)한 의미 공간에서는 그 어느 쪽도 성립된다. 즉 밑에 어떠한 글이 오느냐에 따라 어느 한쪽으로 결정할 수밖에 없다.

즉에 이어지는 주문(主文) '無序而不知'와 '無往而不善'은 완전히 같은 구문이다. 무(無)·불(不)은 모두 부정사로서 작용하며, 시(序)·화(和)·왕(往)·선(善)은 명사적으로도 동사적으로도 형용사적 또는 부사적으로도 작용하는 말이다. 그런데 이(而)의 작용이 달라진다. 전자에서는 '無序'와 '不和'를 결부시키는 접속사적인 작용을 하며, 후자에서는 왕(往)과 결합하고, 왕이(往而)의 두 낱말로, '간다하여(도처)'로 읽는 데서 추찰되듯이 부사적으로 작용하고 있다. 따라서 전자의 무는 서를 부정하며, 후자에서는 왕이불선을 부정하게 된다. '發而中節'의 경우는 발(發) 또한 '중절(中節)'을 의미한다. 그러나 발 위에 부정사를 붙여 '無發而中節'로 해도 '발하는 일이 없이 절에 맞는다'라고는 읽을 수 없다. '발하여 절에 맞는 일이 없다'라고 읽지 않으면 의미를 이루지 못한다. 의미공간에 따라서 그렇게 규정되는 것이다. '發而中節'이란 감정을 발해도 그것이 표적을 맞추고 있다. 슬퍼할 곳에서 슬퍼하고, 화낼 곳에서 화를 낸다는 의미이기 때문에, 마치 활을 쏠 때와 같이 화살을 쏘지(발하지) 않으면 맞는 것도 맞지 않는 것도 없다는 말이다. 뿐만 아니라 왕이(往而)에서도 늘 부사적으로 작용한다고만은 할 수 없다. 다른 문맥 속에서는 이(而)가 접속사적으로 작용하는 경우도 있다. 예를 들면,

 禮尙往來. 來而不往, 往而不來, 皆非禮也.(예는 왕래를 숭상한다. 오는데도 가지 않고, 가는데도 오지 않음은 모두 예가 아니다.―『예기』)

의 '往而不來(이쪽은 방문했는데도 그쪽은 방문해 주지 않는다)'가 그렇다. 요컨대, 전후에 배열된 낱말이 만들어 내는 의미적 연관 속에서, 그 낱말의 작용을 확정해 갈 수밖에 없다. 낱말의 형식적 배열을 구문공간이라고 부른다면, 구문공간에 자주 의미공간이 우월하는 셈이다. 언어공간의 구조를 도시하면 그림 3과 같이 될 것이다.

 중국어의 이 복잡한 성격은, 요컨대 단음절의 낱말을 배열한 고립어라는 데에 유래한다. 인도=유럽어(굴절어)와 같은 어미 변화를 갖지 않고, 일본어(교착어)와 같은 조사, 조동사도 없다. 그것을 보충하는 것이 자(者)·지(之)·이(而)·야(也)와 같은 조사이다. 배열된 낱

138　I. 필터론

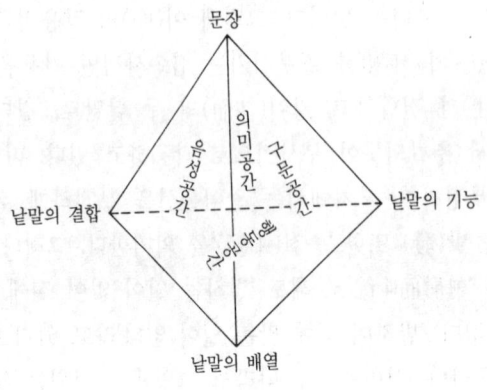

그림 3　언어장의 구조

말이나 문장의 관계를 나타내거나 시칭(時稱), 법(法), 상(相) 등에 해당하는 작용을 하거나, 문장의 가락을 나타내거나, 음성적으로 안정시키거나 하는 다양한 일을 한다. 일반적으로 시대가 내려올수록 조사의 발달이 두드러진다. 그러나 조사가 없더라도, 예를 들면 인용한 예문에서 그것을 전부 제외시켜도 문장으로서 성립되고 의미도 통하는 것이다.

　　이러한 문장의 구조는 사고(思考)에도 깊은 각인(刻印)을 강요하고 있다. 문장을 구성하는 각각의 낱말의 음성이 사물에 대한 신체적 반응으로서의 성격을 강하게 지닌다는 것은 대상적 세계에 대한 행동공간에 있어서, 그것과의 끊임없는 상호작용 속에서 언어가 성립되고 있다는 것을 의미한다. 언어장의 기저에 행동공간이 있고, 언어는 그것을 떠나서 자립할 수 없다. 행동공간에서는 대상적 세계는 항상 행동하는 것에 있어서의 의미적 존재가 된다. 행동과의 관계에 있어서 의미를 드러내는 존재가 된다. 바꾸어 말하면, 대상은 단순한 기호가 아니라 상징으로서 파악되는 것이다. 그것을 훌륭하게 정식회(定式化)시킨 것이 중국인의 사고에서 항상 중요한 역할을 한 감응의 논리이다. 기호 a가 있다. 행동하는 것인 A가 행동과의 관계에 있어서 a를 파악할 때 그것은 이미 단순한 기호가 아니라 별도의 기호 b의 상징이 된다. 그리고 상징 a는 A의 행동 선택의 지침으로서 작용한다. 그 경우의 a와 b의 관계를 감응이라고 부른다. a가 감(感-작용)이며, b가 응(應-반응)이다. 구체적인 예를 들면 중천에 달이 걸려 있다고 한다. 선원에게 달은 단순한 기호로서 거기에 있는 것이 아니라, 이윽고 만조가 될 조짐이며, 만조의 심벌인 것이다. 선원은 그것을 실마리로 하여 그의 행동을 선택할 것이다. 달과 조석의 감응―이 논리에 의해 중국의 지식인은 이미 기원전 2세기부터 조석의 원인을 명확하게 파악하고 있었다. 갈릴레오(1564~1642)마저도 그 설명에 실패한 유럽과의 두드러진 대조의 하나가 거기에 있다. 감응의 논리는 대상적 세계의 사물이 어디까지나 의미적으로 연관되는 데서 성립된다. 역으로 말하면, 대상적 세계의 사물간에는 항상 의미적 연관이 있다고 간주한다면, 감응의 논리는 다음과 같은 반성을 갖는 원리로까지 높여질 수 있을 것이다.

 有感必有應. 凡有動皆爲感. 感則必有應. 所應復爲感, 所感復有應, 所以不已也.(느낌이 있으면 반드시 반응이 있다. 무릇 움직임이 있으면 모두 느낌을 이룬다. 느끼면 곧 반드시 반응이 있고, 반응하는 데서 다시 느낌을 이룬다. 느끼는 데서 다시 반응이 있다. 그치지 아니하는 까닭이다. ― 정이)

감응의 무한 연쇄반응계, 그것이 중국인이 파악한 대상적 세계였다.
 대상적 세계의 사물이 의미적 연관에 선다는 것은 낱말의 기능과도 결부되고 있다. 낱말은 하나의 개념이지만 그 기능은 독립해서는 결정되지 않는다. 다른 낱말과의 배열·결합 속에서 비로소 결정된다. 바꾸어 말하면, 다른 낱말과의 음성적·의미적·구문적 연관(문-文)에 있어서 구체적인 의미를 형성함으로써 결정된다. 그 특질이 언어를 통하여 인식하는 대상적 세계에 각인되는 것이다. 말할 것도 없이, 거기에서는 존재 자체를 통해서가 아니라, 존재의 의미를 통하여 대상적 세계가 파악될 것이다.

낱말이 원래 품사를 갖지 않는, 즉 기능적으로 일정하지 않다는 것도, 역시 중요한 논리를 만들어 내게 되었다. 체용의 논리가 그것이다. 기능이 일정하지 않으면 실체도 확정할 수 없다. 낱말(개념)이 명사적으로 작용하느냐 동사적으로 작용하느냐에 따라, 그 지시 대상도 명사적으로 되거나 동사적으로 되거나 한다. 명사적인 상태도 동사적인 상태도 다른 대상과의 의미 관련에서의 상태이지, 고정적으로 명사적 또는 동사적인 상태를 취하는 것은 아니다. 말하자면 유동적인 과정 속에서 일시적으로 나타나는 상태이며, 거기에 고정적인 실체는 없으며, 실체와 기능의 관계도 성립되지 않는다. 대상의 명사적인 상태는 체, 동사적인 상태를 용이라 부른다. 체는 1차적·근원적인 상태, 용은 2차적 파생적인 상태를 의미한다. 주체와 작용이라고 풀이해 두자. 예를 들면, '지(志)'의 체는 '뜻', 용(用)은 '뜻하다'이다. 더구나, '뜻'이라는 주체의 존재는 '뜻하다'는 작용을 통하여 비로소 인식된다. '뜻하다'는 작용이 없다면 '뜻'이라는 주체도 또한 없다. 역으로 말하면, 작용이 있다면 작용하는 주체가 있어야 한다는 그러한 형태로서 주체의 존재가 추인된다. 거기에 작용을 통하여 존재를 인식한다는 인식론적인 입장이 성립된다.

체용의 논리는 결코 하나의 낱말에 있어서만 성립되는 것은 아니다. 일반적으로 두 개의 낱말 사이의 관계에 적용된다. 예를 들면, 음양개념이라면 음이 체, 양이 용이 된다. 따라서 또, 정(靜)·중[重·유(柔)]가 체이며, 동(動)·경(輕)·강(剛)이 용이다. 유교에 있어서의 중심적인 가치이념이었던 5가지 덕에 대하여 말한다면 인이 체·의·예·시·신이 용이라는 것이 송내 철학사들의 해석이었다. 인이라는 근원적인 덕은 의·예·지·신으로서 표현되고 작용한다. 역으로 말하면 의·

예·지·신을 통하여 비로소 인의 존재가 인식되는 것이다.
　중국어의 문장은 음성적·의미적·구문적인 연관에서 성립된다. 구문의 형식만을 내용에서 떠나 추출하여 오는 것은 곤란하다. 바꾸어 말하면 내용을 사상(捨象)하여 문장의 논리형식(문법 = 구문론)을 완성시키기가 매우 어렵다. 고작 성음적·의미적·구문적인 연관의 갖가지 패턴을 발견할 수 있을 뿐일 것이다. 낱말의 배열 결합은 그대로 인식된 대상의 배열·결합이다. 그러므로 대상적 세계도 내용에서 떨어져 나와 추출할 수 있는 논리형식을 갖추고 있거나, 또는 대상간에 형식적인 관계부여가 가능하다고는 거의 간주되지 않는다. 실체 — 기능 개념의 부재도 그것에 깊숙이 결부되어 있다. 논리형식이란 실체간의 기능적인 관계부여의 형식적 표현일 따름이기 때문이다. 중국에 있어서 형식논리가 발달되지 않고, 연역법에 바탕하는 체계적인 이론이 구축되지 않았던 커다란 이유의 하나는 거기에 있다고 해도 된다. 물론 측지학의 발전에도 불구하고 '완전한 논증 방법'인 유클리드 기하학이 태어나지 않았다는 것에도 그것은 관계가 있다.
　중국인의 논리는 형식논리학과 같이 추상화·형식화·체계화 그 자체가 의미를 갖는 것은 아니었다. 예를 들면 감응의 논리를 추상적으로 표현하면 앞서 인용한 정이의 말로 끝난다. 기호화하면 $A \rightleftarrows B$ 및 $A \rightarrow B \rightarrow C$ (글자는 사물, →는 감응 관계를 나타낸다)의 두 가지 형식으로 귀착해 버린다. 나머지는 두 가지 형식의 조합에 의한 다양한 변화를 꺼낼 수 있을 따름이다. 그러나 중국인의 논리의 강점은 감응이든 체용이든 대상간의 관계부여, 즉 사고작용을 크게 방향 잡는 지침으로서 작용하는 점에 있었다. 대상은 의미적 연관 속에서 각각 구체적으로 의미가 부여된 존재다. 거기에 적용할 때 서로 다른 대상간의 서로 다른 관계 부여에 동일한 논리가 작용하고 있는 것을, 즉 대상적 세계의 다양성 속에 통일성을 발견하게 한다. 예를 들면 달과 조석, 자석과 철, 호박과 먼지 사이에, 똑같은 감응논리가 작용하고 있

는 것을 발견하게 한다. 덧붙여 말하면, 이들 현상은 자연계에 있어서
의 감응의 전형으로서 예시되는 것이 보통이었다.
　그렇다고 하나 동일한 논리도 구체적인 현상 형태는 항상 다양하
다. 그 다양성, 바꾸어 말하면 개별성과 구상성이야말로 모든 존재를
바로 의미적 존재로 만들고 있는 것이다. 존재를 개별성과 구상성과
의미성에 있어서 다양한 그대로 파악하며, 더군다나 그것을 혼돈된 카
오스로서가 아니라 질서 있는 것으로서 파악하는 방법, 그것이 패턴화
였다. 그 경우, 이러한 논리가 또 패턴화의 작용을 촉진시키는 것이다.
감응을 예로 들면, 앞의 두 가지 형식을 조합시켜, 얼마든지 변화를 만
들 수 있다. $A \rightleftarrows B \rightarrow C$라든가, $A \rightarrow B \rightleftarrows C \rightarrow A$라든가, 사물을 나타내
는 글자의 수만 늘려가면 수없이 만들 수 있다. 그 하나하나가 감응이
가능한 패턴으로 된다. 그러나 그러한들 의미는 없다. 중요한 것은 어
느 패턴이 대상적 세계에 있어서 반복하여 현상하는 기본적인 패턴이
며, 어느 것이 절대로 또는 좀처럼 현상하지 않으며, 어느 것이 기본적
인 패턴에서 벗어난 변형인가, 그것을 밝히는 일이다. 거기에 패턴화
의 원리로서의 특이한 분류원리가 성립되어 온다. 그리고 갖가지 패턴
의 구체적인 예시가 분류체계 속에 위치하고 정서(整序)된다.
　대상적 세계의 총체의 의미적 연관을 중국인은 이론 체계를 통해
서가 아니라, 가장 기본적인 패턴으로부터 갖가지 변형 패턴으로 전개
해 가는 분류체계에 의해 통일적으로 인식했던 것이다.
　세계의 총체의 의미적 연관은 언어장으로 말하면 의미공간에 대
응하고, 거기에는 문화의 결정이 표현되어 있다. 더구나, 언어장의 기
저에 행동공간이 있고, 음성·의미·구문의 각 공간의 전체가 행동공간
위에 성립되어 있다. 인간의 행동을 통해서 대상적 세계와 언어의 세
계가 겹쳐지고 서로 보충하며, 결부되어 있다. 바꾸어 말하면, 언어가
그 자체로 완결되는 하나의 세계를 형성하고 있지 않다. 따라서, 언어
에 의한 대상적 세계의 인식도 그 자체로서 완결된 대상적 세계와 등

가(等價)한 하나의 세계라고는 간주되지 않는다. 언어장이 행동공간에 있어서 완결되듯이, 인식도 그것이 행동에 있어서 표현되었을 때 비로소 완결된다. 중국인에게 있어서 인식은 항상 행동에 대한 지침이었던 것이다.

한마디 양해를 구할 것은, 이러한 언어와 사고의 특질은 중국의 지식인이 원칙적으로 관료였다고 하는 문장어의 담당자인 사회적인 존재형태와 그것이 만들어낸 실천지향에 의해 떠받쳐지고 있었는데, 그러한 측면에 관해서는 여기서 언급하지 않았다. 다만, 중국사회는 열린 사회이며, 관료에의 길을 만인에게 열어 놓은 과거 제도에서 볼 수 있듯이, 지식인과 민중의 낙차에 잠재하는 퍼텐셜에너지를 끊임없이 퍼올려, 그것을 운동에너지로 전화시켜 간 사회였다는 것을 지적하는 데에 그친다.

2. 눈과 형태

근대과학은 물질로부터 개체성과 구상성과 의미성을 빼앗아 간다고 하는 가장 추상도가 높은 자연상을 구성하는 데서부터 출발했다. 데카르트는 정신과 견주어지는 또 하나의 실체라고 그가 간주하는 물질을, 연장이라고 정의한다. 바꾸어 말하면, 물질이란 단순한 확산, 등방등질(等方等質)의 공간, 즉 유클리드 공간 그 자체였다. 정지하는 물체의 기하학인 유클리드 기하학을 운동하는 물체로 확장한 보편수학이라고 하는 그의 이념은 미적분학과 역학에 의해 실현된다. 세계의 유클리드 공간화와 근대과학의 형성은 더불어 진보해 갔던 것이다. 대상을 보는 눈이 세계를 등방등질의 공간으로서 포착해 가게 된 과정을 우리는 투시도(원조법)의 발달 속에서 더듬어 볼 수 있다. 세계를 1원적으로 투시도에 두고 보는 눈은 르네상스 유럽에서 처음으로 생

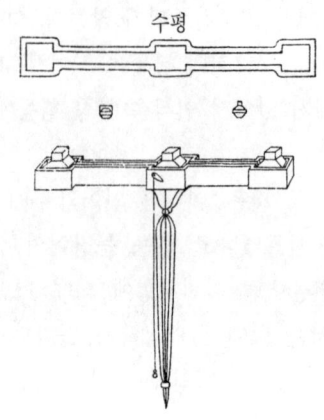

그림 4 수준기(『영조법식(營造法式)』에서)

겼던 것이다. 그러나 시점을 고정시켜 그려내는 투시도가 시각의 법칙으로부터는 꽤나 먼 추상적인 상이며, 세계를 그와 같이 파악하게 하는 정신상태에 깊이 관련되어 있었다고 하는 것은 오늘날 이미 밝혀져 있다.

중국인에게 있어서, 대상적 세계는 의미적인 연관 속에 있으며, 사물은 개체성과 구상성과 의미성을 갖춘 존재였다고 나는 말했다. 그렇다면, 중국인의 눈에는 대상적 세계(자연)는 어떻게, 글자 그대로 '보였던' 것일까. 생물의 문양을 복잡하게 패턴화한 그들, 하나하나의 대상을 복잡한 글자로 기호화한 그들에게 있어서 세계는 쉽게 소수의 단순한 요소로 분해되고, 또는 추상적·기하학적으로 구성되는 것은 아니었을 것이다. 적어도 유클리드 기하학을 만들어내지 못했던 그들에게 있어서, 공간이 결코 1원적으로 유클리드 공간이 아니었던 것은 확실하다. 화론(畵論)을 단서로 해서 생각해 보기로 하자.

규구준승(規矩準繩)이라는 말이 있다. 컴퍼스와 자와 수준기와 먹줄, 물체를 측정하거나 그리는 경우의 법(기준)이며, 기술자에게는 없어서는 안될 용구이다. 전국시대의 사상가인 맹가(孟軻-맹자)는 말한다. 성인(聖人)은 제작할 경우, 우선 눈의 힘으로 확인하고, 그런 다음에 규구준승을 사용하여 방형·원형·수평면·직선을 만들었다. 그렇기 때문에, 그 제작법의 용도는 무궁 무진하다고, 그것에 이어지는 한 구절인 "규구는 방원의 극치다. 성인은 인륜의 극치다."에서 엿볼 수 있듯이, 규구는 인륜(도덕적 규범)에 유비(類比)되고 있다. 유비는 단순한 비유를 넘어, 자주 사고의 모델이 된다. 완전한 방원을 그리는 규구를 구사하여 물체를 만드는 것과 완전한 도덕적 규범의 체현자(體現者)인 성인이 인륜의 기초를 붙박는 것과, 이 유비 속에 사회의 에토스의 성립을 기술 모델을 통해 생각하려는 기술태적(技術態的) 발상법을 나는 본다. 이것은 일반적으로 중국인은 세계의 형성을 기술 모델로서 생각했기 때문이다. 예를 들면 마찬가지로 전국시대의 사상가 장주(莊周-장자)에 "천지(자연)를 큰 줄로 삼고, 조화(자연이 물체를 만들어 내는 생생한 작용)로써 큰 풀무로 삼는다."라는 말이 있는데, 천지의 조화를 용광로나 풀무의 기능에 비유하는 것은 상투적이었다.

　이 기술태적 발상법은 플라톤의 사상을 상기시킨다. 그에 따르면, 장인=제작자로서의 신이 이데아(이상)에 바탕하여 세계를 만든 것이다. 그 경우, 이데아와 세계의 관계는 설계도와 제작품의 관계라고 생각하면 된다. 설계도=이데아의 완전함에도 불구하고, 제작품=세계가 불완전한 것은 소재의 조악함 때문이다. 이 사상은 이윽고 그리스도교적인 창조주의 관념과 결부되어, 근대과학의 형성에 큰 역할을 하게 된다.

　중국의 기술 모델은 플라톤의 그것과 두 가지 점에서 결정적인 차이를 갖는다. 첫째로, 조물주의 관념이 없으며, 신-세계와 장인-제작품의 유비(類比)는 성립되지 않는다. 용광로나 풀무는 신이 조작하는 장치가 아니고, 스스로의 활동에 의해 만물을 만들어 내는 자연 그 자체인 것이다. 사람이 규구준승을 구사하여 물체를 만든다고 해도, 그것은 자연의 생생한 활동을 실천하여, 그것에 따르는 것에 불과하다는 것이다. 둘째로, 이데아=설계도가 하나인 점이 강조되는 것은 아니다. 플라톤에 따르면, 원에는 원의 이데아가 있으며, 우리가 실제로 그리는 원은 그것의 졸렬한 모방에 불과하다. 바꾸어 말하면 이런 저런 원에 공통되는 하나의 원의 이데아가 존재한다. 중국인에 따르면, 규구(規矩)는 '방원의 극치', 방형이나 원형의 극치이다. 그것을 초월하여 이데아가 있는 것은 아니다. 그러나 더욱 중요한 것은 규구에 의하여 다양한 제작품을 만들어 낼 수 있는 데에 있다. 작용이 동일함에도 불구하고 무한히 다양한 물체를 만들어 낸다. 거기에 자연의 생생한 기능에 대한 용광로나 풀무의 모델이 활용된다. 규구 또는 규구준승이라는 말은 법 또는 법도라는 의미를 지니고 있다. 같은 법을 따르면서도, 끝없이 다양할 수 있는 점에 존재의 진정한 모습이 있다고 중국인은 생각하는 것이다.

당의 시인이며 화가이기도 했던 왕유(王維, 701~761)는 그 화론『산수결(山水訣)』에서 '잘 배우는 자는 또한 규구에 따른다'라고 말했다. 화가는 대상을 지각하여, 그 이미지를 화포(畵布) 위에 정착시킨다. 그 경우 기하학적인 형태, 대칭이나 균형을 배우는 것과 '규구를 따르는' 것이 기본이다. 그러나 청초(淸初)의 화가 석도(石濤, 1642?~1717?)의『화어록(畵語錄)』은 역설한다.

"규구는 방원의 극측(極側)이다. 천지는 규구의 운행이다. 세상 사람들은 규구가 있다는 것을 알면서도, 더군다나 그 건(乾)은 회전하고 곤(坤)은 움직인다는 뜻을 모른다. 이것은 뭇사람을 법으로 묶어 놓고, 사람의 법에 부려 먹혀지게 한다. 선천후천(先天後天)의 법을 훔친다고 한들 끝내 그 법칙의 존재하는 바를 터득하지 못한다."

'천지는 규구의 운행', 천지의 운행은 기하학적이다. 그럼에도 불구하고 기하학에는 쉽사리 귀착시키기 어려운 다양한 물체나 현상을 만들어내고 있다. 거기에 천지의 생생한 활약, '원은 돌며 곤은 움직인다는 뜻'이 있다. 규구에서 방원(方圓)을 그리는 것만 알고, 이 천지의 작용을 모른다면 도리어 법(기준)에 속박되며, 법에 의해 눈이 어두워지고 만다. 그렇게 되면 이를 파악하기는 결국 불가능하다. 석도(石濤)는 또 "옛사람은 아직 법을 가지고 행하지 않은 바가 없다. 법이 없으면 곧 세상에 있어서 한이 없다", 무질서한 다양성에 빠지고 만다고 말하면서도 법에 묶여 장애 받는 일이 없는 경지, 법과 장애가 개재하지 않음으로써 건은 돌고, 곤은 움직인다는 뜻이 얻어지는 경지를 추구한다. '법은 그림으로부터 생기고, 장애는 그림으로부터 사라진다', 즉 법에 충실하게 따라서 그리는 것이 아니라, 그리는 일을 통하여 거기에 저절로 법이 생기는, 법은 이미 어떠한 장애도 아닌 것이다. 이리하여 파악되고 만들어지는 형태야말로 바로 이(理)=패턴이다. 그리스의 도자기가 엄밀하게 기하학적인 프로포션과 대칭에 따르고 있는데 대하여, 중국의 도자기는 끊임없이 그것을 미묘하게 허물어뜨리는 것에 의해 비할 데 없이 깊은 형태의 조형에 성공하고 있는 것이다. 그렇다면 지각되는 대상의 이=패턴을 파악한다는 것은 구체적으로는 무슨 말인가, 북송의 화가 곽희(郭熙, 11세기 후반)는 『임천고치(林泉高致)』에서 이렇게 말하고 있다.

"산은 가까이에서 보면 이렇고, 몇 리의 거리에서 보면 또한 이러하며, 멀기가 십수 리가 되는 곳에서 보면 또한 이러하다. 멀어짐에 따라 늘 달라진다. 이른바 걸음마다 옮겨 간다. 산의 정면은 이러하고, 측면이 또 이러하며, 배열은 이러하다. 볼 때마다 늘 달라진다. 이른바 여러 면으로서 본다. 이와 같음은 하나의 산으로 하여금 수십, 수백 개의 산의 형상을 아울러 지니게 한다. 남김없이 알아야 할 것이다.
산은 봄·여름에 보면 이러하고, 가을·겨울에 보면 또한 이러하다. 이른바 네 계절의 경치가 같지 않다. 산은 아침에 보면 이러하고,

저녁에 보면 또 이러하며, 음청(陰晴)에 보면 또 이러하다. 이른바 아침 저녁의 변태가 같지 않다. 이러한 것은 곧 산 하나가 수십, 수백 개의 산의 의태(意態)를 아울러 지닌다. 깊이 연구해야 할 것이다."

여기에는 '형상'과 '의태', 그 두 가지 각도로부터 대상을 패턴으로서 파악한다는 것은 무슨 뜻인가를 훌륭하게 말하고 있다. '형상'에 관해서 말하면 그것은 시점(視点)과 시선의 이동에 관계된다. 옮기는 발의 한걸음 한걸음, 대하는 산의 한 면 하나하나에 따라 지각되는 '형상'이 바뀌어간다. 확실히, 실체관에 입각하면 산은 하나임에 틀림없다. 그러나 시각의 대상과 눈의 관련 방법의 차이에 따라 대상의 갖는 의미가 바뀌어진다. 산형(form)은 바뀌어지지 않아도 형태(Configuration)는 바뀌어지는 것이다. 이렇게 하여, 하나의 산에 수십, 수백의 산의 형태가 발견된다.

그와 같이 파악되고 표현된 산은 이미 거기에 실재하는 산이 아니라, 바로 산의 패턴인 것이다. 아니, 의미적 존재라고 한다면, 시점의 이동조차 필요로 하지 않는다. 일년 내내, 시시각각으로 의미의 의태를 바꾸어 가는 것이다.

3원(三遠)이라 불리는 방법이 있다. 대상을 패턴으로 하여 파악하고, 그것을 의미적인 연관에 따라 배치하며, 한 장의 화폭에 하나의 세계를 표현하는 방법이다. 곽희에 따르면,

"산에는 3원이 있다. 산 아래로부터 산꼭대기를 쳐다보는 것을 고원(高遠)이라고 하며, 산 앞에서 산 뒤를 엿보는 것을 심원(深遠)이라 하며, 가까운 산에서부터 먼 산을 바라보는 것을 평원(平遠)이라 한다. 고원의 색은 청명(淸明), 심원의 색은 중회(重晦), 평원의 색은 밝음과 어두움이 있다. 고원의 세(勢)는 돌올(突兀), 심원의 의(意)는 중첩(重疊), 평원의 의는 충융(沖融)하여, 표표묘묘(縹縹渺渺)하다."

"심원이 없으면 곧 얕으며, 평원이 없으면 곧 가까우며, 고원이 없

으면 곧 낮다."라고 계속해서 말하고 있는 것으로도 엿볼 수 있듯이 심원은 내면의 깊이를, 고원과 평원은 세로와 가로의 너비를 각각 표현하는데, 중요한 것은 시점의 이동을 수반하고 있는 점이다. 적어도 세 개의 시점이 그것에는 필요하다. 시점을 하나로 고정시켜 시선을 세 방향으로 움직인들 3원으로는 되지 않는다. 바꾸어 말하면, 3원은 절대로 투시도는 아닌 것이다. 시점의 이동이 형태 파악에 결부되고, 색채가 형태를 강조한다. '형상'과 '의태'가 이렇게 하여 화폭에 정착되는 것이다.

곽희의 『임천고치(林泉高致)』에는 사물의 패턴을 파악하는 원형적인 방법이 기술되어 있다.

"대나무의 화법을 배우는 사람은 한 가지의 대나무를 꺾어 달밤에 그 그림자를 흰 벽 위에 비추면, 곧 대나무의 참 모습이 나타난다."

대나무를 입면에 투영시키면 패턴의 파악을 저해하는 모든 협잡물이 사상(捨象)되며, 대나무를 우리들에게 대나무답게 하는 형태, 즉 대나무의 패턴이 나타난다는 것이다. 그리고 그에 따르면 시점의 이동에 의한 산의 형태의 파악도 이 원형적인 방법의 적용에 불과했다.

대상이 패턴으로서 파악되고 표현된다는 것은, 거기에 인식의 장(場)이 성립된다는 것을 의미한다. 남조 송의 화가 종병(宗炳, 375~443)은 『화산수저(火山水底)』에서 말한다.

"대저 눈에 따르고 마음으로 깨닫게 함으로써 이(理)로 삼는 자는 이와 비슷하게 공을 들이면, 곧 눈 또한 마찬가지로 따르게 되고, 마음 또한 함께 깨닫게 된다."

즉, 이＝패턴이란 단순히 시각이 포착한 것이 아니라, 그것을 마음으로 이해한 것이다. 눈을 통한 대상의 용해, 즉 바로 인식인 것이다. 그것을 화폭에 표현할 때, 사람과 보는 사람 사이에 대상에 대한

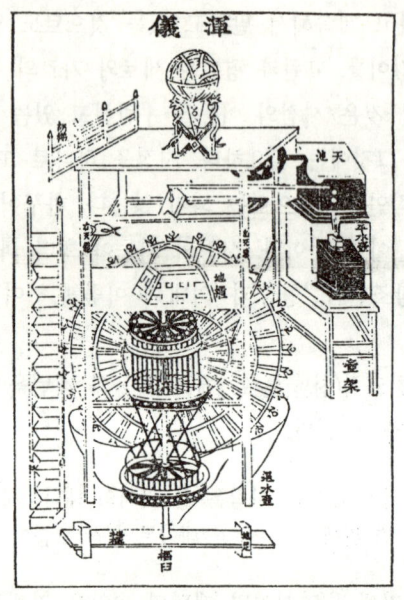

그림 5 수운혼의 『신의상법요(新儀像法要)』에서

공통의 이해가 생기는 것이다.

"감각과 인식은, 먼저 감각한 후에 인식하는 것이다. 인식한 후에 감각하는 것은 감각이 아니다. 고금의 그림에 밝은 사람은 그 인식을 빌어서 그 감각한 것을 표현하고, 그 감각을 알고서 그 인식한 것을 표현하는 것이다."

이 말은 석도의 말이었다.

이러한 화론은 그림의 방법의 영역을 넘어, 대상적 세계를 '보는' 중국인의 눈의 구조를 밝혀 준다. 그 눈은 동시에 제작자의 눈이며, 또 그것을 통해서의 인식자의 눈이기도 하다. 북송의 이계(李誡)가 쓴 건축서 『영조법식(營造法式)』(1103년)을 들어보자. 『영조법식』은 중국

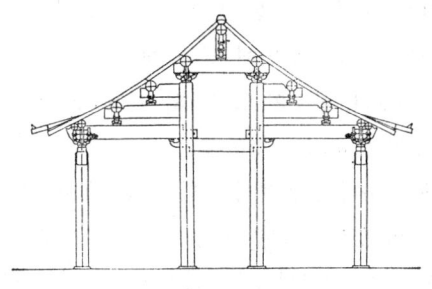

그림 6 정투상

의 건축기술의 정화만이 아니다. 거기에 수록된 많은 도판은 제도기술의 결정이기도 하다. 덧붙여 말하면, 중국의 관료기구는 제도의 전문가를 거느리고 있으며, 그들은 그 기술에 의해 국가적인 대사업에 참여했다. 예를 들면, 북송의 원우(元祐) 2년(1087년)에 완성된 기계시계장치로 움직이는 천문관측기계, 이른바 수운혼의(水運渾儀)의 제작 과정이 그러하다(그림 5). 그 4년 후에 일단 완성되었고, 후에 이계(李誡)가 증정(增訂)한『영조법식』의 도면을 그린 것도 필시 그들이었을 것이다.

『영조법식』에 수록된 그림의 제도법 또는 화법은 결코 한결 같지 않다. 같은 그림 속에서, 자주 그 몇 가지가 서로 섞여 있는 경우도 있다. 주지하다시피 중국의 건축에서는 수직 기둥에 수평 대들보를 걸치고, 그 위에 서까래를 걸치고 지붕면을 만드는 것이 기본 구조이다. 그림 6은 그것을 평행광선에 의해 입면에 직각으로 투사시킨 정투상(正投像), 이른바 입면도인데 제도법은 오늘날의 것과 조금도 다름이 없다. 구조는 엄밀한 대칭에 따르고 있으며, 균형은 각 부분의 '율(率)'로서, 구체적인 수치로 본문의 설명 속에 주어져 있다. 풍토적 조건과 목재의 성질에 적합하게 선택된 기본구조가 대칭을 만들어 내는데, 그 균형을 결정해 가는 점에 건축 형태의 추구가 있었다고 할 수 있다.

근대의 입면도에는 정면도와 측면도의 두 가지가 있는데, 『영조법식』에는 이 방향으로부터의 그림밖에 없다. 대칭적인 구조가 그것을 필요로 하지 않았을 것이다. 한장의 입면도와 기둥 및 벽면을 나타내는 평면도에 의해 구조가 밝혀지는 것이다.

이 입면도에는 하나의 변형이 있다. 그림 7a를 보면, 지붕의 서까래의 앞끝이 타원형으로 그려져 있다. 그곳에만 사투상이 사용되어 있다. 투영면과 투사선이 직각이 되어 있지 않은 것이 사투상이다. 필시, 서까래가 둥근 부재임을 나타내기 위한 것일까. 그리고 그 밑으로 눈을 옮기면 기(基)의 양 측면이 원근법으로 그려져 있다. 시점은 동자기둥을 통과하는 중심선 위에 있다. 정투상과 투시도를 조합시킨 보기는 그림 7b에서도 볼 수 있는데 가구(架構)를 아는 데는, 불필요한 기부에 투시도를 적용함으로써 필시 입체관을 주려고 한 것일 것이다. 한장의 그림 속에 정투상과 사투상과 투시도가 있는, 바꾸어 말하면 평행광선에 의한 투사 외에, 다시 3개의 시점이 설정되어 있는 것이다.

복잡한 구조를 가진 세부를 그리려고 할 경우의 화법에서는 시점이 더 복잡하게 이동해 간다. 예를 들면 공포(枓栱)와 지붕의 구조를 그린 그림 8a는 기본적으로는 사투상에 따르고 있으나, 수평면은 모두 평행의 직선으로 그려져 있다. 그것을 단순히 기법의 졸렬한 탓으로 돌릴 수는 없다. 엄밀하게 사투상을 따르고 있는 그림도 있기 때문이다(그림 8b). 오히려, 평행선은 일종의 생략법이며, 이 그림의 강조점이 거기에는 없었던 것이라고 보는 편이 낫다. 또, 처마는 쳐다 보듯이 그려져 있어, 시점과 시선이 분명히 이동하고 있다. 세부를 분명하게 표현하려고 하는 의도에 따른 것은 말할 나위도 없다.

이것은 굳이 조립물에만 한하지 않는다. 복잡한 구조를 가진 것에는 흔히 부분의 강조에 의한 변형이 나타난다. 그림 8c는 그림 8a에서도 볼 수 있는 하앙(下昂)의 선단부이다. 역시 거의 사투상에 따

패턴·인식·제작 *153*

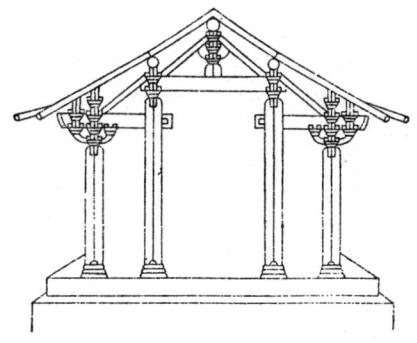

a. 정투상의 변형

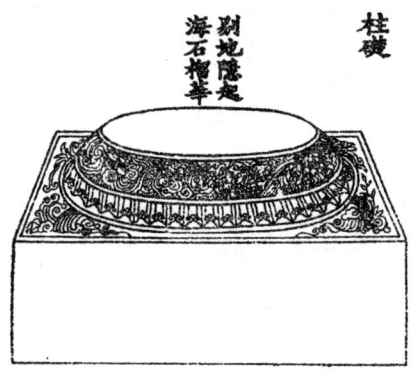

b. 정투상과 투시도의 조합

그림 7

르고 있지만, 우측 밑으로 활처럼 휘어진 부분은 앞쪽으로 굽어 있듯이 보인다. 만곡부를 강조하기 위하여 거기만 투사방향이 이동하여 있다. 따로 그 부분의 비율을 나타낸 입면도가 있기 때문에 제작자를 당혹하게 하지는 않는다. 부분의 강조에 의한 변형은 말을 바꾸면 의미

154   I. 필터론

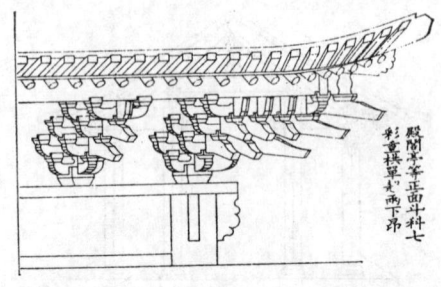

a. 사투상의 변형

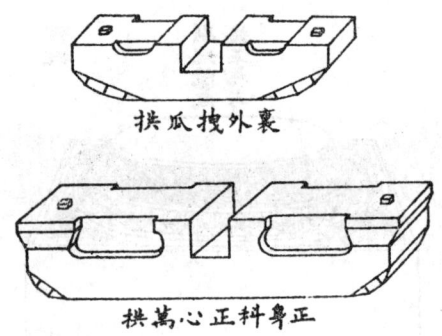

b. 사투상

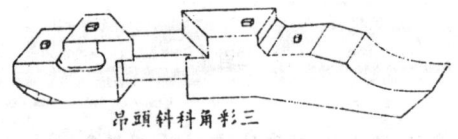

c. 사투상의 변형

그림 8

패턴·인식·제작 155

그림 9 색채표현과 형태

에 의한 대상의 변형이라 해도 좋다. 그것이 시점과 시선의 이동에 결부되어 있는 것이다. 그러한 것을 거의 극단적으로까지 명확하게 보여주고 있는 것은 그림 9일 것이다. 원도(原圖—그러나 이 착색된 도판은 송대 것은 아니다)는 청·녹의 2원색과 그 중간색에 의해 채색되어 있다. 여기서는 색채의 조합을 표현하는 것이 목적이기 때문에 시점은 필요에 따라 이동하고 공포나 하앙의 형태도 그것에 수반하여 변형되어 가는 것이다.

『영조법식』의 그림에는, 엄밀하게 말하면 '도(圖)'와 '화(畵)'가 있다. 건물 또는 그 구성부분의 구조와 균형은 입면도(및 평면도)에 의해 주어진다. 이른바 설계도이며, 어디까지나 그것이 건물의 인식과 제작을 위한 기초이다. 그것을 보다 풍부한 이미지로서 정착시키기 위하여, 사투상·투시도 등의 방법을 사용하여 구성 부분의 세부가 회화적으로 그려질 수 있다. 입면도의 일부에 그것이 첨가되는 경우도 있다. 부분이 지니는 의미에 따라서 갖가지 변형이 나타나게 되는 것은 이 회화적 표현에 있어서다.

이러한 변형은 저절로 시각의 법칙 이미지의 성질에 의거하고 있는 것같이 보인다. 눈은 시선이 초점을 맺는 한점을 확실하게 포착할 따름이다. 주변으로 갈수록 상이 흐려지며, 모양을 인지하기도 곤란해

156 I. 필터론

a.

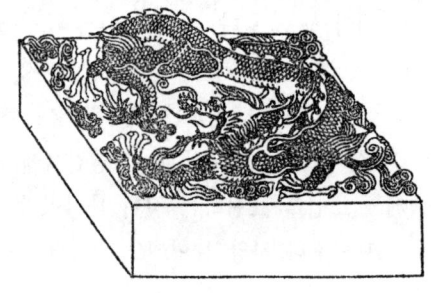
b. 역원근

그림 10

진다. 그러므로 평면의 너비를 갖는 모양이나 도형을 지각하는 데는, 여기저기의 특징적인 점 위로 시선을 이동시켜, 면을 거의 뒤덮을 정도의 범위를 주사(走査)해야 한다. 입체가 되면 시점을 이동시킴으로써 비로소 대상의 지각상을 만들어 낼 수 있다. 이 과정은 이미지에 있어서 재현된다. 예를 들면 친한 친구나 평소에 사용하고 있는 가구 등을 떠올려 보자. 마치 실제로 시선을 달리게 하여 시점을 이동시키듯이 온갖 방향으로부터 포착한 대상의 상을 연달아 떠올려서, 하나의 전체적인 이미지를 형성하는 것이다. 전체를 구성하는 각 부분이 시점과 시선의 이동을 수반하면서 그 의미에 따라 변형되는 표현법은 이러한 시각의 법칙과 이미지 성질의 회화적 재현이라 할 수 있겠다.

그러나 그것은 우리들에게는 이미 조금도 놀라운 일은 아니다. 어린이의 그림이 그 소박한 표현뿐인 것은 아니다. 현대의 화가들의 눈은 자주 자각적으로 대상을 그렇게 파악하고 표현하고 있기 때문이다.

중국인은 스스로가 시각의 법칙에 따랐다고 나는 썼지만,『영조법식』의 그림에는 스스로 따랐다고는 할 수 없는 예가 있다. 먼 것을 가까운 것보다 크게 그리는 역원근(逆遠近)이 그것이다. 평행선이라도 도형에 따라서는 끝이 넓게 벌어져 보여지는 일이 있다. 그림 10a를 보기 바란다. 상당히 끝이 넓게 벌어져 보인다. 그러나 실제로는 정확한 사투상이다. b도 역시 끝이 넓게 벌어져 보인다. 그러나 a만큼은 아니다. 그러나 재어보면 이쪽은 역원근의 방법이 사용되어 있다. 다른 데도 같은 도형의 역원근의 보기가 있다. b의 예에서는 용의 몸통 또는 발의 세부를 강조하기 위하여, 의식적으로 역원근이 사용되어 있다. 즉 시각의 법칙이 이용되고 있는 것같이 내게는 생각된다. 그림의 목적은 분명히 용의 조각을 도형으로 하여 구석구석까지 표현하는 데에 있다. 방형의 각석(角石)인 것은 말하자면 자명한 이치이다.

의식적이든 아니든 이러한 변형은 대상의 각 부분을 의미적인 연관에서 파악하고, 그림으로서 그것을 구성하는 것을 뜻한다. 그것은 결코, 물리적 공간으로서의 유클리드 공간을 부정하는 것은 아니다. 투시도나 사투상의 방법이 그것을 증명한다. 그러나 거기에 그치는 것도 아니다. 공간의 각 부분이 의미적 존재로서 서로 결합되고, 전체의 구도 속에 위치가 부여되어 고유의 의미를 떠맡는 변형공간으로 형성된다. 공간 그 자체가, 그 개체성과 구상성과 의미성에 의하여 만곡된다. 그것은 행동과의 관계에 있어서 의미적 존재로 화한 공간이다.

새삼스레 지적할 것도 없다. 앞의 화론과 『영조법식』의 제도법 및 화법은 훌륭한 대응 관계에 있다. 예를 들면, 입면도는 달빛에 의하여 대나무를 흰 벽에 투사시키는 원형적인 방법이다. 그렇다면 다른 화법은 모두 온갖 대상에 대한 그 서로 다른 적용법에 불과했을 것이다. 이리하여 파악되는 형태는, 바로 대상의 패턴이다. 아니, 『영조법식』이라는 말 자체가 '건축기술의 표준적 패턴'을 뜻하고 있다. 대상적 세계에 대한 공통의 이해의 장이 거기에 성립된다. 패턴으로서 대상을 포착하는 것은 바로 화가의 눈이며 건축가의 눈이다. 그러나 그것이 공통의 이해의 장일 수 있었다면, 그대로 중국인이 대상적 세계를 파악하는 눈일 수밖에 없었을 것이다. 대상적 세계가 그렇게 '보였던' 것일 것이다. 자연의 인식에 그것이 어떻게 관계되는지는 조금 뒤에서 생각해 보고 싶다.

3. 존재와 작용

중국에 있어서 자연의 세계를 형성하는 기초적 존재는 기(氣)라 불린다. 기는 물질=에너지이다. 근대과학에 있어서도 에너지 개념이 형성된 것은, 즉 물질과는 구별되는 에너지의 존재를 확실하게 파악된 것은 겨우 19세기가 되어서이다. 당연히 기는 물질인 동시에 에너지이기도 했다. 우선, 연속적인 유체로서의 공기를 연상해 두면 된다.

기는 실체는 아니다. 실체 개념의 원형은 그리스=유럽의 존재론의 기초를 구축한 파르메니데스에 있다. 그에 따르면 크고 견고한 공 모양의 부동의 존재 그것이 실체였다. 스스로는 절대로 변화하지 않으며, 다만 그 결합과 분리에 따라 갖가지 현상을 만들어 내는 저 데모크리토스의 원자도, 파르메니데스의 실체를 아주 작게 한 것에 불과하다. 근대의 존재론의 출발점이 된 데카르트는 정신과 물질을 두 개의 실체로 간주했지만, 그리고 거기서부터 개념론과 유물론의 대립이 생겼는데, 무엇을 실체라고 부르든 현상의 배후에 있는 견고한 부동의 존재, 즉 실체를 추구하는 것이 그리스=유럽의 존재론이며, 그것은 과학에도 깊은 각인(刻印)을 남겨 왔다. 실체와는 달라서 기는 스스로가 항상 유동적인 과정 안에 있음으로써, 세계에 끊임없이 유동적인 과정을 현상시켜 가는 기저적 존재이다. 그에 대응하여 기와 그 유동의 패턴을 추구하는 것이, 중국의 존재론의 과제였다. 존재론을 가장 정교하고 치밀하게 전개한 송학, 특히 주자학을 주축으로 그것에 관하여 생각해 가기로 하자.

혹은 움직이고 혹은 조용해지고, 혹은 농밀화하고, 혹은 희박화하면서 기는 끊임없이 유동하고 있다. 농밀화되면 무겁고 탁해지며, 희박하면 가볍고 맑아진다. 기의 움직여 가벼운 상태를 양이라고 하며, 조용해져서 무거운 상태를 음이라고 한다.

"일반적으로 양은 가볍고 맑은 것이며, 사물의 가볍고 맑은 것은 양에 속한다. 음은 무겁고 탁한 것이며, 사물의 무겁고 탁한 것은 음에 속한다."

이 말은 주자학의 이름으로 알려진 중국 최대의 사상가인 남송 주희[朱熹=朱子(1130~1200)]의 말이다. 음양의 2기(二氣)라고는 하나, 기저적 존재인 하나의 기 외에 따로 고정적으로 음이 되는 기, 양이 되는 기가 있는 것이 아니라, 하나의 기 속의 다른 두 가지의 물리적 상태를 음양이라고 부르는 것에 불과하다. 즉, 그것은 비교개념인 것이다. 그것은 전체가 끊임없이 유동적인 과정에 있는 기의 세계에서는 동(動)·정(靜)·경(輕)·중(重)·청(淸)·탁(濁)을 고정적으로 구별하는 일반적인 기준 등은 있을 수 없으며, 다만 두 가지를 서로 비교해서 한쪽이 '보다 동적이고, 보다 가볍고, 보다 맑은', 즉 보다 양성이며, 다른쪽이 '보다 조용하고, 보다 무겁고, 보다 탁한', 즉 '보다 음성'이라 할 수 있기 때문이다. 요컨대, 음양은 바로 하나의 기이다.

그러나 역으로 '모두가 음양이다. 음양이 아닌 것은 없다'(주희)라고 말할 수도 있다. 유동적인 과정에 있는 두 가지 상태를 비교하면 한쪽은 반드시 음, 다른 한쪽은 반드시 양이 될 것이기 때문이다. 거기에 작용하고 있는 것은 존재를 '짝'으로서 파악하려는 사상이다.

"독(獨 : 절대적인 것)인 것은 없고 반드시 짝(對 : 상대적인 것)이 있는 것이 천지만물의 이치이다. 모든 사연이 그러하며 인위를 가한 것은 아니다." 정호(程顥)

짝이므로 해서 비로소 존재가 한정적으로 스스로를 분명히 한다는 것, 딴 것과의 연관 속에서 비로소 존재가 그 의미를 드러내게 된다는 것은 역으로 말하면, 존재를 의미적인 연관에서 파악한다는 말이다. 그러한 구조를 우리는 이미 언어에서 보았다. 유동적인 존재를 짝에다 두고 파악하려는 것은, 중국어의 특질에 관계되는, 중국사상에 내재적인 지향이라 해도 좋을 것이다. 기에서 말하면, 그 짝이 음양이 되는 것이다.

북송의 철학자 장재〔張載 : 횡거(橫渠), 1020~77〕에 따르면, 우주공간에는 연속적인 유체인 기가 충만해 있다. '무는 없다', 공허한 공간은 존재하지 않는다. 기는 천지만물을 형성한다. 이른바 천지의 생생한 활동이란 바로 기의 작용이다. 기와 만물과의 관계를 그는 얼음의 응석(凝釋)에 비유한다. 물이 응결해서 얼음이 되고, 얼음이 녹아서 본래의 물로 돌아가듯이, 기가 응결(농밀화)하면 물체가 되고, 발산(희박화)하면 다시 기로 되돌아온다. 기의 응결과 발산, 그것이 만물의 생성소멸의 과정이다. 우주에 충만하는 하나의 기를 전체로 하여, 기의 작용 과정을 시간적인 순서로 생각해 가면, 당연히 그것은 천지만물의 형성과정이 된다. 그리스의 존재론이 우주론(cosmology)이었는 데 대하여, 중국의 존재론은 오히려 우주창생론(cosmogony)이라 해야 할 것이었다. 중국의 우주생성론을 완성시킨 것은 주희이다.
　우주의 원초적인 상태를 주희는 혼돈미분이라 부른다. 그 때는 무한한 너비를 갖는 우주 공간에, 아직 유동적인 하나의 기가 존재할 따름이다. 거기에 기의 전체적인 회전이 진행되어 가는데, 처음에는 천천히, 그리고 조금씩 그 속도를 더해 가면서 주변부는 중심부보다 더욱 빨리 회전한다. 그러면 회전에 수반되는 마찰에 의해 기가 응축되어 여기저기에 농밀한 기의 덩어리가 생긴다. 그것들은 차츰 회전의 중심부로 모여들어 땅을 형성한다. 그 주위의 희박한 기가 하늘이 된다. 하늘 속의 제일 맑은 희박한 기는 태양이나 항성으로 되어 저절로 빛나며, 탁해진 농밀한 기는 달이나 행성으로 되어 빛을 반사한다. 무거운 땅이 가벼운 하늘의 기의 중심부에 지주도 없이 매달려 있는 것은 기의 회전 때문이다. 맹렬한 속도로 회전하면 기에는 강성(剛性)이 생긴다. 그렇기 때문에 땅은 기 속에 매달려 있는 것이다. 땅은 결코 부동인 것은 아니고, 중심부를 어느 범위 내에서 회전하고 있다.
　땅의 형성과정에 대해서는, 이미 북송의 심괄(沈括, 1029~93)이 화석이나 지층의 관찰에 바탕하여 지구 진화의 원리를 구명하고 있었다. 주희는 그것을 우주생성론에 도입한다. 땅은 처음에는 물이며, 그것이 응결하여 땅이 된 것이다. 물결모양의 산맥에서 그 흔적을 볼 수 있다. 지상에는 다시 기의 응결에 의해 만물이 생긴다. 생물의 발생과 번식에 대해서는, 그는 기화(氣化)와 형화(形化)를 구별한다. 처음에는 기의 응결에 의해 종의 원형이 생긴다. 그것이 기화이다. 그렇게 되면 나머지는 암수의 생식을 통하여 종이 유지되어 가는 것이다. 그것을 형화라고 한다.
　만물(사람과 물질)이 생긴 뒤에도 어느 시간, 기의 전체적인 회전속도는 더해 가지만, 이윽고 그것도 정점에 달하고 바뀌어서 그 속도가 둔해지기 시작한다. 그러면 형성과정과는 반대의 과정을 더듬어, 응결되어 있던 기가 차츰 발산해 간다. 이리하여, 먼저 만물이 소멸되고, 이어 천지가 소멸되고, 기의 전체적인 회전이 극히 완만해져서, 본래의 혼돈미분으로 되돌아 가는 것이다. 천지의 생성에서부터 소멸까지의 기간을 일원(一元)이라 한다. 그리고 혼돈미분으로부터 다시 새로운 천지가 형성되어, 다른 일원이 시작되어 가는 것이다.

    이 기의 무한 우주론은 아리스토텔레스에서 시작되는 유리처럼 딱딱하고 투명한 물질로 된 천구를 전제하는 그리스＝유럽의 유한우주론과는 대극에 선다. 기본적인 개념이 전혀 다르기 때문에, 이론을 세부까지 비교하기는 어렵지만, 아리스토텔레스에 비교하면 그 발상에 있어서, 데카르트의 우주진화론 쪽에 훨씬 친근성을 가질 것이다. 유동적인 기를 기저적 존재로 하는 까닭에 그 존재론은 진화의 사상을 안으로 발산시켜 갔던 것이다.

    천지 형성의 과정을 음양으로 말하면 하늘이 양, 땅이 음이다. 원초적인 하나의 기가 전체로서 음양으로 갈라지는 셈이다. 그러나 음양 개론만으로는 만물의 다양성을 해명할 수 없다. 거기에, 음양과는 본래 다른 기원을 갖는 오행(五行 : 목화토금수)의 개념이 결부되는 근거가 있다. 주희에 따르면 오행도 기의 물리적인 상태를 나타내는 개념이다. 하나의 기, 음양과는 별도로 고정적으로 오행의 기가 있는 것은 아니다. 유동적인 기의 존재상태는 각 부분에서 결코 같지가 않다. '기에는 청탁(淸濁)·편(偏, 불균질) 정(正, 균질)이 있다." 그 밖에 여러가지 개념에 따라서 존재 상태가 구별되는데, 그러한 다양한 상태의 각 부분은 농밀화 또는 희박화해 가는 과정에서 갖가지 다른 물리적 성질을 띠게 된다. 그것이 바로 오행이다. 예를 들면 뜨거운 기를 불, 습한 기를 물, 연한 기를 나무, 딱딱한 기를 금이라고 부른다. 오행은 그리스의 4원소(흙·물·공기·불)를 연상하게 하지만 독립된 원소는 아니며, 어디까지나 하나의 기의 부분에 불과하다.

음양의 '기'에 대하여 오행은 특별히 '실'이라고 불린다. 실이란 감각을 통해 지각할 수 있는 것을 가리킨다. 오행이 띠고 있는 물리적 성질

이, 이른바 감각적 성질이라는 점에 주의하자. 주희에 따르면

> "음양은 기이며, 이 오행의 질을 만든다. 천지는 물질을 만들 경우, 오행만이 물질에 앞선다. 땅은 흙이며, 흙에는 많은 금·목의 종류가 들어 있다. 천지간에 오행이 아닌 것은 없다. 오행과 음양의 7가지가 혼합한 그것이 물질을 만드는 재료인 것이다."

만물은 음양의 기와 오행의 질에 의해 형성된다. 기와 질을 대응시키면 기가 양이고, 질이 음이다. 기와 질은 다른 기능을 갖는다. 동물이라면,

> "지각운동은 양(＝기)의 작용이며, 육체는 음(＝질)의 작용이다."

사람의 심적 활동도 기의 작용이지만, 그것에는 혼(＝양)과 백(魄＝음)의 구별이 있다. 혼은 보다 순수한, 보다 동적인 기이며, 그 기능은 '사려·계획'에 있다. 그것에 대하여 '지각, 기억, 변별(辨別)'은 보다 순수하지 않은 보다 정적인 기인 백의 작용이다. 혼백의 구별은 주목할 만하다. 오늘날의 기계, 특히 전자계산기의 능력은 백에 해당되며, 그것에 한정되어 있다. 전자계산기의 개발자들이 그 본질적인 구별을 알고 있었더라면, 그들의 야심은 처음부터 더 신중했을 것이다. 어쨌든 천지의 형성이나 구조, 만물의 작용은 이리하여 일원적으로 기의 작용으로 귀착된다.

기의 존재와 작용의 형태에는 여러 가지 패턴이 있다. 예를 들면, 모든 존재가 항상 음양의 짝을 이룬다는 것은 존재의 패턴이다. 천지의 생성 소멸 과정은 작용의 패턴이다. 그러나 존재의 패턴은 논리적으로는 작용의 패턴으로 환원할 수 있다. 왜냐하면 체용의 논리가 가리키듯이 존재는 작용을 통해서만 인식할 수 있기 때문이다. 패턴을 중국어로 이(理)라고 한다. 체용으로 말하면 이가 체, 기가 용이다. 이는 기의 용을 통하여 비로소 인식되기 때문에 기의 체인 것이다. 이가

없으면 기의 작용이 질서를 형성할 수는 절대로 없으며, 거기에는 혼돈한 카오스가 나타날 따름일 것이다. 그렇다고는 하나, 이는 질서를 형성하는 능동적인 원리는 아니다. 주희는 이와 기의 관계를 사람과 말의 관계에 비유한다. 마치 사람이 말을 타는 것처럼, 이는 다만 기에 얹혀 있는 것에 불과하다고 했다. 그 경우, 그의 비유를 그대로 사용하면 사람이 고삐를 잡고 말이 가는 방향을 지시하는 것은 아니다. 말은 자연히 되는 대로 간다. 그 걸어가는 길이 그대로 이를 이룬다. 바꾸어 말하면, 기가 자연히 이루는 작용이 만들어 내는 패턴이 바로 이다.

주희는 '이'와 '기'의 준별(峻別), 즉 존재의 이원성을 어디까지나 역설했다. 그러나 이에 아무런 능동성이 없고, 단순히 기에 얹혀 있는 것에 불과하다고 하면, 일부러 기에 대하여 이의 개념을 세울 필요는 없지 않은가. '기'와 그 '질서'라는 개념만으로 충분하지 않은가. 당장 그러한 의문이 떠오른다. 사실, 그의 기의 이론은 이라는 말을 전혀 사용하지 않아도 기술할 수 있다. 그러나 사실은 거기에 이의 개념을 파악하는 열쇠가 숨겨져 있는 것이다.

존재의 질서는, 그것뿐이라면 단순한 사인(sign)에 불과하다. 그러나 감응의 논리가 가리키듯이 행동하는 인간은 그것을 상징으로서 포착한다. 즉 인간에게 있어서의 의미적인 존재가 된다. 그것이 이 = 패턴이다. '의미'를 '가치'로 바꾸어 놓아도 된다. 행동에 있어서 의미를 갖는다는 것은 바로 가치를 갖는다는 뜻이기 때문이다. 그런 의미에서 이 = 패턴은 본래적으로 가치 개념인 것이다. 존재에 있어서의 의미성(가치성의 강조), 그것이 이를 기에 견주어지는 이원적인 존재로서 정립시켰던 것이다. 그러므로 논리적으로 말하면 이를 기에 대한 이가 아니라 어디까지나 기의 이로 간주할 수 있다. 송학에서도 기와 이를 준별한 정호 — 주희의 계통과는 따로 기의 이를 주장한 정호[명도(明道), 이(頤)의 형, 1032~85] — 육十연[(陸九淵) : 상산(象山), 1139~92]의 계통이 있으며, 명대가 되면 그것은 주자학에서 나와 일전하여 양명학을 세운 왕수인[王守仁 : 양명(陽明), 1472~1528]으로 계승된다. 이 차이는 이가 좁은 의미에서의 가치 개념으로서는 도덕적 규범을 가리키기 때문에 인간학에는 크게 영향을 미치게 되지만, 자연학의 영역에서는 차이가 거의 나지 않는다. 차이라면 기의 이를 주장한 사람들이 자연학에 별로 관심을 나타내지 않으며, 기와 이의 준별을 주장하는 사람들에 의해, 그 이론이 전개되었을 것이다. 근대과학도 존재와 가치를 준별했다. 기와 이의 준별은 존재와 가치의 준별을 결코 뜻하지 않으며, 그것에 대비시켜 말하면 오히려 존재에 있어서의 가치성의 강조를 뜻하는 것이지만, 존재가 그대로 가치라고 간주하는 일원론적인 '기의 이'의 입장에 대비하면 이원성의 강조에 있어서 근대과학의 입장에 가깝다. 양자는 상이하는 사상풍토에서의 유사한 사고패턴이라고 간주할 수 있을 것이다. 사상사적으로 보아 참으로 주목할 만한 현상이라 할 것이다.

그렇다고는 하나 유사한 것은 어디까지나 사고의 패턴에 불과하다. 이는 근대과학에서 말하는 '법칙'에 해당하는 것을 포함한 기의 존재나 작용의 방법을 가리키는 폭넓은 개념이며, 게다가 인간의 도덕적 규범도 마찬가지로 이라고 불리고 있다. 그것은 인간이 기로 성립되어 있고, 이가 본래적으로 가치 개념이라는 것을 생각하면 쉽게 이해할 수 있을 것이다. 아니 그렇다기보다는 역으로 인간학의 요청이 자연의 세계에 가치개념으로서의 이=패턴을 발견하게 했던 것이다. 그리스도교의 세계에서는 궁극적인 가치는 창조주인 신에게서 찾아진다. 그러나 조물주=신의 관념을 갖지 않는 중국의 지식인은 천지(자연)의 생생한 작용에서 궁극적인 가치를 찾는다. 도덕을 자연주의적인 기초에다 두려고 했던 것이다. 덧붙여 말하면 유럽에서 도덕의 자연주의적 기초 부여가 시도되게 되는 것은 겨우 산업혁명 이후, 니체가 '신은 죽었다'고 선언한 뒤의 일에 불과하다. 어떻든 중국에서는 자연학이 인간학의 기초를 만드는 것으로서 추구된 것이며, 그것이 이=패턴의

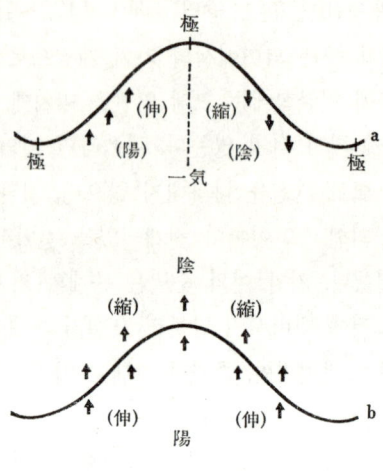

그림 11 파동 모델

개념의 발견과 심화(深化)를 이끌었던 것이다.
　기의 작용의 기본적인 패턴은 파동형이다. 연속적인 유체에 있어서는 파동이 더 자연스러운 운동 형태이기 때문이다. 그것은 다른 각도에서 포착한 두 가지 파동 모델로 표현할 수 있다(그림 11). 주희에 따르면 음양에는 '유행(流行)하는 것'·'착종(錯綜)하는 것'·'추행(推行)하는 것'·'대치되는 것' 및 '상대되는 것'·'정위(定位)되는 것'의 두 가지가 있다. '유행'이란 주야·한서·춘하추동·현망회삭(弦望晦朔) 등과 같이 '일정한 기간에 한바퀴 회전하는' 것을 가리키며, '대치'란 부부·남녀·천지·상하·동서남북 등과 같이 '음으로 갈라지고 양으로 갈라져서 양의(兩儀 - 천지)가 서는' 것을 가리킨다. 이 두 가지는 그러나 어디까지나 관점의 차이에 불과하다. 체용에서 말하면 "대치하는 것은 체이며, 유행하는 것은 용(用)이다". 기의 입장에서 '추행하는 것을 논한다면 단 하나이며, 대치하는 것이라면 둘이다'. 구체적인 예를 든다면 '혼백은 2기로 말하면 양이 혼, 음이 백이며 기로 말하자면 뻗는 기가 혼, 오므라드는 기가 백이다."

　이러한 말에서 엿볼 수 있듯이 대치와 유행은 주체(존재)와 작용의 입장에서 본 구별이다. 그 경우 용 또는 1기(즉 유행)가 파동 모델로 표현할 수 있다는 것은 당장 알 수 있다. 체 또는 2기(즉 대치) 쪽은 정위하는 것이라는 말이 시사하듯이 파동 모델로 되기는 어려운듯이 보인다. 그러나 존재는 작용을 통하여 비로소 인식되는 것이며, 작용이 없는 존재 따위는 있을 수 없다는 것을 생각한다면, 그것에도 파동 모델을 적용시킬 수 있다는 것을 알 수 있을 것이다. 어디까지나,

　"음양 다만 1기이며, 양의 후퇴가 그대로 음의 생장(生長)이다. 양이 후퇴해 버린 뒤에 다시 별도로 음의 생장이 있다는 것은 아니다."(주희)

라는 것이다. 그래서 1기 및 2기의 입장에서 각기의 파동 모델을 표현한 것이 그림 11 a·b이다. 설명할 것도 없이 뜻하는 점은 분명할 것이다. 이 두 모델은 결국 하나의 모델로 귀착시킬 수 있다. 예를 들면, 봄부터 여름에 걸쳐서는 1기가 신장하고, 가을부터 겨울에 걸쳐서는 후퇴한다(a)고 볼 수도 있으며, 또 봄부터 여름에 걸쳐서는 양이 전진하고 음이 후퇴하며, 가을부터 겨울에 걸쳐서는 음이 전진하고 양이 후퇴한다(b 및 그 음양의 위치를 바꾼 그림)고 생각할 수도 있기 때문이다.

　기의 파동형의 작용형태를 만드는 것은 기의 감응이다. 그것에도 두 가지 패턴이 있다. 똑같은 카테고리에 속하는 기 사이에 작용하는 감응을 동류상동(同類相動)이라고 하며, 다른 카테고리의 그것을 이류상감(異類相感)이라 부른다. 자석이 철을 끌어당기고, 여름에 초목이 번성하는 것은 동류상동이다. 기름이 타고, 암수가 자식을 만드는 것은 이류상감이다. 이 두 가지 패턴의 조합이 작용의 온갖 패턴을 만들어 낸다. 덧붙여 말하면, 인민의 저항권을 기초지은 것은 이 동류상동

의 논리였다. 한발·홍수·지진·화재와 같은 재해(음)가 일어나고, 인민이 고통을 받는 것은 위정자가 악정을 행하였기 때문이며, 재해는 악정의 상징인 것이다. 그렇기 때문에 인민은 일어나서 나쁜 위정자를 쓰러뜨릴 수 있다고 한다. 이 논리로 한다면, 결국 현대의 일본은 인민의 저항권을 발동시킬 요인으로 차 있다.

파동형의 기본적인 패턴과 그 변화는 도처에 나타나고 서로 영향을 끼치며, 이끌어 가면서 자신을 재차 만들어 간다. 이미 천지의 생성 소멸과정 그 자체가 기본적 패턴을 형성하고 있었다. 그것은 자신의 변화를 도처에서 국부적으로 독자적인 형태에서 재생시킨다. 1년의 순환도 하루의 추이도, 물질의 생성 소멸도, 생명의 과정도, 사태의 추이도 왕조의 역사도 모두 유동적인 과정에 있으며, 기본적인 패턴의 독자적인 변화로서 현상(現象)되어 있지 않은 것은 없다. 더군다나 감응의 무한연쇄반응계는 사물뿐 아니라 패턴에 대해서도 성립된다. 그것들이 서로 영향을 끼쳐가면서 짜내는 전체적인 패턴의 배열이, 바로 세계의 구조이다. 그것은 항상 유동적인 상태 속에서의 안정된 질서를 지향한다.

"정도 또한 동이다. 동정은 배가 물에 있는 것과 같다. 바닷물이 이르면 곧 움직이며, 바닷물이 물러가면 곧 멎는다. 사물이 있으면 곧 움직이며, 사물이 없으면 곧 조용해진다."(주희)

이와 같은 질서는 생명의 질서이며, 세계는 호메오스타시스였다. 세계를 생체모델을 통하여 파악하려고 하는 생물태적 발상법이 거기에 작용하고 있다. 더구나 그것이 기술 모델의 사고를 포함하고, 그것과 융합하고 있는 것이다.

기본적 패턴과 그 변화 및 그것들의 상호 관계를 기호화하고자 하려는 시도가 중국에는 고대부터 있었다. 전국시대 말기에 현존하는 모양(형)을 갖춘 『역(易)』의 팔괘, 또는 그것을 두 개 합친 64괘가 그것이다. 그것은 양의 기호 ─와 음의 기호 --를 3개(8괘의 경우) 또는 6개(64괘의 경우)를 조합시켜 갖가지의 배열, 즉 패턴을 만들고, 양의 기호의 배열법을 통하여, 패턴간의 관계를 생각하려고 한다. 음양의 기호를 0과 1로 바꾸어 놓으면, 이 패턴 전체는 2진법의 3자리(8괘) 및 6자리(64괘)의 수가 된다. 전자계산기 및 정보논리에서 없어서는 안될 기능을 하고 있는 2진법 체계인 그것은 가장 선구적인 표현이었다. 패턴의 인식이 기호화와 기호간의 관계 설정이라는 형식을 예부터 취했다는 것은 인식의 문제에 대하여 생각하는 훌륭하고 시사적인 단서가 된다.

도대체 인간에게 있어서, 대상적 세계는 어떻게 하여 근원적으로 이해가 가능할까. 그리스도교적인 유럽이라면 신과 인간의 이성의 공유라고 대답할 것이다. 창조주인 신은 이성적 존재이다. 피조물인 인간은 신의 이성을 나누어 갖는다. 그렇기 때문에, 이성적 존재인 신이 창조한 세계는 이성적 존재인 인간에게 있어서 근원적으로 이해 가능한 것이라고 할 것이다. 그러나 중국의 지식인은 신을 갖지 않았다. 그리스도교의 신에 해당하는 위치를 차지한 것은 자연으로 이루어지는 생생한 기능을 갖춘 물질=에너지인 기였다. 만물은 같은 기의 기능에 의해, 같은 재료에서부터 형성되어 있다. 장재(張載)의 말을 빌면, '천지의 새(塞)는 나의 그 체(體)', 우주에 충만하는 기는 그대로 나의 육체이며, 그렇기 때문에 '민(民)은 나의 동포, 물(物)은 나의 친구'인 것이다. 송명 시대의 사상가들을 사로잡아 놓지 않았던 '만물일체'의 사상이 거기에서 솟구쳐 나온다. 인간에게 있어서 세계가 근원적으로 이해 가능한 것은 이 만물일체에 바탕하는 것이었다. 심적 활동이 바로 기의 작용이라고 한다면, 마찬가지로 기의 작용에 의해 형성되는 세계는 그것에 의해 이해될 것이기 때문이다.

이 근원적인 이해 가능성은 내관이라 불리는 독자적인 인식방법을 낳게 된다. 만물은 일체이다. 바꾸어 말하면, 만물은 나에게 갖추어져 있기 때문에 바깥 세계를 보는 것이 아니다. 안쪽 세계를 응시함으로써, 안팎을 관통하고 있는 세계의 기본적인 패턴을 파악하려는 것이다. 정호는 앞에 인용한 "홀로 있는 것은 없으며, 반드시 짝이 있는 것이 천지만물의 이치"라는 말에 이어, "한밤중에 생각할 때마다 몸둘 바를 알지 못하노라"라고 기술하고 있는데, 내관(內觀)에 의하여 '천지만물의 패턴'을 파악한 사람의 기쁨이 그 말에 선명하게 표명되어 있다.

내관의 방법은 그러나 분명히 한계가 있다. 그것에 의해 파악되는 것은 어디까지나 세계의 기본적 패턴, 천지만물을 꿰뚫고 있는 하나의 이(理), 바로 그것일 것이다. 더구나, 그 경우 사고는 언어에만 의존하기 때문에, 그것에 의해 보다 순수하게 규정지어질 것이다. 혹은 자주 자연언어의 특질에 바탕하는 그것에 내재적인 논리의 발견에 그칠 것이다. 대상적 세계의 모든 사물마다에 갖춰지는 기본적 패턴의 갖가지 변화, 그것들이 전체로서 짜내는 구조는 내관에 의해서는 결코 파악되지 않는다. 그러나 자연 세계의 인식이란 바로 사물마다의 이의 인식인 것이다. 그렇다면 과학이라고 불리는 인식은 어떻게 하여 가능한가, 사실은 근원적인 이해 가능성의 근거 그 자체가 매우 어려운 역설을 인식 문제에 들이대는 것이다. 그러나 그것을 뛰어넘어 가는 길은 온갖 패턴을 2진법적 원리에 의거하여 기호화한 『역』의 괘에 이미 시사되어 있다.

4. 방법과 기술

근대과학의 방법은 존재와의 관련으로 말하면 분석적 방법이다. 대상을 인식할 경우 그것을 단순한 요소로 나누고, 요소의 성질이나 요소간에 작용하는 법칙을 발견하여, 그것에 의거하여 대상의 전체상을 구성한다. 분석적 방법은 어떻게 해서 유효하냐 하고 묻는다면, 대상 그 자체가 본래부터 단순한 요소에 의해 구성되어 있기 때문이라는 대답이 되돌아올 것이다. 존재와 인식이 말하자면 1대 1로 대응하고 있다고 간주되고 있는 것이다. 이 방법과 그것에 대응하는 존재론이 실체를 전제하고 있는 것은 말할 나위도 없다.

탐구의 과정에 대하여 말한다면 과학적 탐구방법(가설연역법이라고도 불리는데, 이것은 넓은 의미에서의 귀납법이기 때문에 과학적 탐구방법이라고 부르는 것이 적절하다)이 있다. 탐구하려는 문제에 대하여 먼저 가설을 세우고, 연역적인 추론에 의해 그 가설이 함의(含意)하는 검증가능한 결론을 이끌고 그것이 진실인가를 검증한다. 이른바 실험적 방법은 이 마지막 단계에 위치하게 된다. 바꾸어 말하면, 실험이 주로 이론(가설 – 추론)을 사실에다 결부시키는 중개 역할을 하는 검증 단계로 자리매김이 되어 있는 점에 근대과학에 있어서의 실험적 방법의 특질이 있다.

언어 기호에 관하여 말한다면 양적 방법이 있다. 대상의 요소를 양(수치)에 따라 기호화하고, 양과 기호간의 관계로서 대상을 포착한다. 그것은 관계를 나타내는 기호를 사용하며, 변수간의 기능적인 상호관계[예를 들면, $y=f(x)$]로서 일반화된다. 물론, 근대과학의 언어는 수학적 언어에만 한정되지 않는다. 자연언어를 기초로, 개념의 내포를 일의적(一意的)으로 정의하여 그 애매성을 제거한 인공언어까지도 사용한다. 그러나 그것에는 한계가 있으며, 근대과학의 눈부신 성과는 대상의 양기호화와 수학적 언어의 사용에 의해 달성된 것이다. 그 경우 존재와 인식의 1대 1 대응이라고 하는 사고의 공리에 서면 인식의 대상 그 자체가 양적, 수학적인 존재라는 뜻이 되지 않을 수 없다.

중국인에게 있어서 자연의 세계, 유동적인 기와 그 작용형태가 만들어 내는 세계는 존재와 작용의 갖가지 패턴이 짜내는, 그리고 끊임없이 똑같은 기본적 패턴으로 자신을 재생시키고 있는 생명적 질서의 세계였다. 만물은 우주의 생명적 질서를 각각 독자적인 형태에서 재현하고 있지만, 그러나 어디까지나 딴것과의 연관에서만 의미를 드러내는 존재였다. 세계의 근원적인 이해 가능성은 기의 동일성에 바탕하고 있었으나, 기에 의해 형성되는 세계는 부분의 단순한 집합이 아니고, 전체와 여러 부분이 복잡하게 영향을 끼치는 무한 연쇄반응계이며, 그것을 통해 항상 안정된 질서를 지향하는 호메오스타시스였다. 즉, 하나의 유기체였던 것이다. 이러한 대상적 세계를 인식하는 어떠한 유효한 방법이 있을 수 있었을까.

우선 첫째로, 중국인의 사고법 그 개념과 논리를 아주 유효하게 적용할 수 있는 자연의 영역이 있는 것을 잊어서는 안될 것이다. 예를 들면, 기상현상이 그렇다. 유체로서의 기・음양개념・파동모델 등이 거기에서 얼마나 유효하게 작용하는가는 기류・고기압 — 저기압・온난전선—한랭전선 등과 같은 오늘날의 기상용어나 일기도 등을 떠올려 보는 것만으로도 추찰할 수 있을 것이다. 기상학이나 지진학 같은 파동모델을 적용할 수 있는 분야에서 중국인이 두드러진 성과를 거둔 것은 당연했다. 또 자기학(磁氣學)의 분야도 그렇다. 우주의 패턴과 인간의 행동패턴과의 상관을 감응관계를 통하여 탐구하고, 어떤 구체적인 행동이 적절한지 어떤지를 결정하려고 했던 점에서 시작된 자기 현상의 추구가 자침(나침반)의 발명과 그것에 의한 편각의 측정으로 이끌어졌던 것이다.

그렇기는 하나 이러한 기본개념이나 논리가 산 채로 기능할 수 있는, 즉 그것이 일반적인 설명원리로서 기능할 뿐 아니라 개별적인 현상의 해명에도 유효한 분야는 그다지 많지는 않다. 그 이외의 분야에서는 기본개념이나 논리는 사물이나 현상간의 관계를 시사하고 발견하게 하는 이상의 기능을 갖지 못한다. 그래서 두번째로 취해지는 것이 현상의 개별적・구체적인 기술과 패턴에 의한 ㄱ 유별(類別)이라는 분류원리에 바탕하는 대상적 세계의 인식이다. 중국인은 그대로 문화의 집약적 표현이라고도 할 수 있는 독자적인 분류원리를 구사하여, 자연의 모든 현상을 극명히 기술했으며 2000년에 걸쳐 그 기록을 남겼다. 모든 자연 현상에 관심이 미친 것은 여러 가지 사물이나 패턴이 짜내고 영향을 끼쳐가는 우주의 생명적 질서 속에서는 어느 것 하나인들 그들에게 있어서 의미적 존재가 아닌 것은 없었기 때문이다. 그것이 특히 훌륭한 성과를 거둔 것은 본초학(本草學)이라 불리는 식물학 분야였다. 대상의 성질로부터 당연했을 것이다. 참고로, 중국의 '체계적'인 과학책과 기술책은 전부 분류원리에 따라 구성되어 있다고 해도 과언이 아니다. 기술(記述)과 분류는 다양한 것을 다양한 그대로 개별성과 구상성과 의미성에서 파악한다. 고집스럽게 일반화와 추상화를 거부하려고 하는 유기체를 대상으로 한 경우, 그것은 역시 훌륭한 인식방법인 것이다.

실체를 갖지 않은 기의 세계의 인식에 있어서의 역설은 바로 거기에 있다. 한편으로는 우주를 관통하고 있는 존재와 작용의 기본적인 패턴, 다른 쪽으로는 개개 사물의 구체적인 기술과 분류, 인식은 그 양극으로 분열되어 버린다. 그러나 그것뿐이라면 종적 존재로서의 만물에 갖추어진 독자적인 패턴, 만물을 바로 만물답게 만드는 독자성은 끝내 파악되지 않을 것이다. 그런 의식에서는 만물은 알 수 없는 것으로서 그칠 것이다. 어떻게 하면 그 벽을 뛰어넘어 만물을 알 수 있는 (可知的) 것으로 바꿀 수 있을까. 중국인이 발견한 길은 존재로부터의 인식의 절단, 인공언어(量記號)에 의한 대상의 기호화였다. 심괄이나 주희 등 송대의 과학자와 사상가에 의해 세워진 인식론·방법론이 그것이다. 천문학자였던 심괄의 『혼의의(渾儀議)』에 다음과 같은 말이 있다.

"도(度)는 하늘(天)에 있다. 그것을 기형(璣衡-관측기계)으로 만들면, 도(度)는 기계에 있다. 도가 기계에 있으면 일월 5성은 기계 속에서 포착할 수 있어 하늘이 관여할 바 아니게 된다. 하늘이 관여할 바 아니게 되면 하늘에 있는 것을 인식하는 것은 어렵지 않다."

이 짧은 말 속에 그의 입장이 간결하게 표명되어 있다.

도는 하늘에 있다는 것은 무슨 말인가. 오늘날 사용되고 있는 주천(周天) 360도는 원래 동양에서 기원하는데, 360이라는 수치로부터 금방 알 수 있듯이, 1년의 일수에 대응하고 있다. 1도는 태양이 하루에 진행하는 거리를 나타내고 있는 것이다. 중국인은 1년의 일수에 더욱 엄밀하게 대응시켜 365도와 4분의 1도를 주천의 도수로 선택했다. 그렇기 때문에 도가 하늘에 있다는 것은 태양의 운행 속에 있는 것을 뜻한다. 그러나 도는 현상을 양기호로 바꾸어 놓기 위하여 인간이 만든 기준이다. '작위(作爲)'적인 기준이 미리 대상 속에 '자연'으로서 있다는 것은 무슨 말인가. 주희에 따르면 도가 태양의 운행에 의거하고 있다는 의미에서는 '자연'이지만 결코 운행의 수치와 같지는 않으며, 1년의 운행 수치를 균등히 나눈 것이 도인 것이다. 작위는 그것에 그치지 않는다. 먼저 그 도에 의해 항성의 위치를 정하고, 다음에는 역으로 그것을 기준으로 하여 태양의 운행을 측정한다. 도는 눈에 보이지 않는다. 보이는 것은 항성에 불과하다.

자연과 작위의 관계가 일반적으로 그와 같은 것이라고 친다면, 양적 기준을 작위적으로 만들 수 있는 대상을 양기호로 바꾸어 놓을 수 있는 근거는 대저 어디에 있는가.

근대과학의 건설자들은 그 근거를 신(神)에게서 찾았다. 신은 수학자이며, 수학에 의하여 세계를 창조했다. 그러므로 수학에 의하여 세계를 인식할 수 있다고 했다. 대상 그 자체가 수학적 존재라고 하는 플라톤적 신념에 지탱되어 있었으며, 그것을 존재와 인식의 1대 1 대응이란 사고의 공리가 이끌어 가고 있었던 것이다.

주희는 그 근거를 기의 자연직으로 이루어지는 작용이 결과로서 만들어 내는 종류의 특성에서 찾는다. 그것은 그대로 이＝패턴의 특성이라 해도 된다.

"이 이(理)가 있으면 이 기(氣)가 있다. 이 기가 있으면 이 수(數)가 있다. 이 말은 수란 바로 경계를 가르는 곳이기 때문이다."

달리 '기가 있고 모양이 있으면, 즉 수가 있다'라고도 한다. 한번 움직이고 한번 조용해지고, 한번 나아가고 한번 물러서는 기의 작용에는 동에서 정으로, 정에서 동으로, 진에서 퇴로, 퇴에서 진으로 바뀌는 '경계'가 있다. 파동 모델(166쪽 참조)에서 말하자면, 극이 그것에 해당한다. 그러나 동정·진퇴는 비교개념이기 때문에 곡선상의 어딘가에 접근된 임의의 2점을 선택하면, 반드시 한쪽이 동(動) – 진(進)이고, 다른 쪽이 정(靜) – 퇴(退)이다. 그렇기 때문에 논리적으로 말하면, '계한(界限) 경계를 가르는 곳'은 도처에 있는 셈이다. 사실은 이 연속성이 예를 들면 어떠한 시점에 있어서의 천체의 관측도, 그 천체의 운동을 밝히는 데에 도움이 되고, 관측 횟수를 늘리면 그만큼 정밀화해 간다는 것의 근거가 되겠지만, 지금은 거기까지는 생각하지 않아도, 흔히 하는 경험으로서 자연현상 속에 '경계를 가르는 곳'이 얼마든지 있다. 1년의 음양의 변화로 말하면 밤낮의 길이가 같은 시점이 춘분 추분이다. 달의 차고 이지러짐의 반복이 12달이다. 한서(寒暑)의 변화의 단계가 24절기이다. 밤낮의 교대가 365일이다. 그러한 것들은 모두 지각적 경험으로서 분명하게 '경계를 가르는 곳'을 가졌으며, 그것에 의하여 세어지고 있다. 그 '경계를 가르는 곳'이 수이다, 라고 주희는 말한다.

1년의 변화란 요컨대 음양의 기의 배열 바로 그것이지만, 이번에는 '기'가 아니라 '형(形)'의 배열을 들어 보자. 그 '경계'는 더욱 분명하다. 예를 들면, 거북의 등은 6각형의 무늬를 배열한 도형을 이루고 있는데, 그 도형은 무늬의 능선에 따라 '경계'가 갈라져 있다. 혹은, 글씨를 메우고 있는 원고용지라도 좋다. 그것은 정방형의 칸을 가로로 20개를 배열하여 1행으로 하고, 그것을 다시 세로로 10행을 배열시킨 도형을 이루고 있으며, 칸과 칸 사이는 1줄의 직선으로, 행과 행 사이는 2줄의 직선으로 '경계'를 갈라 놓고 있다. 도대체 무엇 때문에 200개의 정방형을 규칙적으로 배열한 원고용지를 쓰느냐 하면, 자수를 세기 쉽기 때문이다. 일반적으로, '경계'를 가른 곳의 가장 큰 특질은 셀 수가 있다는 점에 있다. '경계'가 없으면 처음부터 센다는 것은 문제가 되지 않는다.

그러나 주희는 '셀 수 있다'고 말하지 않고, 그대로 '수이다'라고 말한다. 그것은 무슨 말인가. '경계'를 가르는 곳은 기의 작용의 결과로서 자연히 생겼으며, 작위적으로 그렇게 한 것은 아니다. 그러므로 '셀 수 있다'고 하는 성질도 기의 작용에 깊은 근거를 가지고 있을 것이다. 예를 들면 6각형이라면 굳이 거북 등의 무늬만은 아니다. 주희에 따르면, 눈[雪]의 결정도 대음현정석(大陰玄精石)의 결정도 6각형이다. 눈의 결정은 싸라기눈이 내려오다가 강한 바람을 맞을 때 생긴다. 물로 반죽한 흙덩이를 땅바닥에 던지면, 비슷한 모양이나 능선이 생기는 것과 같은 것이다. 이러한 사례에서 보아 6각형은 물(즉, 습한 기)의 작용에 깊은 근거를 갖는 것이라 할 수 있다. 그 경우 작용이 있는 이상 그 주체가 있을 것이라는 체용의 논리로부터 말하면, 물에 6이라 셀 수 있는 성질을 만들어 내는 작용이 있는 이상, 그 주체로서 거기에 6이라는 수가 있어야 한다. 그 의미에서 6은 물의 수이다. 태양의 운행이나 1년의 음양의 변화에 관해서도 마찬가지로 말할 수가 있다. 그러므로 '기가 있고 형이 있으면, 수가 있다'고 말하게 된다.

이 논리는 곧 작용으로서의 기와 주체로서의 이 = 패턴의 관계를 상기시킨다. 아니, 그렇기는커녕 수는 패턴의 특성이라고 보아도 된다. 패턴이란 물질이나 에너지의 공간적 혹은 시간적인 배열이며, 간단히 말하면 도형이다. 예를 들면, 주희에 따르면 '거북등 위의 무늬는 한복판에 5개, 그 양쪽에 8개씩, 그 주위에 24개가 있다'고 하고, 무늬의 이러한 공간적 배열에 따라 그려지는 독자적인 도형이 바로 거북등의 이＝패턴인 것이다. 파동으로 말하면 극에서 극까지가 하나의 모양이며, 그 배열에 따라 파동의 도형이 만들어진다. 이미 말했듯이 도형에는 반드시 '경계를 가르는 곳'이 있다. 그런 의미에서 수는 패턴의 특성이라고 해도 좋다. 기의 일동(一動) 일정(一靜)이 패턴을 짜내는 것이며, 동정의 '경계를 가르는 곳'이 수이기 때문에 당연할 것이다. 그러므로 주희는 '이와 수는 그 근원인즉 다만 이것 하나이다'라고도 말하는 것이다.

    이것이 대상을 양(量)기호로 바꾸어 놓을 수 있는 근거였다. 그러나 어디까지나 근거에 지나지 않는다. 측도의 기준은 '천지자연의 수'에 의거하면서도 '작위'적으로 만든 것이었다. 다시 앞에 인용한 심괄의 문장으로 되돌아간다면, '그것을 기형(璣衡)으로 만들면 도는 기계에 있다. 도가 기계에 있으면 일월 5성은 기계 속에 포착할 수 있으며, 하늘이 관여할 바 못된다.' 인간은 물체를 만드는 경우, 만들려고 하는 물체를 미리 머리 속에 만들어 두고, 소재를 사용해서 그것을 대상적 세계에 실현한다. 그러므로 제작품은 대상화된 자기이며, 기술이란 인간 그 자체를 외재화(外在化)시키는 행위이다. 이 작위의 산물인 기계는, 일반적으로 인간의 기능의 일부를 연장시킨 것이 된다. 혼의라면 눈의 기능의 일부를 연장시킨 것이며, 그 눈은 측도의 기준을 갖추고 있다. 천체는 이 인공적인 눈＝관측기계 속에 포착된다. 바꾸어 말하면, 인공언어인 양 기호로 바뀌게 된다. 양으로서 인식된 대상은 결코 존재 그 자체는 아니다. 대상의 패턴의 특성 바로 그것이다. 이렇게 하여 존재로부터 인식이 절단된다. 존재가 자연적인 데 대하여, 인식은 작위적으로 구성된 것이 된다. 이리하여 '하늘이 관여하는 바가 아니게 되면, 하늘에 있는 것을 인식하기는 어렵지 않다.' 대상과 인간 사이에 기계를 개재시키고, 양자를 절단함으로써 비로소 만물이 가지적(可知的)으로 된다.

　이 인식론이 양적 실험적 방법의 자각으로 귀결되어 가는 것은 이미 설명을 요하지 않을 만큼 분명할 것이다. 미리 양해를 구해 둔다면, 나는 여기서 실험적 방법이라는 말을 과학적 탐구 방법의 검증 단계로 자리매김하는 것에 그치지 않고 더 넓은 의미로 사용하고 있다. 즉, 과학에 있어서의 관측이나 측정, 기술에 있어서의 재료시험이나 모형시험까지를 포함하여, 그것들이 방법적 자각을 수반해서 행해지는 경우에 적용시키고 있다. 그것이 그대로 중국에 있어서의 실험적 방법의 특질이기도 했던 것이다.

　확실히, 넓은 의미에서의 실험이 검증방법으로서 자각되어 있지 않았던 것은 아니다. 예를 들면, 주희는 새로운 역법을 구상하고 있던 친구 채원정(1135~98)에게, 다음과 같이 써 보냈다.

> "역법은 역시 대체적인 구성으로 약론할 수밖에 없을 것입니다. 상세히 하려고 하면 관측하여 비로소 검증할 수 있기 때문입니다. 지금은 그 기계가 없으므로, 거의 다 구명하기는 곤란합니다."

　기계가 없다는 것은 북송의 원우(元祐) 연간(年間)에 만들어진 중국기술의 최고의 성과의 하나인 수운혼의를 비롯하여 훌륭한 관측기계를 모조리 북방의 금나라에 빼앗기고, 남송에는 볼만한 기계가 없었다는 것을 가리킨다. 도대체 중국의 이른바 '이론' 천문학은 그리스의 행성 운동론을 중심으로 하는 기하학적 천문학과는 달리, 천체력의 계산을 중심으로 하는 대수학적 천문학이었다. 거기서는 인식의 체계=역법의 차이는 결국 기본상수와 계산법의 차이에 귀착된다. 대상 패턴을 하나의 양 기호로서 파악한 것이 기본상수이지만, 그것에 어떤 종류를 선택하고 어떤 수치를 주느냐, 그것을 사용하여 관측치를 어떻게 처리하고 계산하느냐 하는 것이다. 그 경우 관측에 의해 직접 검증되는 것은, 바로 기본상수이다. 채용된 기본상수가 타당한가 어떤가를 검증한다는 것은 사실은 보다 타당한 기본상수를 발견한다는 것을 뜻한다. 검증방법이 그대로 발견방법으로서 작용하는 것과 같은 구조를 중국의 천문학은 가지고 있었던 것이다.

좀더 일반적으로 말하면, 중국의 실험적 방법은 '검증의 방법'이라기보다는 오히려 '발견의 방법'이었다. 그것은 실험의 전제가 되는 인식체계의 성질에 관계된다. 그리스 = 유럽에서는, 인식체계는 '원리 — 추론'의 연역적 구성을 갖춘 이론으로서 표현되었다. 그 경우 직접 사실에 관계되는 것은 추론의 결과이며, 원리는 아니다. 그러므로 르네상스의 과학자가 자연의 인식에 있어서 실험이 갖는 의의를 깨달았을 때, 추론의 결과의 검증을 통하여 원리의 진위를 검증하는 방법으로서 실험을 파악한 것이며(예를 들면, 파스칼의 진공실험), 그것에 수반하여 원리도 검증을 요하는 가설로 간주되기에 이르렀던 것이다. 그것이 17세기에 있어서의 근대과학의 방법(과학적 탐구방법)의 성립이었다.

중국에서는 다르다. 인식의 체계는 분류원리에 의거하여 집성된 대상의 개별적·구체적 기술(양적 기술을 포함한)이든가, 기본상수와 개개의 관측치와의 양적인 상호관계이며, 어느 경우에도 직접으로 사실과 관계되어 있다. 그러므로 관측은 항상 새로운 사실을 '발견하는 방법'으로서 작용하게 된다. 그것은 말할 것도 없이 양으로 바꾸어 놓음으로써 대상(만물)이 비로소 가지적으로 된다는 인식론에 훌륭하게 대응하고 있다. 주희가 새로운 역법의 구축보다도 정밀한 관측기계의 제작 쪽이 급선무라고 하여, 손수 수운혼의 제작을 기도한 것은 실험적 방법을 '발견의 방법'으로서 자각하고 있었기 때문이었다.

주희에게 따르면 대상의 양적 인식의 곤란함은 기계 제작의 그것과 같다. 기계가 대상을 정확하게 포착할 수 있기 위해서는, 바꾸어 말하면 실험적 방법이 '발견의 방법'일 수 있기 위해서는 기계는 어떠한 특성을 갖추어 있어야 하는가. 대상과 같은 '형체다'라고 주희는 주장한다. 예를 들면, 하늘의 '형체'는 공이다. 그렇기 때문에 천문관측기계는 이 '형체'를 갖추고 있어야 한다고 주장한다. 여기서 말하는 '형체'는 단순한 '모양'이 아니다. 이미 말한 바와 같이 하늘의 기의 무한우주이다. 그것은 다만, 기의 전체적인 회전에 의해 공의 '형체'를 갖추고 있는 것에 불과하다. 각도를 바꾸어 말하면 기의 작용이 형성하는 '형체'가 인간의 눈에는 공으로 보인다는 것에 불과하다. 그러므로 '형체'란 지각에 의해 파악되고 의미적으로 관련지어진 공간의 배치, 즉 바로 형태인 것이다.

지자기 현상을 예로 들어 보자. 지구의 자기장은 등방등질의 공간이 아니다. 공간내의 각 점은 각각 방향이 선정되어 있고, 방향이 설정된 점의 전체가 장을 형성하고 있다. 각 점의 방향 선정이 없으면 장은 없다. 그러나 장을 떠나서는 각 점의 방향 선정도 없다. 그것은 전체의 패턴과 부분의 패턴이 서로 영향을 끼치는 하나의 질서이다. 이 공간 내의 한 점에서는 인간, 예를 들면 선원에게 있어서 그 질서는 의미적인 존재이다. 즉, 방향을 가리키는 상징이다. 그래서 그는 나침반에 의해 방향을 측정하고, 배의 진로를 결정한다. 그 경우 나침반은 전체의 방위를 표시하는 문자판과 각 점의 방향을 지시하는 자침을 조합시킨 장치로서, 바로 대상의 형태를 갖추고 있다 할 것이다. 각 점의 방향 선정 그 자체를 측정하면 편각이 된다. 그것은 중국인에게 있어서 감응작용의 어떤 독자적인 형태의 양적인 인식을 뜻하고 있었다. 다만, 나침반의 모양과 자기장의 모양과는 결코 닮지 않았다는 점에 주의하지 않으면 안된다. 대상의 형태를 파악한다는 것은 형체를 모사하는 일이 아니다. 주희 식으로 말하면, 이러한 특성을 지닌 기계에 의해, 대상은 비로소 정확하게 인식되는 것이다. 사실, 침과 문자판에 의한 양의 표시는 오늘날의 계기의 가장 표준적인 형식이며, 중국인의 가장 빼어난 발명의 하나였다.

주희가 '하늘의 형체'를 갖춘 기계로 간주한 혼의는 적도환·황도환·지평환·자오선 등을 구상으로 조합하여, 그 중심에 망통(望筒)을

혼의 (남경 자금산 천문대)

붙인 장치이다. 수운혼의가 되면 수력으로 움직이는 기계시계의 기능에 의해 망통이 자동적으로 천체의 운동을 추적해 간다. 이 경우에도, 그가 지적하고 있듯이, 적도라든가 황도는 하늘에 존재하는 것은 아니다. 따라서 혼의의 형태는 결코 하늘의 모양을 모사하고 있는 것은 아니다. 하물며 수운(水運)의 메커니즘에 이르러서는 그것은 천체의 운동형태를 포착하고 있는 데에 불과한 것이다. 별의 공간적 배치와 운동을 재현하는 기계로서 큰 구상의 회전 돔을 가진 플라네타륨(천체투영장치)을 주희는 구상했지만, 그것도 '하늘의 형체'의 파악이 천문학 연구의 기초라고 생각했기 때문이었다.

지각을 통하여 파악되고 인식으로서 구성된 대상의 형태를 기계의 형태로서 제작한다. 그 제작 과정을 원우의 수운혼의에서 살펴보자. 계획에 앞서 수운혼의를 만들 수 있겠느냐 하는 상사의 물음에 기술자인 한공렴(韓公廉)의 대답은 다음과 같았다.
"산술에 의거하여 기계를 설계하면 만들 수 있습니다"라고. 얼마 후 그는 구장구고측험혼천서(九章鉤股測驗渾天書) 한 권을 완성하고, 나무로 만든 모형 한 틀을 제작했다.

'산술'은 수학을, '9장'은 중국수학의 고전인 『9장산술(九章算術)』(1세기)의 전통 위에서 발전해 온 수학을 각각 뜻한다. 구고라는 것은 도형을 대수적으로 계산하는 방법으로, 말하자면 대수화된 기하학이다. 동시대의 심괄은 그것을 원의 호(弧)·시(矢)·현(弦)을 계산하는 할원술(割圓術)로까지 발전시켰으나, 이후 그것은 그리스＝아라비아 수학에서의 구면 3각법에 해당되는 기능을 해간다. 기술자가 이러한 구고법을 구사하여 기계의 설계를 진행시켜 간 것은 주목할 만하다. 또 한 가지 중요한 것은 모형시험을 되풀이하고 있는 점이다. 한공렴의 설계도에 의거하여 먼저 소형 목제모형을 조립하고 이어 대형 목제모형을 만들고 나서 본격적인 제작에 착수했던 것이다.

대상의 형태를 실현한 기계에 의해 그 정확한 인식이 가능해진다는 사상은 근대 유럽의 기계론적 자연관에 대비할 때 중국적 사고의 특질을 선명하게 부각시킨다. 기계론자들은 우주와 기계시계가 같은 메커니즘을 갖는 우주는 시계라고 생각했다. 수운의 메커니즘 위에 혼상(천구의)을 부착하면 천체의 운동을 재현하는 천문시계가 되는데, 유럽에서도 15세기경부터 천문시계가 만들어지게 된다. 그러나 실체관 및 존재와 인식의 1대 1의 대응이라는 사고의 합리를 전제하는 유럽인은 거기서부터 즉각 메커니즘의 동일성＝존재의 동일성을 결론지었던 것이다.

대상을 형태＝패턴으로서 파악하고 시각화하는 눈을 우리는 이미 화가나 건축가에게서 보았다. 여기서 든 주희의 눈이 그것과 같다는 것은 이미 분명할 것이다. 그것은 동시에 시계나 상지의 형태를 구성하는 기술자의 눈이기도 했다. 표현자와 제작자를 꿰뚫는 하나의 눈

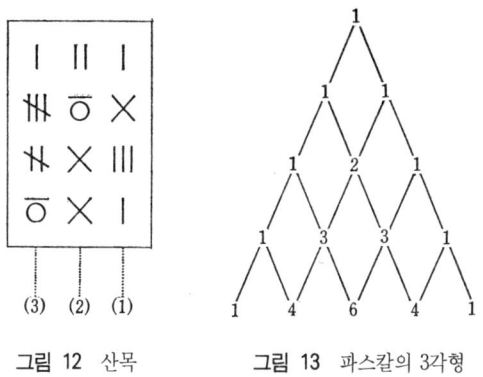

그림 12 산목   그림 13 파스칼의 3각형

은 공간 속에 의미적인 연관을 발견하고 대상을 그 연관 속에 위치지어 형태와 패턴을 인식했던 것이다.

독자적인 대수계산의 기술인 산목에 그 훌륭하고 틀림없는 표현이 있다. 설사 눈에 보이지는 않아도 공간의 각 부분이 의미적인 연관에 서 있다고 하면 이번에는 반대로 공간에 특정한 의미를 부여하고, 그 각 부분에 대상을 배치함으로써 대상간의 관계를 파악할 수 있을 것이다. 공간전체가 상호관계의 기능을 띠게 되는 셈이다. 그러한 공간 속에서 계산을 진행시키는 기술이 산목이었다. 본래는 실제로 짧은 막대기를 사용했으나, 후에는 그 형식으로 필산을 하게 된다. 남송 시대의 필산용의 기호를 사용하면 다음의 3원1차 연립방정식

예) $x_1 + 4x_2 + 3x_3 = 1$ .... (1)
$2x_1 + 5x_2 + 4x_3 = 4$ .... (2)
$x_1 - 3x_2 - 2x_3 = 5$ .... (3)

은 그림 12와 같이 나타낸다. 기호는 계수를 가리키며 예를 들면, ╪ 은 −2이다. 계수의 이 공간적 배치가 무엇을 뜻하는가는 다음의 행렬식과 비교해 보면 당장 알 수 있다.

$$\begin{pmatrix} 1 & 4 & 3 \\ 2 & 5 & 4 \\ 1 & -3 & -2 \end{pmatrix} \begin{pmatrix} x_1 \\ x_2 \\ x_3 \end{pmatrix} = \begin{pmatrix} 1 \\ 4 \\ 5 \end{pmatrix}$$

즉, 등호(等號) =와 미지수의 행 (x_1, x_2, x_3)을 눈에 보이지 않는 공간에 메운 행렬식 바로 그것이다. 역으로 말하면, 공간 그 자체가 말하자면 행렬공간이라고 불러야 할 의미가 부여된 존재이다. 뿐만 아니라 공간적 배열에 따라서 기호의 기능과 의미가 결정된다는 이 구조는 중국어의 문장구조에 훌륭하게 대응되고 있다. 바꾸어 말하면 산목에 의한 계산법은 자연언어로서의 중국어의 구조를 인공언어로 바꾸어 놓은 것일 따름이었다. 그리고 예를 들면 11세기에 2항 전개의 계수를 3각형 모양으로 배열한 이른바 '파스칼의 3각형'(그림 13)을 발견하게 한 것은 이 행렬공간이었다. 중국과학의 정수인 대수학이 그 위에 꽃피었던 것이다.

- 『과학사의 발달』 1970. 10 -

II. 극구조 이론

의학에 있어서 전통으로부터의 창조 *186*
  처음에 *186*
  1. 의료·위생의 3대원칙 *187*
  2. 중의의 재평가 문제 *192*
  3. 가치평가의 역전의 동인과 장애 *197*
  4. 의료와 농촌의 사회주의화 *202*
  5. 토법과 신의약학파 *209*
  6. 새로운 의학체계의 형성 *213*
  끝으로 *220*

중국공업화와 그 구조 *225*
     - 극구조 이론 서설 -
  처음에 *225*
  1. 공업화의 발전 패턴 *230*
  2. 극구조 이론에 의한 분석 *246*

공간·분류·카테고리 *272*
     - 과학적 사고의 원초적, 기초적인 형태 -

의학에 있어서 전통으로부터의 창조

처음에

오늘날의 중국의 과학·기술은 어떤 특이한 양상을 우리 앞에 보여주고 있다. 중국의 전통이 거기에서 수행하고 있는 역할의 크기에 의해서다. 그것은 '고(古)를 금용(今用)으로 하며, 양(洋)을 중용(中用)으로 한다'라는 슬로건에 선명하게 상징되어 있다.

사회와 문화 이외의 영역에서라면 어떻든 간에, 과학·기술의 영역에서 전통적인 그것이 중요한 역할을 수행한다는 것은 도대체 무엇을 뜻하는 것일까. 확실히, 전근대 사회에 있어서 중국인이 달성한 과학·기술의 높은 수준과 큰 공헌은 J. 니덤이 체계적으로 밝혔듯이, 지금은 의심할 여지가 없다. 그리고 중국인의 수많은 발명과 발견이 아라비아인의 손을 거쳐 르네상스·유럽으로 전해져, 근대과학·기술의 탄생에 자극을 주었던 것이 더러는 확인되고 더러는 추측되고 있다. 중국의 전통적인 과학·기술의 흐름은 그런 의미에서 근대과학·기술의 대하(大河)로 흘러들었던 것이다. 그러나 그것은 근대과학·기술에 의해서 훨씬 앞설 수 있었다는 것도 동시에 뜻하고 있다. 특히 19세기 이후 근대과학은 자연의 모든 영역에 탐구의 손을 뻗쳐, 유럽의 사상적 전통에선 형이상학적 기반을 불식하고, 민족·언어·종교 등에 관계없이 보편적으로 받아들여질 수 있는 갖가지 이론을 구축해 왔다. 그리고 근대기술은 과학과 긴밀한 관계를 수립하여 과학에 의해 기초가 다듬어짐으로써 고도로 발달한 공업사회를 출현시켜 세계의 양상을 일변시켰던 것이다. 후진국에 있어서 신진국의 과학·기술을 도입하고, 공업화를 꾀하는 일은 오늘날 거의 불가피한 과제이다. 그 때 일쩍이 아무리 높은 수준에 도달해 있었다고는 하나, 전근대 사회의 과학·기술의 전통이 무엇을 해낼 수 있을까. 그럼에도 불구하고 역시 전통이 중요한 역할을 수행하고 있다는 것은 무엇을 말하는 것일까.

오늘날의 중국은 어째서 무엇 때문에 전통을 살리려고 하고 있는 것일까. 그렇게 할 수밖에 없었던 것일까. 아니면, 어떤 이념에 바탕하고 있는 것일까. 민족 유산에 대한 긍지 때문일까, 아니면 새로운 과학·기술체계를 만들어 내려고 하고 있는 것일까. 전통을 계승하는 일이 과학·기술에 도대체 무엇을 가져오는 것일까.

이러한 물음에 대하여 중국은 최근에 하나의 명확한 회답을 제출했다. 의학에 있어서의 침이 기술의 전개이다. 그것은, 치료법 및 마취법으로서 높은 성공률을 보이고 있을 뿐만 아니라, 그 원리의 과학적인 구명이, 의학이나 생물학에 중요한 기여를 가져올 것이라는 의미에서도, 획기적인 성과라고 할 수 있을 것이다. 전통 의학에 유래하는 침의 기술은 지금은 '신(新)의료법'이라 불리어, 중국의 현대의학 체계 속에 편입되어 그 불가결한 일부를 구성하고 있다. 그러나 그것은 일조일석에 이루어진 것은 아니다. 20년에 이르는 고난에 찬 걸음 속에서 창조된 것이다. 필시, 의학 속에 중국의 과학·기술에 있어서의 전통의 역할을 푸는 열쇠가 숨겨져 있을 것이다. 중국의학에 조준을 맞추면서, 그 걸음을 더듬어보기로 하자.

1. 의료·위생의 3대원칙

중국의 전통적인 의사, 이른바 중의(中醫)의 재평가는 1955년에 이루어졌다. 그 전까지는 중국의학에도, 중의의 사회적 기능에도, 지극히 소극적인 평가밖에는 주어져 있지 않았던 것이다. 근대과학의 세례를 받은 사람들이 중의와 중국의학에 대하여 부정적이었던 것은 해부학이나 세포학 또는 세균학에 뒷받침된 근대의학의 눈부신 성과에서 볼 때, 극히 당연한 반응이었다고 해도 좋다.

그것은 물론, 중화민국 정부의 중의정책에 반영되었다. 예를 들면, 1929년에 정부의 중앙위생위원회는 '중의를 폐지한다'는 결의를 통과시키고 있다[1]. 그렇지만 서양의사의 절대수가 결정적으로 부족한 이상 한 토막의 결의로써 중의의 활동을 금지할 수는 없다. 중의의 압력 밑에 정부는 중의의 자격심사와 국가시험을 치르고, 중의증서를 발행하는 정책을 취한다. 그러나 증서가 주어진 사람은 불과 5만 명에 불과했다.

중의정책 및 중국의학 전통의 계승이라는 관점에 설 때, 1949년의 중화인민공화국의 성립은 역시 획기적인 의의를 지니고 있다. 이듬해인 50년 여름, 제1회 전국위생회의가 열려 의료·위생공작의 3대원칙을 결정했는데, 그 속에 '공농병(工農兵)에게 눈을 돌린다', '예방을 주로 한다'와 더불어 '중의와 양의를 단결시킨다'는 원칙이 포함되어 있었기 때문이다[2]. 어느 것이나 의료·위생활동의 긴박한 필요성에 대응하고자 하는 것인 동시에, 긴 안목으로 본다면 중국의 의학과 의료체계의 두드러진 특성을 형성해 가게 되는 원칙이었다.

긴박한 필요성이란 무엇인가. 말할 것도 없이 병으로부터의 해방을 가장 필요로 하고 있었던 것은 가난한 민중이며, 그들은 종래의 의료체계로부터는 버려진 존재였다. 그런 만큼 '공농병에게 눈을 돌린다'는 원칙은 당연한 요청이었으나, 어떤 의미에서는 의사의 부족이나 의료기관의 불비(不備) 이상으로 곤란한 문제가 거기에 끼어 있었다. 의사의 개조라는 문제다. 의학은 충족한 계급을 위해 존재하고 있었기 때문이다. 사실, 2년 후에 일어나는 3반(三反)·5반(五反) 운동은 좀처럼 공농병에게 눈을 돌리려고 하지 않는 의사들의 실태를 적나라하게 폭로해 갈 것이다. '공농병에게 눈을 돌린다'는 원칙은 나른 두 원칙과 마찬가지로 긴급하고도 장기적인 과제로 되어 간다.

당시의 중국에는 전염병·지방병·기생충병이 만연하고 있었다. 이러한 병은 병에 걸린 사람의 치료도 중요하지만, 그 이상으로 병원(病源)을 제거하는 것이 필요하며, 그것 없이는 치료운동도 시지프스의 노동과 같을 것이다. '예방을 주로 한다'는 방침은 거기서부터 생겼다. 그리고 정부가 먼저 힘을 쏟은 것은 전염병을 근절하기 위한 활동이었다. 그러나 한번 내세워진 '위생공작의 기본원칙은 건강을 보장하는 것이지, 병에 걸린 뒤에 살리는 것은 아니다'라는 견해, 즉 사회제도로서의 의료체계를 치료의학이 아니라 예방의학의 입장에서 만들어 내려는 사고방식은 중국의 의학 또는 의료 위생활동에 두드러지게 사회운동적인 성격을 주어갈 것이다. 그것은 이미 의학에만 머물지 않는 한층 근저적인 사회개혁과의, 따라서 대중운동과의 결합 없이는 실현할 수 없기 때문이다. 사실, 이 측면은 후에 '위생활동과 대중운동의 결합'이라는 원칙으로 정식화되어, 앞에 든 3대원칙과 더불어 4대원칙이라 불리게 된다.

당시, 서양 의사의 수는 5만 명이 채 못되었다. 대학 졸업자는 그 5분의 1이다. 인구 1000명당 1명의 의사를 배치한다고 하면, 약 40~50만 명의 의사가 필요한데, 불과 그 1할에 불과하다. 한편 50만 명의 중의가 있다. 그들의 존재에 착안하여, 이 위생회의가 다음과 같이 결론지은 것은 지극히 당연했을 것이다. 즉 중의는 오늘날 인민의 건강을 보장하려고 할 경우, 없어서는 안될 하나의 힘이며, 장기에 걸쳐 부조·육성하고 과학이론을 배우게 하여 그들이 경험적 지식을 정비하는 것을 돕지 않으면 안된다.

그러기 위해서는 성(省)과 행정구는 중의진수학교(中醫進修學校)를 개설할 필요가 있으며, 중앙에는 중의연구소를 설립해야 한다. 요컨대 중의에게 근대과학의 기초지식을 익히게 하여 활용하는 동시에, 중국의학의 치료법이나 약물에 관한 유용한 경험적 지식까지도 활용해 가자는 것이다. '중·양의(中·洋醫)를 단결시킨다'는 방침이 당장에는 중의를 서양의사에게 접근시키는 일이라고는 하더라도, 그렇기 때문에야말로 이윽고 중의의 재평가가 새삼 필요해진다고 해도, 중의를 의료체계의 불가결의 한 성분이라고 공공연히 인정한 것은 역시 중요한 일보였다.

이 3대원칙은 긴박한 필요성에 대응하는 것인 동시, 해방구에서 형성된 '혁명적 전통'을 계승하여 정식화시킨 것이기도 했다. 모택동은 「정강산(井崗山)의 투쟁」(1928년) 속에서 이렇게 썼다. "병원은 산 위에 설치되어 있고, 중·서 양법에 따라 치료하고 있으나 의사도 약품도 모두 부족하다." 서북의 변방 구역의 문화교육활동가회의에서 행한 강연 「문화활동에 있어서의 통일 전선」(1944년)에서는 이렇게 강조했다.

"해방구에는 이미 인민의 새로운 문화가 있으나, 아직 광범한 봉건적 유물도 있다. 인구 150만의 섬서(陝西)·감숙(甘肅)·영하(寧夏) 변방구역에는 아직도 100만여의 문맹, 2000명의 무당이 있으며, 미신사상이 아직껏 광범한 대중에게 영향을 끼치고 있다. 이러한 것들은 모두 대중의 머리 속에 있는 적이다.……우리는 대중에게 스스로 일어서 자신의 문맹, 미신 및 비위생적인 습관과 싸우도록 말하지 않으면 안된다. 이 투쟁을 진행시키는 데는 광범한 통일전선이 없어서는 안된다.……의약의 면에서는 더욱 그렇다. 섬서·감숙·영하 지역의 사람과 가축의 사망률은 모두 매우 높으며 많은 사람들이 아직 무당을 믿고 있다. 이러한 상황 아래서는, 고작 신의(新醫: 서양의 — 인용자)에 의존하는 것으로는 문제를 해결할 수 없다. 신의는 물론 구의(舊醫: 중의)보다 우수하지만, 그러나 신의가 만약 인민의 고통에 관심을 기울이지 않고, 인민을 위하여 의사를 훈련하지 않고, 지금 변방에 있는 구의 및 구식 수의와 손을 맞잡고 그들이 향상하도록 돕지 않는다면 그거야말로 실제로는 무당을 돕는 것이며, 실제로는 대량의 사람과 가축이 사망하는 것을 잔혹하게 간과하는 일이다. 통일전선에는 두 가지 원칙이 있다. 첫째는 단결이며, 둘째는 비판, 교육 및 개조이다.……우리의 임무는 모든 일에 도움이 되는 구지식인, 구예술인, 구의와 손을 잡고 그들을 원조하고 강화시키고 개조하는 일이다."

다시 그는 「연합정부에 대하여」(1945년) 속에서

"농민——그것은 현단계에 있어서의 중국의 문화운동의 주요한 대상이다. 문맹의 일소니, 교육의 보급이니, 대중적인 문학·예술이니, 국민위생이니 하고 말하지만 3억 6천만의 농민을 떠난대서는 아마 공론이 되어 버리진 않을까."

라고 지적하고, "인민의 질병을 적극적으로 예방하고 치료해서, 인민의 의약위생사업을 널리 보급시켜야 한다"고 지시했다. 3대원칙이 이러한 사상이나 실천의 귀결이기도 한 것은 자명할 것이다.

이 세 가지 기본원칙은 문제의 초점이 도시보다는 오히려 농촌에 있다는 것, 또는 적어도 해결의 열쇠가 농촌에 있다는 것을 시사하고 있다. 농촌에서의 의료·위생문제의 절실함은 예를 들면, 유아 사망률이 해방 무렵에 40%에서 50%에 달하고 있었던 사실 하나로부터 쉽게 엿볼 수 있을 것이다. 전국적으로 보면 해마다 6백만 명이 각종 전염병으로 사망하며, 1억 이상이 온갖 병에 걸려 있었다. 그 중 의약의 도움을 얻을 수 있는 것은 불과 20%에 지나지 않았다고 한다. 그 중에서도 그것을 필요로 하고 있었던 것은 인구의 80% 이상을 차지하는 농촌의 주민이었다. 농촌은 전염병·지방병·기생충병의 병원체의 소굴일 뿐더러 근대적인 의료기구가 전혀 없는거나 다름없고, 양의도 거의 살고 있지 않았기 때문이다.[3]

당시, 정부의 책임자 중의 한 사람은 "앞으로의 위생건설의 중점은 농촌에 있다. 도시는 본래부터 있는 위생기구를 개조하는 문제이다."라고 지적했었다[4]. 50년경의 토지개혁 단계에서는 농촌 문제가 초점으로 떠올랐다. 그러나 52년부터 중공업을 중심으로 하는 공업화를 위한 제1차 5개년 계획기로 들어가 공업건설이 가속적으로 진척되기 시작하는 동시에, 의료·위생활동의 중점은 차츰 도시로 옮겨갔다.

농업의 경시가 그대로 중의의 한각시(閑却視)에 이어져 있었던 것은 말할 나위도 없다.

2. 중의의 재평가 문제

1954년 말, 이윽고 농촌의 합작화운동이 시작되려는 전야, 공산당 중앙은 '중의문제에 대한 지시'를 발표하고, 위생부문은 중의를 경시하고 차별하며 배척하여, 당과 정부의 '중·양의를 단결시킨다'는 방침을 위반하는 과오를 범하고 있다고 비판했다. 그해 7월 말 모택동이 낸 '중의공작에 대한 지시[5]'에 의거한 조치였다. 그 속에서 그는 위생보건사업 중에서 중의가 수행할 역할이 매우 큰데도 불구하고, 도리어 경시, 배척당하고 있으며, 중·양의를 단결시키자는 방침이 관철되지 않고 있다고 지적한 뒤, "앞으로 가장 중요한 일은, 무엇보다도 서의가 중의에게 배우려고 하는 일이며, 중의가 서의에게 배워야 할 일은 아니다."라고 말하고 다음의 4가지 점을 지시했던 것이다. 즉 첫째로 100명에서 200명의 의대 졸업생을 유명한 중의에게 붙여 그 임상 경험을 학습시킬 것, 둘째로 병원은 중의를 진료 활동에 참가시킬 것, 셋째로 중국약을 조사·연구하여 생산을 장려할 것, 넷째로 중국의학의 서적을 정리하고, 현대어로 번역을 권장하여 체계적인 중국의학서를 편집하는 일이다. 5개월의 준비기간을 거쳐 비판이 시작되었다. 이듬해인 55년이 되자 지도책임자로서 동북인민정부 위생부장인 왕빈(王斌), 이어서 중앙정부의 위생부 부부장인 하성(賀誠)이 그 직책에서 풀려났다. 중의와 중국의학의 전면적인 재평가가 이렇게 하여 시작된 것이다. 왕빈, 하성의 양자에게 대한 비판을 통하여, 문제의 핵심이 어디에 있었던가를 살펴보자[6].

그것에 따르면, 종래의 중의 정책에서는 첫째로 중의의 업무가 제한되어 있었다. 새로이 만들어지는 농촌의 기층(基層) 위생조직의 의료인원에는 일부는 학교의 졸업생, 일부는 대도시의 의료 인원을 충당하는 것으로 되어, 50만 명의 중의의 존재는 완전히 무시되고 있었다. 도시의 병원이나 진료소로부터도 그들은 거의 내몰려 있었다. 개인 개업의 중의는 전염병예방활동·위생선전활동·환경위생활동 등에 종사하도록 의무화되어 있었는데, 전혀 무보수였다. 더구나 1년에 40~50일에서 60~70일 동안이나 무상 노동에 참가해야 했기 때문에, 생활이 안되어 '손을 씻고' 전업하는 사람도 적지 않았다. 또 인구의 80%가 병에 걸렸을 때는 중국약에 의존하고 있었으나, 중국약의 생산을 경시했기 때문에 약품이 부족하여 가격이 앙등하여 중의의 업무에 지장을 초래했을 뿐 아니라 약은 인민의 손이 닿지 않는 것으로 되고 말았다.

두번째의 과오는 자격심사였다. 전국의 중의를 심사하여 합격자에게는 의사증서를 발행하고, 불합격자는 의사자격을 취소하는 것이다. 문제는 그 심사기준에 있었다. 6개조의 기준 중에서 4개조는 해당자가 극히 소수이거나 전혀 없었으며, 거의 실효를 얻지 못했다. 예를 들면, 50년의 제1회 위생회의에서 결정된 중의진수학교의 졸업생에게는 물론 자격이 주어진다. 그런데 그 때까지 고작 14명의 졸업생을 냈을 뿐이었다. 실효를 가질 터인 자격심사의 방법은 중앙위생부의 시험이다. 그런데 도시부의 천진(天津)시의 시험마저 합격자는 고작 10% 미만이었다. 전국적으로 실시할 경우 어떻게 될 것인지 결과는 뻔했다. 4종의 필수과목에 중의과목은 1종에 불과하며, 나머지는 양의과목이었기 때문이다. 아무래도 실효를 지니고 있는 기준은 국민당(또는 만주국) 정부 발행의 중의증서를 가진 사람이라는 1개조뿐이었으나, 설사 그들이 전부 생존해 있었다고 해도 전국 중의의 10%밖에 이르지 못했다.

농촌의 중의는 전국 중의의 80%를 차지하고 있었다. 이러한 기준을 적용한 농촌 중의의 심사결과는 어떠했는가, 중앙위생부가 직접 지도해서 실시한 화북지구 68현(縣)의 예에서는 불합격이 70% 이상에 이르렀다. 더구나 농촌 인구의 거의 전부와 도시 인구의 약 절반이 중의에 의존해 있었기 때문에, '정부는 비준하지 않고 인민이 비준한 지하(무허가)의사'들이 실질적으로 중국의 의료활동의 태반을 떠맡고 있었던 것이다.

수업 연한 1년인 중의진수학교가 고작 14명의 졸업생밖에는 내놓지 못한, 그 점에 단적으로 상징되어 있듯이 중의진수의 방침에 세 번째의 과오가 있었다. 이른바 진수(進修)란 어디까지나 과학적 의학의 기초지식의 학습이며, 그것을 중의의 '유심적(唯心的) 방법'으로 대체하는 일이었다. 중국의학교를 경영하여 새삼스레 중국의학의 이론과 진단방법을 가르치는 것은 비경제적이다. 하물며 그것을 완전히 습득해도 다시 진수가 필요하기 때문에 더욱더 그러하다. 이러한 주장에 바탕하여 진수학교에서는 서양의학의 교육을 하였다. 요컨대 단기 교육에 의해 보조양의를 만들고자 하는 것이다. 그리하여, 진수학교의 학생 중에서는 양의사로 전향하는 사람이 잇달았다. 장춘(長春)시의 예로 말하면 그것은 43%에 이르렀다.

비판자는 이러한 사실을 지적한 뒤 다시 이렇게 주장한다. 중의의 생활을 보증하지 않고, 중의에게 의사 자격을 인정하지 않으며, 중의학교를 경영하지 않고, 의과학교에 중의과정을 두지 않고 간신히 남겨진 진수학교에서도 서양의학을 고수한다면, 최종 결과는 말하지 않아도 뻔하지 않은가. 그것은 곧 중의를 소멸시키려는 정책이며, 국민당의 그것을 계승할 뿐 아니라, 일찍이 일본의 제국주의자가 대만에서 실행한 것과 똑같은 성질의 반동적 정책이다. 대만이 식민지의 멍에로부터 해방되었을 때, 거기에는 불과 6명의 늙은 중의가 생존해 있는데 불과했다. 사실, 그들에 따르면 중의는 군인이 될 수는 없고 노동자가 될 기회도 적다. 농민이 되는 것이 최선의 길이다. 의료체계는 먼저 중의에게 의존했고, 이어 중서합작 단계로 들어갔으며, 최후에는 양의로 대체된다. 중의는 어디까지나 과도적인 존재이며, 비교적 긴 기간, 보조의로서의 역할을 할 수 있는 데에 불과하다고 주장했다. 그러나 이 관점은 잘못이다. 왜냐하면 중의는 유용하기 때문이다. 중의를 소멸시키면, 전국의 농촌이 무의촌화되기 때문인 것만은 아니다. 중의의 지식 그 자체가 유용하기 때문이기도 하다. 그들은 중의의 '과학화'의 미명 뒤에 숨어서 그 '양의화(洋醫化)'를 꾀했으나, 인민이 신뢰하는 중의를 소멸시키는 일은 절대로 불가능하다.

중의의 생활은 보장해야 하며, 중국의학과 중국약의 지식을 적극적으로 활용해 가야 하며, 대량의 중의를 양성해야 한다. 중의의 자격 심사나 시험은 물론 필요하지만 어디까지나 중의로서의 역량에 대하여 하여야 한다. 그때는 대중에 의거하여 먼저 그 소리를 들어야 한다. 진단은 정확한가, 치료에는 효과가 있는가를 가장 잘 알고 있는 것은 대중이다. 중의의 진수과정에서 현대의학의 기초지식을 부분적으로 익히게 하는 것은 전적으로 필요한 조치다. 그러나 정규의 중의진수학교의 주요한 과정은 중의학에 관한 것이 아니면 안된다. 중국의학을 '과학화'시킨다는 것은 현대과학의 이론과 방법에 따라서 중국의학의 이론과 경험을 체계적으로 연구하고 정리하여, 정수(精隨)를 취하고 찌꺼기를 버리며, 과학적인 가치가 있는 것을 발굴하여, 현대의학의 보고를 충실화시켜 가는 일이다. 그것은 중·양의가 장기간에 걸쳐 합작해서, 학습과 연구를 쌓아야만 비로소 가능한 일이며, 특히 전문적인 연구기관이 담당해야 할 일이며, 진수학교에서 할 수 있는 일이 아니니다.

그러면 그들의 과오의 사상적 근거는 어디에 있는가. 그들이 첫째로, 중국의학은 '비과학'이며, 근대과학의 기초가 없다, 중국의는 농민에게 의사가 치료해 주고 있다는 '정신적인 위안 작용'을 줄 뿐이다라고 간주한 점에 있다. 중국의학은 내 나라의 인민이 수천년에 걸쳐 만들어낸 내 민족의 특질에 적합한 독자적인 의학 체계이며, 중국의학이 많은 병에 대하여 좋은 치료법을 가지고 있다는 사실을 그들은 무시하고 있다. 둘째로, 중국의학은 '과거의 것'이며 '봉건시대의 의학'이며, 오늘날의 수요에는 적합하지 않다고 간주한 점에 있다. 그러나 과연, 봉건시대에 생긴 의학이 봉건제도가 소멸되면 당장에 병을 고칠 수 없게 되는 것일까. 만약 그렇다면 이미 서양의학도 소용이 되지 않을 것이다. 그것은 자본주의 시대의 산물이기 때문이다. 수천년 동안 중의는 병을 고쳐 왔으며, 지금도 고칠 수가 있다. 의학은 자연과학의 한 부문이며, 토대의 소멸과 더불어 소멸되는 상부구조는 아니다.

하성·왕빈에게 대한 이러한 비판과 중의의 재평가운동은 55년의 1년간에 걸쳐 전개되었다. 그와 동시에 새로운 중의정책이 차례로 수립되어 간다. 54년 말에는 벌써 위생부 중의연구원이 설립되었다. 내과·외과·침구·중약(中藥)의 4개 연구소와 부속병원을 가지고 중의연구반을 거느리는 전문적인 연구기구이다. 특히 주목할 것은 중의연구반일 것이다. 교사로는 풍부한 경험과 우수한 이론을 가진 유명한 중의가 전국에서 30명이 초청되었으며, 고등의학교육을 마친 학생과 이미 임상경험을 가진 양의 120명이 학생으로 입학했다. 현대적인 의학교육을 받은 이 청년들에게 요구된 것은 중국의학의 이론과 경험의 모든 것을 과학적 태도를 잃지 말고, 그러나 참을성 있게 습득하여 그것을 현대과학의 이론과 방법에 바탕하여 정리·연구하는 일이었다. 그들은 결국 중국의학의 연구와 교육에 종사할 사람들이다. 본격적인 '중국의학연구활동을 시작하는 열쇠'는 바로 그들의 양어깨에 걸려 있었다[7]. 사실 중의가 서양의학을 배우는 것이 아니라 양의가 중국의학을 배운다는 이 코페르니쿠스적 전회야말로, 그 후 중국의학연구가 훌륭한 성과를 거두어 가는 출발점이 된다. '중의공작에 대한 지시'는 이미 1944년의 '문화운동에 있어서의 통일 전선'의 계몽주의적 입장을 훨씬 초월하고 있다. 전에는 중의는 양의에게서 교육을 받는 학생이었으나, 지금은 양의 쪽이 중의에게 배워야 할 학생이 되었기 때문이다.

  55년의 조사에 따르면 전국의 중의의 수는 48만 6천 7백명이었다[8]. 그 전까지는 정확한 조사마저 없었다. 이듬해인 56년 중반까지는 전국의 공립의료기구는 1만여 명의 중의를 받아들였으며, 연말까지 각지에 67개의 중국의원, 1천 2백여의 중의진료소를 만들 계획이 세워졌다. 북경·상해·광주(廣州)·성도(成都)의 4개소에 중의학원이 개설되고, 고등의학 교육기관에서도 중의과정을 강화하는 방침이 결정되었을 뿐 아니라[9], 그 위에 대량의 중의를 양성하기 위해 중의의 도제교육(徒弟敎育)을 장려하는 조치가 취해졌다[10]. 또 양의가 중국의학을 배우는 운동이 전국적으로 전개되었다[11]. 그러나 중의의 전도가 그다지 탄탄하게 열려 있었던 것은 아니다.

3. 가치평가 역전의 동인과 장애

  중의정책의 전화, 또는 중의의 재평가를 강요한 것은 무엇보다도 어쩔 도리가 없는 현실적 요청이다. 농촌에는 중의밖에 없는 이상 그들에게 의존할 수밖에 없다는 어쩔 수 없는 필요성이다. 그 요청은 농촌의 합작화, 즉 사회주의를 겨냥하는 사회개혁에 의해 표면화되어 왔다. 이미 이 시기까지 전염병의 대책은 일단 성과를 거두었고, 당면한 주요 과제는 지방병(地方病)·기생충병의 근절로 옮겨져 있었다. 특히, 일본주혈흡충병(日本住血吸忠病)의 피해는 막대했다. 그것은 수도경작지대(水稻耕作地帶), 장강(長江)의 중하류에서부터 장강 이남의 12성·시로 퍼졌으며, 강소(江蘇)·절강(浙江)·안휘(安徽)·호남(湖南)·호북(湖北)·강서(江西)의 6성이 특히 심했고, 나병에 걸린 사람은 1천만명, 1억의 인구가 부단히 위협에 드러나 있었다. 환자의 대부분은 수도(水稻)경작에 종사하는 농촌의 청년·장년이다. 이 병에 걸리면 몸이

붓고 노동능력이 두드러지게 저하하여 끝내는 사망하는 사람도 적지 않다[12]. 그 때문에 절멸되거나 인구의 격감을 일으킨 마을의 예가 몇 개나 보고되어 있다. 피해는 사람뿐만 아니라 가축에도 미쳤다[13]. 51년 이후, 치료를 받은 환자는 고작 20만 명에 불과했다[14]. 55년 여름에 시작되는 합작화운동은 이 지방을 중심으로 하여 전개되었던 것이다.

일본주혈흡충병을 근절하지 않고는 합작화의 성과는 충분히 기대할 수 없었을 것이고, 합작화 없이는 그 근절은 불가능했을 것이다. 마찬가지 일은 다른 지방병·기생충병, 또 전염병의 근절에 대해서도 말할 수 있었다. 혈흡충병(血吸忠病)의 방치(防治)활동은 농촌합작화운동의 시작과 더불어 시작되었으나, 그 해 말에 공산당 중앙은 기본방침을 수립했다. 즉, 이듬해인 56년부터 7년 이내에 혈흡충병을 기본적으로 근절하는 방치공작은 당중앙과 지구당위원회가 직접 지도한다. 이 활동을 합작화운동과 결부시켜 추진시키는 것은 지구당위원회의 중요임무의 하나이다,[15] 라고 되었다. 동시에 상해에는 중앙방치혈흡충병 과학연구위원회가 설립되었다[16].

혈흡충병의 병원충의 중간숙주(中間宿主)는 고등의 일종인 '호북정라(湖北釘螺)'(*Oncomelamia hupensis* Gredler), 및 '광정라(光釘螺)' (*Katayama nosophora* Robson)이며, 후자가 일본에서도 서식하는 미야이리가이(宮入貝)이다. 그것을 절멸시키자면 먼저 관개용 수로와 분변(糞便)의 처리 개선이 필요하다. 토지개량을 하여 낡은 수로를 메우고 새로운 수로를 판다. 수로를 건조시킨다. 밑바닥의 니토(泥土)를 쳐낸다. 그 니토는 퇴비가 된다. 태워 버리는 방법도 있다. 분변의 처리에서는 먼저 변소를 개량하고 분변은 공동으로 관리하여 한동안 저장해 두었다가 소독해서 비료로 만드는 것이 제일 좋다. 이것은 회충 등 위강병의 대책이 되기도 한다[17]. 이러한 일련의 조치는 합삭화에 의해 합작화와 결부시켜서 비로소 가능한 일이었다. 뿐만 아니라 농민들은 '신선(神仙)도 치료하지 못한다'고 이 '팽창병(膨脹病)'을 두려워하고, 갖가지 '병의 신'에 대한 미신에 사로잡혀 있었다[18]. 혈흡충병과의 싸움은 그대로 미신과의 싸움이기도 했다.

합작화에 의해 토지개량과 비료의 생산이 진행되고 생산력이 상승할 뿐만 아니라, 숙명이라고 체념했던 병까지 일소할 수 있다. 합작화운동이 성공을 거둔 비밀의 하나가 거기에 있었다고 할 수 있을 것이다.

이 방치활동에는 공립기관의 중의뿐 아니라 개업의도 대량으로 참여하여 선전과 지도에 나선 것은 말할 나위도 없다. 뿐만 아니라, 그들의 요법이 치료효과를 가졌다는 것도 차츰 밝혀졌다. 혈흡충병은 양약인 안티몬제로 60%까지 치유된다. 초기 환자라면 그것으로 충분하다. 그러나 후기 환자가 되면 중국약이 잘 듣는다. 특히 절강성의 어느 중의가 공개한 3대에 걸치는 가전 비방, 복수초(腹水草)는 치료효과가 상당히 좋았다[19]. 사실을 말하면 중의 재평가의 계기의 하나는 중의 요법의 유효성이 몇 가지 뚜렷이 입증된 일이었다. 석가장시(石家莊市)의 유행성 B형 뇌염 치료 그룹, 중경시의 치루(痔瘻)치료 그룹, 당산시(唐山市)의 위장궤양의 기공(氣功)요법 그룹 등의 일이 그것이며, 복수초도 그 하나이다[20]. 혈흡충병에 잘 듣는 중국약·생약은 그 후에도 운동이 계속되는 가운데서 잇달아 발견되어 갔다.

농촌에 중의밖에 없다는 상황은 분명히 불리한 요소이다. 불리한 요소를 불리한 요소로 계속 간주하는 한 당면 과제는 해결할 수 없다. 그것을 이로운 요소로 전화시킬 수밖에 없다. 그러나 중의를 양의로 바꾸는 것으로는 그것은 실현할 수 없다. 불리한 요소 그 자체 속에 이로운 요소를 발견하지 않으면 안된다. 그렇게 하는 데는 당연히 가치평가의 역전을 수반한다. 가치평가의 역전을 위한 사상적 원동력이 된 것은 '위대한 민족유산인 조국 의학을 계승하여 발양한다'는 민족주의적 관점 및 '과학자는 계급성을 갖지만 과학은 계급성을 갖지 않는다'고 하는 과학의 무계급성론이다. 그러나 새로운 가치평가는 무언가 그것을 뒷받침하는 것 없이는 유지할 수 없으며 정착되지 않는다. 의학의 경우 그것은 중국의학의 유효성의 명확한 입증 이외는 없을 것이다.

당장 가능한 것은 치료효과를 증명할 수 있는 중의의 요법이나 중국약을 발견해 가는 일이었다. 중의가 축적한 경험적 지식은 조건 속에도 많은 기재(記載)가 있지만, 더 더욱 많은 요법과 중국약·생약이 비방으로서 민간에 전해지고 있었다. 그 수집·정리와 실험적 연구에 앞으로 큰 노력이 치러져 갈 것이다.

그렇다고는 하나 그것은 어디까지나 개개(個個) 요법이나 약물의 유효성의 단편적인 입증에 그친다. 유익한 지식도 포함되어 있다고 하는 경험적인 인식만으로는 도저히 가치평가의 역전을 뒷받침하기에는 부족하다. 아무래도 중국의학과 중국약학의 체계적인 연구가 필요하다. 예를 들면, 중국의학의 진단에서는 맥진(脈診)이 중시되며, 맥의 상태의 미묘한 차를 기술하는 부침·허실 등의 많은 개념이 있다. 그것은 의학적으로 어떠한 의미를 가지고 있을까. 음양·5행설에 의한 신체와 병의 기술, 또는 침구요법과 경락의 이론에는 어떤 근거와 유효성이 있을까. 일반적으로 중국의학의 전체론적, 유기체적 관점에는 현대의학에는 없거나 그것이 간과되고 있는 것에 대한 어떠한 발견이 포함되어 있는 것일까.

이러한 질문에 대답할 계통적인 구명은 일찍이 이루어진 일이 없었던 것이다. 그에 비하면 중국약 쪽이 그나마 그런대로 연구되고 있었다. 그러나 그것은 주로 중국약의 재료 또는 생약을 분석하여, 그 속에서부터 유효성분을 추출하는 방법이었다. 말하자면, 중국약으로부터 양약을 만들어 내는 연구이다[21]. 그러나 과연 중국약이 효력이 있다고 힐 경우, 그것은 이른바 유효성분만의 작용이겠는가. 다른 성분이 유효성분의 부작용을 억제하거나 다른 기능을 촉진시킴으로써 간접적으로 유효성분의 작용을 돕거나 하는 일은 없을까. 그러한 복합적인 작용을 밝히기 위해서는 중국약의 복잡한 조제법을 재료와 과정의 양자를 포함하여 다시 검토해야 할 것이다. 종래의 위생부 중의한약연구소 대신에 새로 설립된 중의연구원의, 또는 전국 각지에서 중국의학을 배우기 시작한 양의들의 과제가 그것이었다.

이 과제가 수행된 후에야 어쩌면 전통의학으로부터 창조가 가능해질지도 모른다. 단순히 전통의학의 정수를 취하고 찌꺼기를 버린다는 것일 뿐만 아니라, 그 정수 위에 완전히 새로운 그야말로 '현대의학의 보고를 풍부하게 하는' 발견을 할 수 있을지도 모른다. 그렇게 됨으로써 비로소 역전된 가치평가는 이제 확고부동한 것으로서 확립될 것이다.

현실의 요청이기 때문에 인정한다. 부분적으로 유효하기 때문에 인정한다는 한계내에서의 재평가라면 결코 가치평가의 전환까지는 필요로 하지 않는다. 사실 일반적인 양의에까지 중국의학에 대한 인식이 침투해가는 데는 긴 시간이 필요했다. '양의가 중의를 학습하는 것이 중의공작을 훌륭히 수행하고, 조국 의학의 유산을 발양시키는 열쇠이다'라고 하는 공산당중앙의학 지시 아래, 56년부터 시작된 양의의 중국의 학습운동이 완전히 실패한 것에서 그것은 잘 나타나 있다. 예를 들면, 절강성의 경우 항주에서는 이듬해인 57년 중반까지, 처음에는 80~90명이었던 학생이 10~20명으로 줄어 버렸으며, 영파(寧波)·소흥(紹興)·가흥(嘉興) 등에서는 학습반을 당장 폐쇄해 버릴 수밖에 없었다. 그 주된 원인은 일률적으로 강제적으로 학습시키려 했던 점, 업무 시간이 끝난 뒤에 학습을 시켰다는 점, 고전의 학습에서부터 시작하도록 규정되어 있었던 점에 있었다고 한다[22]. 아마도 세번째의 요인만으로도 학생이 탈락하기에는 충분했을 것이다. 중국의학의 고전은 양의로서의 훈련을 받은 의사의 학습 의욕을 북돋기에는 미흡하였다.

4. 의료와 농촌의 사회주의화

56년 이후 중국의 학교, 학생, 도제(徒弟), 게다가 공립의 중의병원·진료소·공립기관에서 일하는 중국의의 수가 급격히 늘어갔다. 농촌의 합작화와 병행하여 개업 중의의 조직화도 진척되어, 56년 말까지는 농촌에 5만 개의 연합진료소, 향(鄕)위생소가 만들어졌는데 합작사가 경영하는 1만 개의 보건소와 더불어 기층(基層)위생조직망을 형성해 갔다.

57년 10월에는 농업 부문에서의 12개년 장기계획인「전국 농업 발전강요」수정 초안이 발표되었다[23]. 그 제28조는

> "1956년부터 시작하여 12년 이내에 모든 가능한 지방에서 인민에게 가장 중대한 해를 끼치는 병, 예를 들면 혈흡충병·천연두·페스트·말라리아·칼라자르·12지장충병·필라리아병·신생아파상풍 및 성병을 기본적으로 없앤다. 그 밖의 병, 예를 들면 홍역·이질·장티프스·유행성 B형 뇌염·척추회백질염·디프테리아·폐결핵·나병·트라코마·갑상선종·대골절병·극산병(克山病) 등도 적극적으로 예방 치료해야 한다."

라고 규정했었다. 이 계획에 의하여 57년 말 이후, 혈흡충병의 방치활동이 한층 강화되었을 뿐 아니라[24] 방치활동의 중점은 다시 다른 지방병·기생충병으로도 확대되어 간다. 예를 들면, 길림·흑룡강·하북·내몽고·섬서·감숙·산서·하남 등 9성의 산악지대와 농촌으로 퍼져간다. 식물성 진균(眞菌)중독인 대(大)골절병과 병인 불명의 극산병, 하북·요녕·산서·하남·섬서·감숙 등 20성 자치구에 유행하는 지방성 갑상선종 등이 그것이다[25]. 모두가 북방의 건조 지대에 만연되는 병이며, 남방의 혈흡충병 정도는 아니라 하더라도 그 피해는 역시 컸다. 특히, 극산병은 난치병이며, 그 치료법은 10수년 후 문화대혁명이 한창인 때 내몽고의 한 농민의 손으로 겨우 발견된 것이다[26]. 이러한 병

의 예방책으로서는 주거나 수질의 개선과 함께 모기·파리·쥐 등의 해충의 구제가 필요하다. 그것은 그런대로 아직 근절되지 않고 있는 전염병의 예방책이 되기도 한다. 이리하여 같은 「강요(綱要)」의 제27조는

"1956년부터 시작하여, 12년 이내에 모든 가능한 지방에서, 쥐·참새·파리·모기를 기본적으로 없앤다. 참새를 잡는 것은 농작물을 보호하기 위해서이며, 도시와 삼림지구의 참새는 없애지 않아도 좋다."

라고 규정하고 있었다. 한마디로 말하면, 그것은 위생 환경을 근본적으로 개조해 가는 일이며, 건국 이래의 '예방을 주로 하는' 기본 방침을 생활환경·노동환경 속에 구체화시켜 가는 일이었다. 사실을 말하면, 위생환경을 고치는 운동은 52년 이래 애국위생운동으로서 몇 번이나 전개되어 왔다. 첫번째의 운동은 52년 2월, 미군이 동북지구와 청도(靑島)에 세균을 살포한 것을 계기로, 세균전에 대한 대항책으로서 전개되었다[27]. 이 사건은 정부가 방역활동에 힘을 쏟는 계기를 만들어 주었지만, 직접 피해를 당한 지방을 제외하면 전국적인 운동으로서는 성공하지 못했다. 성과를 거두기 시작한 것은 역시 합작화의 시기부터이다. 그러나 아직도 매우 불충분했다. 「강요」의 제28조는 이렇게 기술하고 있다.

"대중의 일상적인 애국위생운동을 적극적으로 전개하여, 모두가 위생을 중시하고, 어느 집도 청결을 좋아하는 좋은 습관을 기른다. 청결·위생이라는 근본정신을 중시하는 것은 병을 없애고, 모두가 분기하여 풍속을 바꾸고, 국가를 개조하기 위해서다."

「강요」에 담긴 이러한 방침은 57년 겨울의 농한기에 대규모의 수리건설운동과 결부시켜 전개된 '4해(四害)를 제거하는' 애국위생운동[28]으로 결정되어 폭발적인 고조를 보인다. 그리고 그대로 제2차 5개년 계획인 58년으로 들어가 인민공사운동으로 돌입해 간다. 그와 함께

표 1 중의의 활동·교육·연구

	공립의료기관의 중의(인)	중의 병원 (소)	중의 진료부 (소)	중의학원(고등 교육)(소)
1956. 6	10,000여	67(예정)	1,200(예정)	4
1957. 9	20,000여	144	453	4
1958. 12		300여		13
1959. 10				(학생, 3,200여)
1960. 4				

「인민수책(人民手册)」(1957), 하표(賀彪)「아국보건사업재제1개5년계획중적거대성취(我國保健事業在第一介五年計劃中的巨大成就)」『신화반월간(新華半月刊)』1957, 21」, 「전국중의중약공작회의(全國中醫中藥工作會議)」『신화반월간』1958, 24), 이덕전(李德全)「10년래적위생공작(十年來的衛生工作)」*

중의의 활동의 장이 비약적으로 확대해 간 것은 표1의 불완전한 통계에서도 엿볼 수 있을 것이다.

중의·중국약의 연구에 대하여 말하자면[29] 중앙의 연구원 외에 각 성(省)·시(市)에도 연구기구가 설치되어, 고전의 현대어 번역과 출판, 교과서의 편집이나 출판, 민간요법이나 약물의 수집·정리가 진척되었으며, 현대과학의 이론과 방법에 바탕하는 연구도 중의연구원의 연구반 졸업생이나 전국 각지에서 업무를 떠나 중국의학을 학습·수득(修得)한, 약 300명의 양의를 중심으로 겨우 본격적으로 시작되었다. 이 연구의 핵심을 더욱 확대하기 위하여 58년 11월 공산당중앙은 위생부당조직에 대하여 다음과 같이 지시했다. 즉 각 성·시·자치구는 대체로 조건이 있으면 모두 70~80명의 양의가 직무를 떠나 중의를 학습하는 연한 2년의 학습반을 만들어야 한다. 학생은 대학을 졸업한 수준과 2~3년의 임상 경험을 가지고 있어야 한다. 이렇게 하여 60년의 겨울 또는 61년 봄까지는 전국에서 약 2000명의 '중·양 결합의 고급의사'를 가질 수 있게 되며, 그들에게 중국의학의 정리와 연구를 담당하게 할 수 있다. 그 중에서 수명의 '우수한 이론가'가 나올 가능성도 있다고. 이 지시에 의하여 먼저 북경·광주·상해·무한·성도·천

중의 학교 (중등교육)(소)	중의진수학교 (소)	중의 도제 (인)	중의 학습의 이직 양의(인)
6	23	40,000여	300여
약 100		약 68,000	
(학생, 52,000여)			2,100여(30여반)
			2,300여(37반)

*(「인민수책」 1960), 이덕전「이이풍역속개조 세계적 기개 개전 애국위생운동(以移風易俗改造 世界的氣槪開戰愛國衛生運動)」(『인민수책』 1960)에 의함.

진의 6대 도시에 학습반이 설치되었다(표 1 참조).

그것과 병행하여 진료에 있어서의 중·양합작을 추진시키기 위하여, 전국 각지에 양의가 중의학을 학습하는 단기 훈련반 및 재직학습반이 조직되기 시작했다. 이것도 2~3년 이내에 모든 양의에게 어느 정도 중국의학의 지식을 갖게 하는 목표로 하고 있었다. 한편, 중의에게도 조건이 허락하는 한 해부학·생리학·세균학·약리학 등의 현대의학의 기초지식을 배울 것이 요청되었다. 합작화 단계에서 실패로 끝난 양의의 중의 학습운동이 겨우 궤도에 오르기 시작한 것은 57년의 정풍운동을 거쳐 당의 지도와 선전이 한층 철저화해 갔던 것에도 있지만, 의료체계 속에서 중의가 수행하는 역할의 크기가 조금씩 일반의 양의에게도 인식되기 시작하여, 중의·중국약의 유효성이 구체적으로 입증되어 갔기 때문이다.

58년까지는 혈흡충병의 방치활동은 두드러진 진전을 보였다. 특히, 강서성 여강현(余江縣)이 전국에서 처음으로 그 근절에 성공한 것은 특기해야 할 일이었다[30]. 이 현이 방치활동에 최초로 손을 댄 것은 53년이다. 이 때는 그것을 단순한 의료 기술의 문제로 간주했기 때문에 실패로 끝났다. 56년이 되어 당현위원회는 '방치활동은 반드시 생산의 발전과 결부시키지 않으면 안된다'는 원칙에 서서 2년간에 근절시킬 계획을 제출했다. 생산과 방역을 결부시키는 그 전체적 계획이란 예를 들면, 겨울철에는 수리사업 및 퇴비와 결부시켜 정라(釘螺)절멸 운동을 대규모로 전개한다. 봄철에는 비료의 생산 및 수송과 결부시켜 분변을 발효시키고, 충란(虫卵)을 죽인다. 여름과 가을의 수확·파종기에는 경작과 결부시키고, 논의 정라와 충란을 죽인다. 치료면에서는 농한기에 노동력이 있는 청년·장년을 치료하며, 농번기에는 부인·어린이·증상이 심한 환자를 치료한다는 방법이다. 그 때문에 각 구·향·농장·합작사에 활동에 책임을 갖는 3인 그룹을 두어 지도하게 했다.

의무인원도 한편에서는 생산에 참가하면서, 다른 한편으로는 치료 활동에 종사하며, 말단의 생산 단위나 가정에까지 들어가 환자를 치료했다. 이렇게 하여 57년 말까지에는 혈흡충병을 기본적으로 절멸시킨 후, 58년 4월에 '고전하기 30일로 정라를 소멸하는' 대규모 운동을 전개하여 끝내 절멸하기에 이르렀던 것이다. 모택동이 유명한 7언 율시(七言律詩)「온신(瘟神)을 보낸다」라는 두 수를 지은 것은 이 보도에 접했을 때였다.

7율 기1(七律其一)

6월 30일 인민일보를 읽자, 여강현에서는 주혈흡충을 근절시켰더라. 여러 가지 생각으로 밤잠을 이룰 수 없었다. 미풍이 더운 기운을 몰아내고, 아침 해가 창문에 비쳤다. 멀리 남쪽 하늘을 바라보며, 기꺼이 붓을 들었다.

녹산(綠山) 청산 덧없이 절로 많은데
화타(華佗)도 소충(小忠)을 어떻게도 못하네
천촌(千村) 만호는 쓸쓸히 드물어지고 망령이 노래하네
땅에 앉아 종일 가는 8만리
하늘을 돌며 아득히 보는 1천의 강
우랑(牛郞)아 역병의 일을 묻고자 하는데
슬픔과 기쁨을 함께 하며
가는 파도를 쫓네

7율 기2

봄바람 수양버들 만천 개의 가지
6억의 신주(神州) 모조리 순과 요
붉은 비 마음대로 뒤집혀 파도가 되며
청산에 뜻을 집중시켜 화하여 다리가 되는
하늘에 줄지은 5령(五嶺)에, 은의 호미를 내려
땅을 울려 퍼지게 하네
3하(三河)에 철의 팔을 휘두르며
묻노니 역병의 신이 어디로 가길 바라느냐
더러움을 실은 배와 밝은 등불
하늘을 비추며 태우네

— 武田泰淳・竹內實 訳에서 —

그것을 계기로 혈흡충병 절멸운동은 더욱 큰 고조를 보였으며, 이듬해인 59년 초까지는 유행하던 12성 124현・시 중 190여 현・시의 약 60%가 기본적으로 소멸시키는 데 성공했던 것이다.

중국의학에 관한 이 시기까지의 성과의 하나는 치료에 있어서의 '중・서 합작'의 효과가 경험적으로 증명되어 간 일일 것이다. 예를 들면, 혈흡충병의 후기 환자에게 안티몬제를 복용시키면, 흔히 부작용을 수반한다. 미리 중국약을 사용하여 몸의 상태를 조절하고 체질을 개선해두면 부작용이 없고 효과도 크다. 부작용이 생긴 경우는 침구요법이 유효했다. 이러한 '장점을 취하고 단점을 보완하는' 중・서합작 요법에 의해, 환자의 90% 이상이 완치되었다고 한다. 혈흡충병뿐 아니다. 중의의 요법이나 중국약이 두드러진 효과를 올린 병으로는 유행성B형뇌염・전염성 이질・급성맹장염・관절염・신경통・화상・골절・탈구(脫臼) 및 각종 피부병, 일정한 효과를 올린 병으로는 고혈압・간경변・만성신염・재생불량성빈혈・골결핵・암・색맹・농아・소아마비 등이 있었다[31].

인민공사화운동 가운데서, 생산에 종사하면서 의료·위생활동에 종사하는 위생원의 단기 훈련에 의한 양성이 시작되었다. 도시 병원의 양의나 의대학생들이, 속속 농촌으로 가서 순회의료반을 조직하여 산간 벽지까지 찾아가고 있었다.[32] 그리고 치료에 종사하는 한편, 위생원의 단기 훈련을 했던 것이다. 도시의 의사나 학생들은 순회의료를 통하여 비로소 농촌에 있어서의 병과 의료 실태를 알았고, 농촌의 중의의 활약에 접한다. 그 고장에 있는 중의와 함께 치료에 종사하는 기회도 많았다. 그런 가운데서 그들의 중의에 대한 인식은 조금씩 바뀌어 간다. 그러나 중의에 대한 평가의 전환이 그것에 의해 일거에 정착되어 갔던 것은 아니다. 확실히, 공공연하게 중의에 반대하는 사람이 적어졌다. 그러나 유형무형으로 중의에 반대하고, 활동에 즈음하여 그들을 차별하고 배제시키려는 사람은 아직도 많았다. 중국의학은 '비과학적'이라고 하여, 그 이론을 부정하는 사람도 적지 않았다. 하북성에서의 이 무렵의 조사에 따르면, 양의약인원 속에서의 중의의 평가는 일반적으로 대단히 낮았으며, 그 대부분은 다음의 두 가지 형에 속해 있었다. 하나는 중국의학을 낡아빠진 비과학이라고 간주하는 사람, 또 하나는 중국의학 속에 정수와 찌꺼기가 혼재해 있다는 것은 인정하지만, 우선 찌꺼기만 눈에 띈다고 하는 사람이다[33]. 물론, 중의를 적극적으로 평가하려는 양의도 일부에는 나타나 있었으며, 재직하는 양의의 중의학습반을 조직할 만한 기반이 형성되어 가고 있었다. 사실, 59년부터 60년에 걸쳐 전국 각지에 학습반이 설치되어 꽤나 많은 양의가 그것에 참가했다. 합작화운동의 무렵에 비하면, 거기에는 틀림없는 변화가 있었다. 그럼에도 불구하고 일반 양의 사이에 있어서의 중의 평가의 역전의 기회는 아직 무르익지 않았다. 당의 선전, 교육만으로는, 농촌의 실정의 인식만으로는, 또는 유효한 요법이나 약물의 단편적인 축적만으로는 어쩔 수 없는 문제다. 당중앙이 2000명의 '중·양 결합의 고급 의사'의 양성에 나섰으며, '우수한 이론가'의 출현을 기대한 것은, 결국 그들의 손으로 '위대한 보고'인 중의·중국약의 체계적인 '발굴과 향상에 힘쓰는'(58년의 모택동의 말) 외에 새로운 가치평가를 정착시킬 수 없다고 보았기 때문이다.

5. 토법과 신의약학파

전통의학의 재평가에 직접 관계되는 대약진기에 일어난 가장 중요한 사건은 공업 분야에서의 '토법(土法)'의 출현이다. 소련형 중공업 중심주의와 기술도입형 개발 방식에서 탈피하려는 제2차 5개년계획은 '토법과 양법(洋法)을 동시에 일으키는' 방침을 내걸었다. 토법이란 본래 그 땅에 있어 온 방식을 뜻하며, 양법, 즉 외국 방식에 대립하는 개념이다. 따라서 본래는 전통기술이라는 말에 아주 가까운 의미를 갖는다. 토법이 주목되기 시작한 것은 제1차 5개년계획의 끝 무렵부터다. 이 계획의 기조였던 기술도입(플랜트 수입)에 의한 공업화가 갖는 위험성이 56년 초까지는 각 분야의 기술자에 의해 명확히 인식되기 시작했다. 그러한 위험성을 피하기 위해서는 아무래도 중국의 여러 조건에 적합한 기술을 개발해야 한다. 기술의 자력갱생에의 여러 가지 모색이 거기에서 시작된다. 그 과정에서 차츰 떠올라 온 것이 토법이었다[34].

토법은 대약진·인민공사화운동 속에서 표면으로 나온다. 그 경우 이미 전통기술이라는 의미를 뛰어넘어 토법은 그 지방 조건에 대응하여 그 지방에 있는 사람이, 그 지방에 있는 재료를 사용하여, 간단한 방법으로, 간단한 기계장치를 사용하여 생산하는 방법으로 재파악된다. 따라서 토법의 기술 수준은 그 지방, 그 산업에 따라서 여러 가지로 있을 수 있으며, 처음에는 기술 수준이 낮아도, 거기에서 축적된 경험과 자금을 바탕으로 보다 높은 수준으로 탈피해 갈 수 있다. 주어진 조건의 모든 것을 살리고, 불리한 조건을 그대로 유리한 조건으로 전화시켜 가려는 경우, 토법은 매우 유효한 수단일 수 있었다. 동시에 후에는 외국의 도입·모방기술, 즉 양법이 아닌 모든 자기 개발의 기술을 토법이라고 부르는 사고방식이 나타났던 것에서 나타나 있듯이, 토법은 자력갱생의 상징이기도 했다.

토법의 출현과 함께, 중의의 요법이나 중국약은 토법의 한 형태, 즉 '토기술(土技術)'·'토약방'으로서 재파악되고,[35] 중의와 양의의 관계는 토법과 양법의 일반적 관계의 특수한 표현으로 간주되게 된다. 그러나 각도를 바꾸어 말하면, 중의의 재평가는 다른 기술 분야에 있어서의 토법의 출현을 예고하는 것이며, 의료 기술에서의 토법의 채용이야말로 생산기술에 있어서의 토법에의 길을 개척해 가는 것이었다. 그리고, 바야흐로 '중·양의를 결합하고, 토법과 양법을 동시에 일으키는' 방침 아래 '신의약학파'의 창조가 선언된다[36]. 즉

"중의약학은 우리나라 인민이 오랜 시기에 걸쳐 질병과 싸워 온 경험의 총괄이며, 하나의 위대한 보고(寶庫)다. 우리는 진지하게 정리·향상에 힘쓰고 동시에 현대의학과 결합하여 우리나라 독자의 의약학파를 창조해 가지 않으면 안된다. 이것은 당중앙과 모택동 동지가 몇 번이나 우리들에게 낸 지시이다.——중·양의를 단결시키고, 조국 의학의 유산을 계승하고 앙양하여, 우리나라의 신의약학파의 창조에 노력하는 것이, 위생활동의 가장 중요한 임무이다.

중·양의의 결합은 위생활동의 각 면에서 나타난다. 의료·예방활동에 있어서는 중·양의가 결합하여 장점을 취하고 단점을 보완하여 종합적인 방치 조치를 취해야만 많고, 빠르고, 훌륭하게 낭비 없이 인민의 건강에 복무할 수 있다. 약재(藥材)활동에 있어서는 중국약과 서양약을 결합시키고, 토법과 양법을 동시에 일으켜야만 해를 제거하고 병을 없앤다. 위력을 크게 증강할 수 있다. 의학교육활동에 있어서는 중·양의 교육을 동시에 일으키고 중의와 양의가 서로 학습함으로써, 교학의 질과 기술수준을 높일 수 있다. 의학과학의 연구활동에 있어서는, 중·양의가 결합하면 민족의학의 유산의 앙양에 도움이 되며, 또 현대

의학의 발전에도 도움이 되어 새로운 의약학파를 창조하는 일을 앞당긴다."

중앙위생부의 책임자는 이렇게 말한 뒤, 다시 다음과 같이 지적하고 있다.

"수년 동안 위생 전선에서는 조국의학의 유산을 계승하고 앙양하지 않으면 안되느냐 어떠냐에 대한 투쟁이 여전히 매우 날카롭다."

대약진 운동 속에서, 두 조류가 뚜렷이 형성되어 가고 있었다. '토법과 양법을 동시에 일으키는' 일에 기술발전의 방향을 모색하며, '중·양의 결합'을 통하여 '신의약학파'의 창조를 겨냥하는 사람들과 '토법'이나 '중의학'은 '비과학적'이며, 어디까지나 일시적 편의적인 수단에 불과하고, 그 용도는 과학·기술수준이 매우 낮은 단계에 한정되어 있으며, 언젠가는 '양법'이나 '서양의학'으로 대체될 것이라고 간주하는 사람들이다. 분명히 과학기술의 수준이라는 입장에 선다면, 전자에게 있어서 그것은 희망이며, 목표한 것에 불과했으나, 후자에게 있어서는 현실적인 인식이었다. 당장 토법생산에 의한 제품은 너무나도 질이 낮고 중의학도 아직 결정적인 성과를 낳지 못했기 때문이다. 과학자·기술자의 대부분은 후자의 조류에 속해 있었다. 그러나 전자의 조류에는 다른 현실적인 기반이 있었다. 그것은 테크노크라트에 의한 과학기술의 독점을 타파하고 대중에 의한 그 조절을 실현하며 의료·위생활동을 대중운동으로서 전개하려는, 이른바 '대중노선'이다. 그들은 이렇게 주장하고 있었다. 우리는 병원 활동에 있어서는 전문가가 전제를 펴고, 기술을 지상으로 하며, 환자에서부터 출발하지 않고, 예방 활동을 해서 '부르주아계급의 사상 작풍'을 비판한다. 의학교육에 있어서는 교수가 학교를 지배하고, 전문가가 학교를 처리하며, 대중에게 의거하지 않고, 전공밖에 모르는 학생을 양성하며, 정치로부터 유리되고, 대중으로부터 유리되고, 실체로부터 유리된 '자본주의의 길'을 타파한다. 의학과학의 연구활동에 있어서는 전문가가 독점하고, 새로운 힘을 억압하고, 개인의 명예와 이익을 추구하며, 소수의 사람만이 단독으로 하며, 함부로 문헌을 믿고, 함부로 외국을 믿고, 대중으로부터 유리되고, 실제로부터 유리되는 좋지 못한 현상을 교정한다고 주장했다. 이 노선을 지지하고 있었던 것은 공장·농촌의 생산현장에 있는 노동자와 농민, 게다가 학생이나 일부의 특히 젊은 과학자, 기술자였다.

　59년에 시작되는 3년 연속의 자연재해, 그 밖의 원인에 의해 대약진운동이 종식되고, 경제조정기로 접어드는 동시에, 말하자면 '중·양의 결합'파는 크게 후퇴해 갔다. 물론 생산현장에 있어서 토법이 사용되지 않고, 방치운동에 있어서 중의의 역할이 없어진 것은 아니다. 그 작용을 부정해 버리는 것은 그 누구도 할 수 없었다. 분기점은 장기적인 방침으로 간주하느냐, 일시적인 수단으로 간주하느냐에 달려 있었다. 그것은 당장정책의 전환으로 나타났다. 그것을 공식문서에 의해 확인하기는 상당히 곤란하나[37] 후에 문화대혁명파는 이렇게 비판했다. 유소기(劉少奇)는 "중국의학·중국약학의 이론은 기본적으로 잘못되어 있다.", "10수종류의 중국약으로 하나의 병을 고치는 것을 간단한 화학방정식으로 나타내려고 한들 나는 천년이 걸려도 안될 일이라고 생각한다" "가까운 장래에는 필연적으로 서양의학이 중국의학으로 대체된다", 중·양의를 결합한다는 것은 "서양의학을 중국의학에 접목하는 일이다"라고 하여, 조국의학을 차별하고, 배척하고, 또는 전면적으로 부정했다. 해방 초기의 중의정책은 그와 그의 대리인의 손으로 실행되었던 것이다. 62년 전후에는 또다시 유소기 일파는 위생부문에서 역류를 불러일으켜 '중국의학을 배우는 양의 동지를 모조리 배척하고, 그들에게 타격을 가하여, 중의와 중국약에 의한 치료와 그 정리·연구를 그만두라고 강요했다'. 그 때문에 중·양의 결합의 그때까지의 성과는 심하게 파괴되었다고 비판했나[38].

　이것이 말 그대로의 사실이었는지 어떤지는 모른다. 과거로까지 거슬러 올라가 중의관과 중의정책의 과오의 모든 것을 유소기에게 돌리고 있는 경향이 있다. 오히려 유소기를 하나의 경향을 가리키는 보통명사로 보는 것이 좋을는지 모른다. 다만, 조정기에 적어도 중국의학의 연구·교육에 종사하는 사람들에게는 그렇게 느껴지는 정책이 취해진 것은 거의 확실할 것이다. 중의정책은 그것만으로 독립된 것이 아니라 공업정책, 농업정책, 과학·기술정책 등과 긴밀하게 결부된 체계의 일환을 이루고 있으며, 조정기에 있어서의 그 체계는 분명히 말하자면 '양법'파의 승리를 가리키고 있기 때문이다. 또, 일반적으로 중의를 보는 양의의 눈이 이전보다 냉담해졌을 것이라는 것도 추측하기 어렵진 않다. 예를 들면, 62년 초에 열린 전국혈흡충병 과학연구공작회의에서 강조된 것은 '중·양의의 단결'보다도 '과학분석의 정신을 앙양한다'는 점, '과학연구공작자는 연구공작의 과학성을 높이고, 과학연구공작의 엄숙성, 엄격성과 엄밀성을 견지하여 연구공작의 수준을 높여야 한다'는 점이었다[39]. 극히 당연한 말을 하고 있는 것에 불과한 것같이 보이지만, 이 강조방법은 대약진기와는 전혀 다르다. 분명히, 과학·기술에 있어서의, 이른바 전문가 노선을 시사하고 있는 것이다. 이 시기의 의료위생활동의 중점은 도시로 옮겨졌으며, 61년 8월에는 대약진기에 탄생한 생산을 떠나지 않는 위생원의 대정리가 이루어져서 농촌의 기층위생조직은 매우 약체화되었다고 한다[40].

6. 새로운 의학체계의 형성

3년 연속의 자연재해는 중국 전토를 심한 경제적 곤란으로 몰아넣었으며, 특히 농촌에 깊은 황폐를 가져왔다. 63년부터 64년에 걸쳐, 농촌의 사회주의 교육운동이 전개되어 '생산투쟁·계급투쟁·과학실험의 3대 혁명운동'이 시작된다. 그 사이에 농촌의 기층위생조직의 재건이 진척되어 간다[41]. 그리고 65년 6월 모택동은 "위생부의 일은 전 인구의 15%를 위해서만 복무하고 있다. 그 15%도 주로 양반들에게 복무하고 있다. 광범한 농민은 의료를 받을 수 없다. 의사도 없으며 약도 없다. 위생부는 인민의 위생부는 아니기 때문에 도시위생부 또는 양반위생부 또는 도시·양반위생부라 개칭하는 것이 좋다"고 위생부를 비판하고, 의학교육의 개혁의 필요성을 지적한 뒤 "의료위생활동의 중점을 농촌에 두자"고 호소한다[42]. 그에 응하여, 즉각 1천 명의 순회의료대가 조직되어 '티벳고원에서 동해안까지, 흑룡강 연안에서 오지산록(五指山麓)까지' 그 발자국을 새겨간다[43]. 합작화, 인민공사화의 시기에 이어지는 제3의 의료·위생활동이 시작된 것이다.

순회의료대는 인민공사화의 시기에도 활약했으나, 이번에는 수가 많다는것 뿐 아니라 지금까지는 없었던 중대한 임무가 첨가되었다.

"의료대는 질병을 방치하는 동시에, 적극적으로 분변관리와 음수위생(飮水衛生)의 공작을 전개하고, 더불어 농촌을 위해서 대량의 생산을 떠나지 않는 위생인원을 양성하여, 생산대대를 도와 반농반의(半農半醫)의 의무 인원의 훈련을 시작한다."

이 '반농반의의 의무인원'이 문화대혁명 속에서 '맨발의 의사'로서 화려하게 등장하는 것이다.

순회의료대에 요구된 것은 '정치를 우선시키'는 일이었다. '정치를 우선시킨다'는 것이란 우선 첫째로 위생공작의 중점을 농촌에 두는 전략적 의의를 이해하는 일이다. '이 혁명적 조치를 취하고, 위생공작을 5억 농민을 위해 하는 것은 당면한 농업생산의 새로운 고조를 촉진하고 사회주의의 새 농촌을 건설하는 필요조건의 하나이다. 긴 눈으로 보면 이 혁명적 조치를 취한다는 것은 다시 도시와 농촌의 차별, 공업과 농업의 차별, 두뇌노동과 육체노동의 차별을 조금씩 줄여가는 데에 도움이 된다'. 둘째로, 성심성의껏 인민에게 복무하는 사상을 확립하는 일이다. '농민은 우리나라 인구의 절대 다수를 차지한다. 농민에게 복무하는 사상 없이는 성심성의껏 인민에게 복무한다고는 말할 수 없다'. 셋째로, '자각적으로 농촌의 3대혁명운동 속에 몸을 던져, 투쟁을 실천하는 가운데서, 자기를 단련하고 자기를 개조하는 일이다'. 넷째로, '가장 근본적인 것은 모주석의 저작을 활학활용(活學活用)하는 일이다.' 여기에는 이미 곧 시작될 문화대혁명이 예고되어 있다. 뿐만 아니라 순회의료대는 농촌에서 이러한 좋은 사상작풍을 만들어낸다면 '도시로 돌아와 도시의 위생공작의 혁명화를 앙양·추진하고 도시와 농촌의 위생공작을 서로 촉진해야 한다'고 했다. 바꾸어 말하면 문화혁명의 선발대로서 그들은 농촌으로 들어갔던 것이다.

순회의료대에는 병을 예방치료한다, 예방공작을 한다, 위생 지식을 보급한다는 등의 활동 외에 다시 몇 가지의 구체적인 임무가 부과되어 있었다. 첫째는, 어떻게 하면 유효하게 4해(대약진 전후의 참새 대신 이가 들어간다)를 제거하고, 위생적으로 해서 병을 예방할 수 있는가, 어떻게 하면 간편하고도 경제적이며, 효과도 큰 약품이나 의료 기재를 만들 수 있는가 등의 기본적인 문제를 해결하기 위하여, 각지의 생산생활과 병의 실태에 관한 계통적인 조사·연구를 하는 일, 또는 농촌의약 상용 규칙 따위를 편집하여 의료기술의 수준을 높이기 위해, 농촌의 조건에 적합한 간편하고도 유효한 예방치료 방법을 연구하는 일 등의 활동이다. 농촌의 의료·위생공작은 겨우 전면적이고도 계통적인 대책과 기층조직의 정비를 필요로 하고, 또 가능하게 하는 단계에 들어간 것이다.

두번째의 임무는 '한걸음 한걸음, 생산대(生産隊)는 모든 생산을 떠나지 않는 위생원을 가지며, 생산대대(大隊)는 모두 반농반의(半農半醫)의 의사와 생산을 떠나지 않는 조산원을 가지며, 공사는 모두 상당히 질이 좋은 수명의 의사를 갖도록 해가기' 위하여 의약위생인원을 양성하는 일이다.

"생산을 떠나지 않는 반농반의의 의약위생인원을 양성하는 것이 당면한 농촌의 긴박한 수요이다. 농촌의 집단경제의 특질에 바탕하여, 이러한 의무인원을 양성하는 것은 역시 가능하다."

농촌의 의약위생인원을 훈련할 경우에는 질을 중시하고, '두뇌노동과 육체노동을 결합한 새로운 형의 위생공작자로 만들어야 한다'. 훈련은 의료의 실천과 학습을 결부시키는 방법으로써 한다. 즉, 집중적으로 학습하는 단계를 거친 뒤에 순회의료에 참가케 하여, 학습한 지식을 확실한 것으로 하고, 다시 정기적으로 훈련 및 진수를 시켜서 그 질을 높여 가는 것이다.

"농촌을 위하여 의약위생인원을 훈련하는 데는 중·양의의 결합을 실행하고, 침구·안마·토방(土方—토착의 처방)·토법 등과 같은 중의의 여러 가지 간단하고도 유효한 치료방법을 모조리 그들의 기본적인 기술로 해야 한다."

중의의 요법은 여기서 '맨발의 의사'의 기본적인 기술로서, 채택된 것이다. 동시에 양성에 있어서는 '혁명전쟁기에 위생인원을 단기훈련시킨 혁명적 전통을 앙양하고, 될 수 있는 한 학제를 단축하고, 과정의 내용을 정선하여 감소시켜야 한다'고 한 것도 덧붙여 둔다.

또, 농촌의 위생 조직을 정리·강화한다는 세번째의 임무가 있다. 그 고장의 조직과 협력하여 사회주의 교육운동과 결부시켜 정치·조직·기술의 세 면에서 기층위생조직을 정비하여 건설해 간다. 그 경우, 한편에서는 그 고장에 있는 기층위생인원을 재훈련시키고, 적당한 장소에 재배치하는 일, 다른 한편으로는 경험이 있는 도시의 의사나 위생인원을 조직하여, 농촌에 정착시키는 것이 주된 활동 내용이었다.

순회의료대의 임무 중에는 의료·위생 활동에 있어서의 문화대혁명의 내용이 모조리 표현되어 있다고 해도 결코 과언은 아니다. 이듬해인 66년, 3년 늦게 제3차 5개년계획이 시작된다. 그와 동시에 도시의 의사들이 속속 농촌으로 이주하기 시작했다. 맨발의 의사와 위생원의 양성도 착실하게 진행되기 시작했다. 농촌의 기층위생조직은 눈에 보이게 충실해 갔다. 이러한 활동은 도시부(都市部)에 문화대혁명의 폭풍이 거칠게 몰아치는 동안에도 활발하게 펼쳐진다. 68년 봄, 당의 기관지 『홍기(紅旗)』(제3기)는 「'맨발의 의사'의 성장에서 보는 의학교육혁명의 방향—상해시의 조사보고」를 게재하고, 새로운 의학교육의 진로를 시사하기까지 이른 힘있게 성장한 맨발의 의사의 존재를 비로소 선전했다.

　문화대혁명이 끝날 단계에 들어간 이 시기부터 농촌에 의사·의료기계·약품을 보내는 대규모의 운동이 전개된다. 인민해방군의 순회의료대의 활약이 두드러지게 되는 것도 이 무렵부터이다. 농촌에서는 현·공사경영의 소공업이 발전하고, 약재의 채집·재배 그리고 중소형 제약공장에서의 약품 생산이 시작된다. 혈흡충병 기타 지방병·기생충병을 근절하는 운동도 세번째의 큰 비약을 보인다. 69년에는 의학교육혁명의 방향이 거의 정해진다. 예를 들면 심양(瀋陽)의학원에서는 그해 봄, 교사와 학생을 전원 농촌으로 보내어 상황을 조사한 뒤, 연말에 4개의 농촌기지를 만들었다. 교사·학생의 3분의 1은 거기에 상시 파견되어, 거기에서 수학·과학연구·의료활동에 종사한다. 그뿐 아니다. 주변의 몇몇 생산대대에 고정적인 의료·교육기지를 설립하고, 순회의료원을 파견하며, 또 그 밖의 공사나 부대의 병원과 협력하여, 문화대혁명 사이에 만들어진 제도인 합작의료센터의[44] 건설을 원조하는 등의 활동을 해간다[45]. 말할 것도 없이 맨발의 의사 양성이 시사한 방향의 고등교육에 있어서의 구체화, 바로 그것이다. 물론 양의교육의 교육과정 속에 중의 과목이 채택되고, 수련생은 중의 밑에서 일정 기간 실습을 받는 제도가 확립되었다[46]. 덧붙여 둔다면 69년에 상해의 노동자 중에서, 이른바 '맨발의 의사'를 양성하는 운동이 발생 확산해 갔던 것은 역시 주목할 만하다.[47] 농촌에서 시작된 의료혁명이 마침내 도시로까지 파급된 것이 그 하나의 증거이다.

중·양의를 결합시키고, 의료위생활동의 중점을 농촌에 둔다는 모택동이 내세운 방침, 그리고 양의와 중의 및 관련분야의 과학자들이 장기간에 걸쳐 씨름해 온 중국의학의 연구는 문화대혁명 동안에 일제히 결실을 보기 시작했다. 그것은 이미 전통의학의 부활이 아니라 전통 속으로서부터의 창조라고 해도 좋다. 특히 눈부신 성과는 새로운 침(針)요법 및 침마취의 발견일 것이다. 그것은 중국의학 평가의 역전의 결정적인 승리를 기록할 사건이었다. 새삼스럽게 말할 필요도 없이 침구요법과 그 이론적인 기초인 경락설(經絡說)은 중국의학의 중요한 한 분야이다. 그 때까지 경락의 존재는 조직해부학적으로 입증되지 않았으며 전위측정(電位測定) 기타에 의한 '경혈(經穴)'의 연구도, 그 존재를 의심하게 하는 방향으로 기울어져 있었다. 그런데 이제 경락 또는 그와 비슷한 어떠한 생리학적[필시는 전기적(電氣的) = 화학적]인 기능적 연관이 존재한다는 것, 그 연관 있는 결절점(結節点)을 물리적으로 자극하는 침의 기술은 의학적인 근거를 가졌다는 것이 명확하게 증명되었기 때문이다. 오랜 동안 중국의학을 받아들이기를 망설여 온 양의들에게 대한 그것은 결정적인 일격이었다.

새로운 침요법 중에는 전통적인 요법을 발전시킨 것도 있으나, 전혀 새롭게 발견된 요법도 몇 가지 있다. 전통적인 '경혈'도 사용되고 있지만, 지금까지 없었던 '경혈'도 그에 못지않게 많이 발견되어 있다. 침을 찌르는 방법도 전통적인 방법보다 일반적으로 깊고, 찌르는 각도와 그밖에도 많은 연구가 되어 있다. 맹인이나 농아, 소아마비 후유증에 놀랄만한 치료효과를 올린 것은 이 면목을 일신한 침요법이었다. 그 밖의 병에도 침요법의 용도는 넓으며 지금은 돼지 등의 가축에도 응용되고 있다.[48]

과학적으로 보아도, 또 세계적으로 중국의학 재평가의 기운을 만들어냈다는 의미에 있어서도 침요법보다 더욱 중요한 발견은 침마취였다. 침마취는 1958년 상해의 한 병원에서 편도선 적출의 수술중에 발견되었다[49]. 그것은 당장에 각지로 펴졌으며, 편도선 적출·갑상선 절제·발치와 같은 간단한 수술에서는 좋은 결과가 얻어졌다. 그러나 흉강외과수술 등 대수술에서는 한두 가지 예를 제외하고는 거의 실패로 끝났다. 그 때문에, 예를 들면 북경의 결핵 연구소에서는 침마취에 의한 수술이 금지되었다고 한다. 그러나 그 후에도 끈기 있는 실험적 연구가 계속되었다. 그 동안에 많은 새로운 '경혈'이 발견되었으며, 침의 기술도 체침(體針)·이침(耳針)·안침(顏針)·비침(鼻針)·수침(水針)·전침(電針) 등으로 다양화되고, 응용범위도 머리·목·가슴·배에서부터 4지의 수술까지로 퍼져간다. 그 성과가 문화대혁명기에 훌륭하게 결정된 것이다. 침마취의 출현은 근대적인 외과수술 설비를 갖지 못한 산간 벽지에서도 외과수술을 가능하게 했다. 농촌 의료에 있어서 그것이 지니는 의의는 결코 작지 않다. 현재, 중국의 과학자들은 침마취의 원리에 관한 많은 가설을 제출했으며, 이론적·실험적인 연구를 거듭하고 있다[50]. 그 중에서 어쩌면 인체의 기능에 관한 획기적인 발견을 가져오게 될지도 모른다. 적어도 그렇게 기대해도 좋은 이유가 우리에게는 충분히 있다.

　　문화대혁명을 거쳐 중국의학의 이론은 대폭적으로 고쳐 씌어졌다. 한마디로 말하면 정수를 취하고 찌꺼기를 버리며 중·양의를 결합한다는 이념에 이전보다 크게 한걸음 접근한 것이다. 예를 들면, 전통적인 이론 가운데서 5행설은 완전히 부정되었다. 그에 대하여 음양의 개념은 아직 일정한 유효성을 지닌 개념으로서 걸맞게 사용되고 있다. 그러나 이미 이론적인 기초개념은 아니다. 맥의 종류나 병인이나 치료에 대한 환자의 신체적 혹은 심리적 반응 등을 나타내는 개념, 즉 경험적인 기초를 지녔다고 생각되는 개념은 적극적인 역할을 수행하고 있다[51]. 물론, 지금은 과도적인 단계에 있으며, 앞으로도 더욱 변모를 이룩해 갈 것이다. 중국의학의 기초지식 및 신의료법은 중국의 현대의학체계의 중요한 일부다. 약학분야에서 중국약·생약이 차지하는 비중이 매우 큰 것은 말할 것도 없다. 현재, 중국의학과 서양의학의 체계적인 융합에 성공하고 있다고는 도저히 말할 수 없다. 그러나 예방의학 및 중·양의학의 결합이라는 기본방침 아래 새로운 의학체계가 형성되어 가고 있는 것은 확실하다.

끝으로

중국 현대의학의 발걸음은 그대로 새로운 가치체계의 창조 과정이었다. 기성의 사고의 틀을 타파하는 가치이념의 선택이 그 틀 속에 머물러 있는 한, 필시 해결에는 10수년을 요했을 것인 과제, 근대의학 교육을 받은 의사가 전혀 없는 거나 마찬가지인 광대한 농촌에 의료제도의 주밀한 그물눈을 만들어 낸다는 과제를 불과 20년이 못되어 해결했던 것이다. 그것 없이는 전토에 만연되는 온갖 병을 근절시키는 계획은 말할 것도 없고, 예를 들면 인구의 폭발적인 팽창을 막고, 증가율을 2% 이하, 가능하면 1% 정도로 억제한다는 야심적인 계획에 착수하기는 도저히 불가능했을 것이다. 중국의 농촌 인구는 오늘날도 80%에 달하고 있으며 그 비율은 건국 이래 거의 변하지 않고 있다.

공업화의 눈부신 진전에도 불구하고 농촌 인구가 높은 비율을 차지하고 있다는 것은 중국의 공업화가 선진국형과는 다른 어떤 특이한 양상을 보이고 있는 것을 의미한다. 사실, 농촌 또는 농민을 중시하는 사상은 항상 공업화에 있어서의 자력갱생형의 지향과 결부되어 있다. 선진국형의 공업 체계 또는 과학·기술체계를 그대로 도입하는 것이 아니라, 중국이 가진 여러 조건에 가장 적합한 독자적인 것을 만들어 내려는 지향이다. 의학혁명이 심화하고 확대되어 가는 두 시기, 대약진기와 문화대혁명기가 자력갱생형의 지향의 가장 두드러진 시기였던 것을 상기하자.

전통 의학의 문제를 떠나서 오늘날의 중국의 의학체계 또는 의료체계를 볼 때, 우리에게 있어서 매우 시사적인 것은 치료가 아니라 '예방을 주로 한다'는 원칙일 것이다. 예방의학의 입장을 취함으로 새 의학은 단순한 의사의 것이 아니라 인민의 것이 된 것이다. 지금 인민공사에서는 농민들은 스스로 의사를 양성하고, 약품을 생산하고 있다. 때로는 훌륭한 치료법마저 발견하고 있다. 그러나 치료의학은 결국 전문가의 것이다. 필시 예방의학의 입장에 설 때 비로소 인민의 손으로 의료체계가 완성되어 갈 것이다.

◘ 부기

이 문장은 원래 소피아 대학 국제관계연구소에서의 공동연구「근대화론의 재검토」[주재자는 쓰루미 가즈코(鶴見和子) 교수]의 보고의 일부로서 쓰여진 것이다. 너무 길기 때문에 전반만 발표한다. 그러나 독립 문장으로서는 틀이 잡혀 있지 않다. 중국의 공업화 또는 과학·기술의 발전에 있어서 그것이 무엇을 뜻하는지, 어떠한 위치를 갖는지의 분석을 전혀 포함하지 않았기 때문이다. 그것을 주제로 하는 보고의 후반, 「중국의 공업화와 그 구조—(극구조 이론 서설)」을 합쳐 참조하기 바란다. 여기서는 굳이 짧은 후기를 첨가하는 데에 그쳤다.

◆ 주

(1) 상세한 것은 R. C. Croizier, *Traditional Medicine in Modern China : Science, Nationalism, and the Tensions of Cultural Change*, Chap. VII, Havard University Press. 1968.을 보라.
(2) 「全國衛生會議」, 寒山「記全國衛生會議」(『新華月報』1952년 제5기).
(3) 張芹「關於農村衛生問題」(『新華月報』1952년 제5기).
(4) 장근, 앞의 논문.
(5) 『모택동사상만세』(현대평론사 복각판, 1974년), 10~12쪽.
(6) 任小風「批判賀誠同志在對待中醫的政策上的錯誤」(『新華半月刊』1956년 제2

기)를 중심으로, 朱健의 「批判王斌輕視岐視中醫的資産階級思想」(『신화월보』 1955년 제4기), 龔育之·李佩珊 「批判王斌在醫學和衛生工作中的資産階級思想」(同, 제9기), 程之範 「批判岐視中醫的錯誤思想,正確接受祖國醫學遺産」, 王立章 「批判王斌輕視中醫的錯誤」(『科學通報』 1955년 제6기), 하성 「檢査我在衛生工作中的錯誤思想」(『신화월보』 1955년 제12기), 宮乃泉 「批判賀誠同志的錯誤的醫學教育思想」(『新華半月刊』 1956년 제3기), 정지범의 「余雲岫對待中醫學術的錯誤觀点」(同, 제19기)를 참조. 또 하성「醫務工作者的道路」, 「對技術觀点的檢討」(東北人民政府衛生部編『論醫務工作者的道路』 1950년)는 中醫의 존재를 전혀 무시하고 있다.

(7) 『인민일보』 社論 (1955.12.20) 「加强中醫研究工作的重要步驟」, 安仲皇 「擔負光榮任務的中醫研究院」(『新華半月刊』 1956년 제2기).

(8) 『人民手册』 (1957년), 608쪽.

(9) 同, 609쪽.

(10) 『人民日報』 社論 (1956.5.27) 「積極培養中醫, 壯大衛生工作隊伍」, 秦伯未 「學習歷代中醫帶徒弟的精神和方法」(『신화반월간』 1956년 제12기).

(11) 앞의 『인민수책』, 609쪽.

(12) 『인민일보』 사론(1956.1.27) 「一定要消滅血吸蟲病」(『신화반월간』 1956년 제4기).

(13) 예를 들면, 楊源時 「浙江省要在七年內基本上消滅血吸蟲病」(『신화반월간』 1956년 제3기), 魏文伯 「六億神州送瘟神」(『홍기』 1960년 제2기).

(14) 齊中桓 「防治血吸蟲病工作中的幾筒問題」(『신화반월간』 1956년 제4기).

(15) 앞의 『인민일보』 사론(1956·1·27).

(16) 『健康報』 사론 (1956·1·6) 「加强科學硏究, 消滅血吸蟲病」(『신화반월간』 1956년 제3기).

(17) 예를 들면, 앞의 『인민일보』 사론.

(18) 앞의 양원시 논문.

(19) 앞의 『인민일보』 사론, 양원시 논문.

(20) 앞의 『인민일보』 사론(1955.12.20). 『건강보』 사론(1955.9.9) 「積極推行中醫治療流行性B型腦炎的經驗」, 柏生 「中醫治療痔瘻經驗的傳播」(『신화일보』 1955년 제12기).

(21) 예를 들면 黃蘭孫主編『中國藥物的科學研究』(上海, 1952년).

(22) 葉熙春「改新中醫中藥工作」(『신화반월간』 1957년 제15기).
(23) 『인민수책』(1958년), 502~507쪽. 원초안이 작성된 것은 56년 1월이다.
(24) 『인민일보』 사론(1958.2.27) 「鼓足干勁, 加强消滅 血吸 蟲病」(『신화반월간』 1958년 제6기).
(25) 『인민일보』 사론(1958.10.24) 「采取有效辦法防治地方病」(『신화반월간』 1957년 제24기), 「衛生部關干加强山區衛生建設的指示」(1958.2.4.『中華人民共和國法規彙編』 1958년 — 6월』, 450쪽).
(26) 「불치의 병인 克山病에 새로운 요법」(『발전하는 중국의 의료·위생』, 중국통신사, 1970년).
(27) 『인민일보』 사론(1958.1.24) 「全民總動員開展愛國衛生運動」(『신화반월간』 1958년 제4기).
(28) 『인민일보』 사론(1957.12.29) 「大力開展冬季愛國衛生運動」(『신화반월간』 1958년 제2기), 「目前愛國衛生運動的形勢是:群衆力量排山倒海, 不少地區四害消滅」(同, 제3기), 「中共中央, 國務院關干除四害講衛生的指示」(同, 제5기), 『인민일보』 사론(1958.2.13) 「一定要在全中國除盡四害」(同), 『인민일보』 사론(1959.2.4) 「繼續開展愛國衛生運動」(同, 1959년 제4기).
(29) 『인민일보』 사론(1958.12.14) 「采集民間藥方, 發掘中醫寶藏」, 「全國中醫中藥工作會議」, 「在黨的中醫政策照耀下中醫工作近年來有重大改進」(『신화반월간』 1958년 제24기).
(30) 「中西合作痛殲瘟神」(『신화반월간』 1959년 제4기), 李俊中「苦戰 2년, 人壽年豊—江西省余江懸根除血吸蟲病的經驗」(『과학통보』 1958년 제15기).
(31) 『인민일보』 사론(1959.1.25) 「認眞貫徹黨的中醫政策」(『신화반월간』 1959년 제3기).
(32) 陣光「關心人民生活, 消滅嚴重疾病」(『신화반월간』 1958년 제24기), 李德全「以移風易俗改造世界的氣槪開展愛國衛生運動」(『인민수책』 1960년), 471~474쪽.
(33) 앞의 「全國中醫中藥工作會議」.
(34) 상세한 것은 山田「노동·기술·인간」(『미래에 대한 질문』 쓰쿠마서방, 1968년) 참조.
(35) 앞의 「采集民間藥方, 發掘中醫寶藏」.
(36) 徐運北「開展偉大的人民衛生工作」(『홍기』 1960년 제6기).

(37) 예를 들면, 錢忠信「新中國의 醫療事業의 발전과 그 성과」(『北京周報』1964년 제15호).
(38) 앞의『발전하는 중국의 의료·위생』참조.
(39) 『인민수책』(1962년), 315쪽.
(40) 「從赤脚醫生的成長看醫學敎育革命的方向－上海市的調査報告」(『홍기』1968년 제3기)
(41) 「全國城鄉醫療衛生報健網初步形成」(『인민수책』1965년, 665~666쪽).
(42) 『신중국연감』(1969년), 123쪽.『모택동사상만세』615~616쪽.
(43) 錢忠信「衛生工作向農村大進軍的序幕－關干農村巡回醫療隊工作的幾筒問題」(『홍기』1965년 제13기).
(44) 「중국의 의료 위생제도·기타」(『인민중국』1973년 4월호).
(45) 「永遠發揚紅軍衛工的革命傳統－瀋陽醫學院敎育革命情況報告」(『홍기』1971년 제6기).
(46) 혼「영국 외과의 15년의 기록」(『아시아 리뷰』1971년 제3호).
(47) 「노동자 중에서 적색의사를 양성」(『북경주보』1969년 제5호).
(48) 문헌은 헤아릴 수 없이 많다.
(49) 「침마취술을 말한다」(『인민중국』1971년 10월호).
(50) 『홍기』1971년 제9기가 특집으로 한 것을 비롯하여, 최근에는『중화의료잡지』나『중국과학』등의 전문지에도 게재되어 있다.
(51) 예를 들면, 遼寧中醫學院編『中醫學講義』上册(1972년)을, 南京中醫學院編『中醫學槪論』(1958년)과 비교하라.

－『전망』1974. 5 －

중국의 공업화와 그 구조

극구조 이론 서설

처음에

최근의 중국은 과학·기술 분야에서 하나의 큰 기여를 이룩해 가고 있다. 의학에 있어서의 침술의 발전과 그 원리의 과학적 구명에 대한 노력이 그것이다.

새삼스레 말할 것도 없이 침의 치료기술과 그 이론적 기초로서의 경락설은 중국 전통의학의 중요한 한 부문을 이루고 있다. 그 전통을 계승하여 발전시킨 침술, 특히 농아나 소아마비 후유증 등의 치료법과 침마취에 의한 수술은 근대과학과는 전혀 관계 없는 전통으로부터의 창조이며, 현대의학에의 훌륭한 공헌이라고 해도 된다. 이 혁신된 침술은 지금은 '신(新)의료법'이라 불리어, 중국의 현대의학 체계의 일부를 구성하고 있다. 바꾸어 말하면, 서구 선진국형의 의학체계와는 다른 그것이, 중국에서 형성되어 가고 있는 것이다. 물론, 그 차이는 단순히 혁신된 전통의학이 삽입되어 있다는 데에 그치지 않는다. 예방의학의 관점이 전체를 꿰뚫고 있는 것도 그 중요한 특징으로서 지적할 수 있다.

이 독자적인 의학체계의 형성은 일반적으로 중국의 과학·기술의 발전에 있어 무엇을 뜻하고 있는 것일까. 의학의 발걸음을 전통의학에 조준을 맞추어 간단히 돌이켜 보자[1].

1955년 합작화운동, 즉 농촌의 사회주의화 운동에 앞서 의료계에 하나의 혁명이 시작되고 있었다. 문제의 초점은 그 8할까지가 농촌에

사는 50만 명의 전통적인 의사, 이른바 중의를 의사로서 인정하느냐
에 있었다.

당시, 자격을 가진 양의의 수는 불과 5만 명, 그것도 도시에 집중
되어 있었다. 중의를 인정하지 않으면 전국의 농촌이 무의촌으로 된
다. 그러나, 어디보다도 의사를 필요로 하고 있었던 것은 농촌이었다.
거기에는 전염병·지방병·기생충병이 만연하고 있었기 때문이다. 예를
들면, 회하(淮河) 이남의 수전지대에 퍼진 혈흡충병은 주민의 1할을
침해하고, 1천만 명의 노동력을 빼앗아 가고 있었다. 이러한 병과의
싸움 없이, 합작화를 추진시키기는 곤란했으며, 또 역으로 합작화와
같은 근본적인 사회개혁과 결부시키지 않고는 그 근절은 불가능했다.
한사람이라도 많은 의사를, 그것이 농촌의 사회주의화라는 임박한 과
제로부터의 요청이었다. 이리하여 50만 명 중의의 존재가 떠오른다.

중국의학은 비과학이며, 환자에게 정신적인 위안을 줄 뿐이다. 언
젠가는 양의를 중의로 대체한다. 그렇게 되는 동안에 만약 중의가 서
양의학의 기초지식을 익힌다면 보조의로서는 도움이 된다, 이러한 생
각에 바탕하여 종래의 정책은 중의의 사회적 활동의 터전을 엄격히
제한하고, 이윽고는 그 사회적 존재까지도 말살하려 하고 있었다.

사실을 말하면, 건국 초기에 '예방을 주로 한다', '공농병(工農兵)
에게 눈을 돌린다'와 더불어 '중·양의를 단결시킨다'라는 1개항을 포함
한, 이른바 의료·위생활동의 3대원칙이 결정되어 있었던 것이다. 54년
말 공산당중앙은 정부의 위생부문을 이 원칙에 대한 위반이라고 비판
한다. 그 때부터 중의의 전면적인 재평가가 시작되며, 따라서 의학의
혁명이 시작된다. 병원에는 중의진료부가, 또 중의병원과 중의진료소
가 만들어진다. 중의학원과 의대·의전의 중의코스가 설치되고, 또 중
의의 도제(徒弟)교육이 장려된다. 중앙위생부에 4개의 연구소와 부속
병원을 가진 중의연구원이 설립된다. 특히 중요한 것은 이 연구원에
부설된 그 후의 중국의학연구의 출발점이 되는 수업연한 2년의 중의

연구반이다. 전국으로부터 유명한 중의 30명이 교사로 초청되었으며, 의대 졸업생과 2~3년의 임상경험을 가진 의사 120명이 학생으로 입학한다. 얼마 후에는 중국의학의 연구·교육에 종사하게 될 터인 이 젊은 의사들에게 기대된 것은 중국의학의 이론과 경험의 모든 것을 습득하고, 현대과학의 이론과 방법에 의하여 그것을 정리 연구하는 일이었다. 그것과는 별도로 양의가 재직한 채로 중국의학을 학습하는 운동이 전국적으로 전개되었다.

이 정책의 전환은 과거의 정책이 '중·양의를 단결시킨다'는 방침에 위반되어 있는지 어떤지를 훨씬 초월한 가치평가의 결정적인 전환을 뜻하고 있었다. 확실히, 해방구에서는 '중서양법'으로 환자의 치료를 하고 있었으며, 모택동은 중의와 같은 구지식인과 단결해서 광범한 통일전선을 만들지 않으면, 당면 문제는 해결할 수 없다고 강조했다. '중·양의를 단결시킨다'는 원칙은 그 '혁명적 전통'을 계승하는 것이었다. 그러나 그는 동시에 구지식인을 비판하고, 교육하고 개조하는 임무도 강조했다. 거기에 있는 것은 '신의는 물론 구의보다 훌륭하다'는 계몽주의적 관점 바로 그것이다. 중의는 어디까지나 양의가 교육시켜야 할 학생이었다. 그러므로 서양의학의 기초지식을 익힌 중의만을 보조의로서 사용한다는 정책이 유도될 가능성은 처음부터 거기에 내포되어 있었다. 그러나 이제는 중국의학은 과학이다. '조국의학'의 정수를 취하고 찌꺼기를 버리며, 그 훌륭한 민족유산을 계승하고 발전시켜야 한다는 것이었다. 중의가 서양의학을 배우는 것이 아니다. 양의가 중국의학을 배운다는 정책의 전환 속에 전통의학에 대한 가치평가의 코페르니쿠스적 전회(轉回)가 단적으로 상징되어 있다.

이 전환을 가져온 것은 농촌의 사회주의화라는 긴박한 현실의 요청이다. 한 사람이라도 많은 의사를, 하고 바라는 요청이다. 실제로 그것에 부응할 수 있는 것은 중의밖에 없다. 그것은 분명히 불리한 조건이다. 그러나 그것을 불리한 조건으로서만 계속 받아들이는 한 당면 문제는 해결할 수 없다. 유익한 조건이 갖추어질 때까지 해결을 연기할 수는 없다. 바꾸어 말하면, 양의를 대량으로 공급할 수 있게 될 때까지 농민 또는 농촌문제를 방치하는 것이다. 그것을 방치해서는 안된다고 생각한다면 불리한 조건, 그 자체 속에서 유익한 조건을 발견해야 한다. 중의 가운데서 의사를 발견하는 것이다. 물론, 그들을 의사로 인정하기 위해서는 중국의학을 과학으로 인정해야 한다. 이리하여 가치평가의 역전이 이루어진다.

그렇기는 하나, 중의가 사회적으로 유용하다는 것과 중국의학이 과학이라는 것은 본래 별개의 일이다. 가치평가의 역전 없이 중의의 사회적 유용성을 충분히 발휘하게 할 수는 없다고 하더라도, 새로운 가치평가는 뒷받침 없이는 받아들여질 수 없다. 사실 양의는 쉽사리 중국의학을 과학으로 인정하려 들지 않았으며, 재직(在職) 양의가 중국의학을 학습하는 최초의 운동은 완전한 실패로 끝났던 것이다.

합작화운동 속에서 또는 58년의 인문공사화운동 속에서 중의의 사회적 활동의 장은 비약적으로 확대되어 간다. 개인이 개업하는 중의의 조직도 진척되고 농촌의 기층 위생조직이 차츰 형성되어 간다. 그리고 특히 인민공사화운동을 통하여, 전염병·지방병(地方病)·기생충병에 대한 싸움은 폭발적인 고양(高揚)을 보였는데, 예를 들면 강서성 여강현(余江縣)과 같이 58년에는 혈흡충병의 근절에 성공하는 지방까지 나타난다. 그 동안에 중의의 요법이나 처방이나 약물의 유효성을 입증하는 많은 연구가 이루어진다. 고전의 정리·연구나 민간 요법·약물의 수집도 진전된다. 또, 도시의 의사나 의대생들은 순회의료반을 만들어 농촌으로 들어가 병과 의료의 실태에 접하고, 중의에 대한 인식을 조금씩 고쳐간다. 그 위에 서서 재직 서양의가 중국의학을 학습하는 두번째의 운동이 전개되어 어느 정도의 성과를 거둔다. 합작화의 시기와는 분명히 다른 상황이 거기에 되어니 있었다.

그러나 그것은 양의가 일반적으로 새로운 가치평가를 받아들였다는 것을 결코 뜻하지 않았다. 중의에게 공공연히 반대하는 사람은 적어졌으나, 그들의 대부분은 중국의학을 인정하려고는 하지 않았던 것이다. 그것은 당연한 반응이었다. 중의의 사회적 유용성만으로는, 또는 중의의 지식 속에 부분적으로 유효한 것이 포함되어 있다는 것만으로는 가치평가의 역전을 입증할 수 없기 때문이다. 58년 말에 당중앙은 '중서결합의 고급의사' 2000명의 양성을 결정하고, 그 중에서 몇 명의 '훌륭한 이론가'의 출현을 기대한다. 그것은 중국의학을 체계적으로 연구하고, 적어도 그 '정수'에는 과학적 근거가 있다는 것, 경우에 따라서는 서양의학에는 없거나, 서양의학이 못 보고 놓쳐 온 발견이, 거기에 포함되어 있다는 것을 입증하는 이외는 새로운 가치평가를 정착시킬 수 없다고 보았기 때문이었다.

이 시기에는 다른 기술 분야에서도 전통의 재평가가 있었는데, 이른바 '토법(土法)'이 각광을 받고 등장한다. 공업화를 추진하는 경우, 종래와 같이 '양법(洋法)'에만 의거하는 것이 아니라, 토법을 동시에 진흥시키는 방침이 내세워졌던 것이다. 전통의학의 재평가는 그러한 움직임을 재빠르게 선취하고 있었다고 할 수 있다. 그리고 여기에 '중서의학을 결합하고, 토법과 양법을 동시에 진흥시키는' 방침 아래, 중국독자의 '신의학파의 창조'가 선언된다.

그러나 그것은 역(逆)의 움직임도 또한 강화되어 양파의 투쟁이 격화되었다는 것을 뜻하고 있었던 것이다. 3년 연속의 자연 재해에 의해 대약진운동이 종언되자 중서의 결합에 비판적인 조류가 승리를 차지한다. 물론, 의료체계 속에 뿌리를 내린 중의를 배제해 버리거나, 중국의학의 연구를 억압해 버리거나 하는 일은 할 수 없었다. 그 사이에 침마취에 의한 간단한 수술을 비롯하여 연구 성과가 착실하게 쌓여져 간다.

65년 여름, '의료·위생활동의 중점을 농촌에 두자'는 모택동의 호소에 부응하여, 1000개의 순회의료대가 조직되어 농촌 구석구석까지

들어간다. 합작화, 인민공사화의 시기에 이어지는 세번째의 의료혁명이 시작된 것이다. 순회의료대는 치료에 종사하는 한편, 의료체계를 완비시키기 위한 기초적인 조사·연구와 기층 위생조직의 정비, 도시 의사를 농촌에 정착시키는 활동에 종사하고, 또 '맨발의 의사' 양성에 종사한다. 이 반농반의(半農半醫)의 의사들은 중의의 기술이 기본적인 기술로서 훈련되었다. 순회의료대의 활동은 문화대혁명을 예고하는 것이었다.

    문화대혁명 동안에도 농촌에서의 의료·위생활동은 활발하게 전개되었으며, 68년경부터는 농촌에 의사·약품·의료기계를 보내는 큰 운동이 전개된다. 그와 함께 중국의학연구의 성과가 일제히 꽃피게 된다. 특히, 침마취의 발전은 중국의학에 대한 새로운 가치평가를 정착시키는 결정적인 일격이었다. 오늘날에는 중국의학의 기초지식과 신의료법은 의학체계 및 교육체계 속에 편입되어 있다. 중국의학과 서양의학의 체계적인 융합에 이르기에는 아직도 시간이 더 필요하지만, 중서의학을 결합시킨 새로운 의학체계가 거기에 형성되어 가고 있는 것은 확실할 것이다.

    내가 의학의 발걸음을 든 것은 중국의 공업화의 특질을 캐보려고 할 경우 두 가지 점이 매우 시사적이기 때문이다. 그것은 첫째 과학·기술 이외의 분야의 발전과정에 나타나는 일반적 특징을 시간의 위상에 있어서 항상 선취하고 있다. 둘째로, 공업화의 방침과의 특이하면서도 긴밀한 결부를 나타내고 있다. 근대화의 중심적인 과제인 공업화라는 문맥 속에, 이 문제를 옮겨 놓아 보자.

1. 공업화의 발전 패턴

    중국의 공업화는 5개년계획에 의하여 진척된다[2]. 1953년에 제1

중국의 공업화와 그 구조　*231*

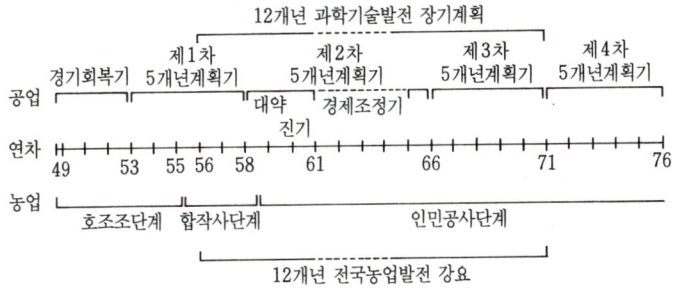

그림 1　12개년 과학기술발전 장기계획

차 5개년계획이 실시되고 있다. 이 4회의 5개년계획은 각기 꽤 분명하게 구별할 수 있는 특질을 갖추고 있는데, 그것에 의해 공업화의, 따라서 또 과학·기술발전의 특이한 패턴이 생긴다.

제1차 5개년계획은 소련의 5개년계획을 모델로 한 중공업 중심의 사회주의 공업화 방침을 채용한다. 자본주의의 공업화는 경공업에서 시작되고 사회주의의 공업화는 중공업에서 시작된다고 하는 소련의 공업화 이론에 의거하고 있다. 계획의 중점은 소련의 기술 원조 아래, 소련에서 도입한 156단위의 대형 플랜트의 건설에 두어진다. 동시에, 공업입지는 소수의 공업도시에 집중된다. 이른바 중앙공업이다. 자금의 상당한 부분은 당장 농업생산에 의존하기 때문에 농민에게 어느 정도의 희생은 피하기 어렵다. 과학·기술의 연구·개발에 대하여 말하자면, 선진국의 과학·기술의 도입 또는 모방을 주로 하며, 그 담당자는 전문가이다. 학교·연구소·기업 등의 관리도 테크노크라트의 손으로 행해진다.

제1차 5개년계획기의 중반을 넘은 무렵부터 이 방침에 배치되거나 그것을 부정하는 움직임이 나타난다. 농업합작화가 그것이다. 제1차 5개년계획의 기조를 이루는 소련형 이론에 따르면, 중공업의 발전이 농촌에 대량의 대형 농업기계를 제공할 수 있는 단계에 달해야만 비로소 농촌의 사회주의화가 가능해진다. 그런데 합작화운동은 생산력의 어떠한 단계에 있어서도, 그것에 대응하는 농촌의 사회주의 형태가 있을 수 있다는 이론적 전제에 선다. 그것은 적어도 농촌의 사회주의화에 관한 한 소련의 방침의 정면적인 부정이다. 그리고 공업과 병행하여 장기계획 하에 농업도 발전시켜 가려는 이 선택이 결정적인 기로가 되고 기폭제가 되어 일련의 다른 선택의 연쇄반응을 일으켜 갈 것이다. 같은 시기에 과학·기술의 분야에 있어서도 자립화의 모색이 시작된다. 한편으로는 전문가에 의한 장기발전계획의 작성이 있다. 그 초안이 완성된 것은 56년 중반이다. 이 계획은 그 후의 과학·기술의 발전을 방향짓게 된다는 의미에서는 매우 중요하다. 그러나 그 입안에 소련의 과학자·기술자가 참가했다는 것에서도 엿볼 수 있듯이, 그것은 소련형 혹은 선진국형의 연구·개발방식, 즉 전문가 노선과 모순되는 것은 아니다. 다른 한편으로 '과학을 향하여 진군하자'라는 모택동의 56년 연두의 호소에 호응하여, 과학·기술을 대중 자신의 손으로 장악하려는 대중운동이 일어나게 된다. 과학·기술에 있어서의 대중노선의 출발점이다. 토법의 재평가가 그 속으로부터 태어난다.

이러한 움직임은 58년에 시작된 제2차 5개년계획의 이른바 '두 발로 걸어가는' 방침에 결정된다. 즉, 공업과 농업, 중공업과 경공업, 중앙공업과 지방공업, 대공업과 중소공업, 토법과 양법 등을 동시에 진흥시키는 방침이다. 말할 것도 없이 그것은 소련형 공업화의 길과 결별을 뜻하고 있다.

이 결별은 60년에, 소련 기술자의 철수 및 기술원조의 정지라는 국가간의 관계로서 결말을 본다. 두 발로 걸어가는 방침의 주안은 공업을 전국적으로 배치하고, 농업의 발전과 조합시켜 가면서 지방의 경제적 자립성을 높이고, 지방간의 격차를 되도록 적게 하는 동시에, 잠재적인 생산력을 가능한 한 끌어내어 가려는 데에 있다. 국영기업의 대부분은 지방의 관리에 맡겨진다. 말하자면 소유=국가와 경영=지방의 분리이다.

　농촌에서는 몇 개 혹은 10수개의 고급합작사를 통합하여, 인민공사가 조직된다. 그것은 공업의 경우와는 역으로, 소유의 기초를 생산대(초급합작사, 그것을 몇 개 통합한 것이 고급합작사)에 두면서, 경영을 일거에 확대시킴으로써 대규모의 수리사업이나 학교·병원·공장 등을 경영할 수 있게 한 획기적인 조치다.

　58년 말에는 다시 인민공사의 토지를 3분 하고, 3분의 1은 농지로 남겨 놓고, 3분의 1에는 못을 파고, 나무를 심고, 과수를 심었으며, 나머지 3분의 1에서는 녹비·사료작물을 만들고, 농업 외에 임업·목축업·어업 기타의 부업을 경영하여, 더불어 공업도 되도록 발전시켜 간다는 결의가 이루어진다. 농촌경제의 다양화와 자립화 외에, 자연환경의 미화나 도시와 농촌의 격차의 축소라는 의도도 거기에는 포함되어 있다.

　과학·기술의 연구·개발면에서는 도입·모방형에서 자력갱생으로 바뀌어진다. 그리고 담당자로서 대중이 등장하게 된다. 대중을 포함한 자력에 의한 연구·개발방식이 연구에서부터 제조에 이르는 전단계를 관리자·기술자·노동자의 3자가 공동으로 하는, 이른바 3결합이다. 그것은 전문가 노선에서부터 과학·기술의 대중에 의한 조절을 겨냥하는 대중 노선으로의 전환이라고 해도 좋다. 학교·연구소·기업 등의 관리에 있어서도 물론 대중에 의한 조절이 주장된다. 3결합은 연구·개발방식인 동시에 기업관리방식이기도 하다.

　62년에는 다시, 농업을 기초로 하여 공업을 유도자로 하는 사회주의 건설이라는 이른바 농업기초론이 내세워진다. 여기에 이르러 중국의 독자적인 공업화의 길이 확정된다. 농업을 기초로 하고, 공업을 유도자로 하여, 일련의 두 발로 걸어가는 방침은 원칙적으로 현재까지 변함 없이 유지되고 있다. 그것이 중국의 공업화의 특질을 형성하고 있다고 해도 좋다.

그러나 실제의 정책에 있어서, 거기에 선택의 폭이 있는 것은 당연할 것이다. 그 폭의 크기가 사실상, 원칙의 부정에 가까운 곳까지 나아가는 수도 있을 수 있다. 자연 재해 기타에 의해 일으켜진 경제적 곤란을 극복하려는 61년에서부터 64년에 이르는 경제조정기에 그 경향이 뚜렷이 나타난다.

조정기의 정책의 두드러진 특징은 농업정책과 공업정책의 괴리일 것이다. 한편에서는 농업생산의 회복에 큰 힘이 쏟아지고 농업기초론이 제창된다. 다른 한편에서는, 공업정책의 기조는 제1차 5개년계획의 그것에 가깝다. 과학·기술은 도입·모방형이며, 토법에 대해서는 부정적인 평가가 주어진다. 지방공업·중소공업에는 중점이 두어지지 않는다. 63년 이후 서구로부터 중화학공업의 대형 플랜트의 수입이 이루어진다.

과학·기술의 연구·개발 및 기업관리에 있어서의 대중 노선은 시시비비의 논쟁이 대약진기를 통하여 존재하며, 특히 60년경부터 격화되어 가지만 62년경에는 전문가 노선이 일단 승리를 거두게 된다.

그에 대하여 자력갱생파 또는 대중노선파는 먼저 농촌에 있어서 대약진기의 이념을 소생시키고, 인민공사의 권력을 빈농·하층중농(下層中農)의 손에 장악하게 하려고 한다. 63년에 시작되는 사회주의 교육운동이 바로 그것이다. 이듬해인 64년부터 65년에 걸쳐서는, 공업분야에서도 자력갱생, 3결합, 토법의 강조가 시작된다. 그러나 도시에 있어서의 사회주의 교육운동은 실패로 끝난다. 그리고 66년부터 예정보다 3년 늦게 제3차 5개년계획에 들어가, 그 해 6월에 도시에서 문화대혁명이 시작된다.

문화대혁명은 공업 또는 과학·기술의 분야에 한정한다면 전문가 노선, 테크노크라트 노선의 타도를 겨냥하는 운동이었다고 할 수 있다. 제3차 5개년계획기의 전반은 그 때문에 큰 혼란을 일으키며 공업생산도 후퇴한다. 그러나 그것이 일단락된 68년 중반부터 대약진기의 이념과 거기에서 생긴 여러 가지 시도가 전면적으로 부활되어 발전해 간다. '양노(洋奴)철학'이 비난되고, 자력갱생의 방침이 주장된다. 3결합은 연구·개발방식으로서, 또 '과학적인 기업관리 방식'으로서 새삼 확인된다. 모택동의 '농촌을 공업화하고 도시를 농촌화'시킨다는 지시(69년) 아래 현영(縣營)·인민공사영의 중소공업이 눈부신 발전을 보이기 시작하며, 토법이 다시 각광을 받고 등장한다.

3결합방식이든 농촌공업이든 오늘날에는 거의 정착되어 있듯이 보인다. 지방중소공업 중에서 토법이 매우 효과적인 역할을 하고 있는 것은 말할 것도 없다. 그러나 동시에 제4차 5개년계획기(71년~75년)로 들어와 문화대혁명기로부터의 일정한 궤도 수정이 이루어지고 있는 것도 분명하다. 농업·경공업과 더불어 중화학 공업이 공업체계를 선도하는 것으로서 중시되고, 서구나 일본으로부터의 대형 플랜트의 수입이 시작되고 있다. 그와 함께 모든 산업분야에서 과학 방법과 기술 수준의 상승이 강조되고 있으며, 전문가의 기능이 적극적으로 평가되고 있다. 토법이라는 말이 사용되지 않는 것은 결코 아니지만 약간 배경으로 물러나고, 대공업·중소공업을 불문하고 자기개발기술로서 파악되고 있다. 자력에 의한 과학·기술의 연구개발이라는 원칙에 입각하면서도, 문화대혁명기의 극단적인 자력갱생의 주장이 비판을 받고 있는 것이다.

4회의 5개년계획기가 파형(波型)의 발전을 가리키고 있다는 것은, 이 간단한 개관에 의해서도 분명할 것이다. 하나의 계획기를 주기로 하는 파동형운동이다. 제2차 5개년계획기만은 예외이지만 8년에 이르는 그 기간을 대약진기와 조정기의 둘로 나누고, 각각 하나의 5개년계획기에 해당한다고 간주한다면 파동형운동의 궤적이 선명하게 떠오를 것이다. 그 경우 좌표축은 각각의 5개년계획에 있어서의 공업화의 방침이, 선진국형의 공업체계 혹은 과학·기술 체계를 그대로 도입하는 것에 대하여 긍정적이냐 어떠냐고 하는 점이다. 긍정적이라면, 즉 도입·모방형의 경우에는 과학·기술에 관한 중국의 전통은 모조리 부정적으로 평가된다. 그 전통으로부터는 근대과학·기술이 태어나지 않았다고 하는 인식이 전통을 '비과학적'인 것, '후진적인 것', 따라서 부정해야 할 것으로서 파악하게 하는 것이다. 역으로, 근대과학·기술을 수용하면서도 중국의 여러 조건에 적합하게 그것을 개조하여, 독자적인 공업체계 혹은 과학·기술체계를 만들어 가고자 한다면, 즉 자력갱생형의 경우에는 전통의 '정수를 취하고 찌꺼기를 버린다'는 태도가 생겨난다.

여기서 두 가지 점을 미리 말해 두기로 하자. 과학과 기술은 그것을 담당하는 과학자 집단과 기술자 집단의 가치관 및 그들이 속하는 사회의 공적인 가치체계에 깊이 결부되어 있으며, 더구나 하나의 사회제도로서 존재하기 때문에 다른 가치체계와 사회체계 아래서는 다른 공업체계 또는 과학·기술체계가 성립 가능하다. 거기에 전통이 관계되어 온다. 전통에 대한 태도 결정은, 그러므로 매우 큰 의미를 갖는다.

또 하나는 토법이라는 말에 대해서이다. 이 말의 용법은 매우 넓다. 좁은 뜻으로는 전통기술, 넓은 뜻으로는 자기 개발기술이라는 의미의 범위에 걸쳐 사용된다. 가장 빈번하게 나타나는 것은 '토설비(土設備)'(토착설비)와 짝이 된 '토법'(토착 방법)이다. 지금 이 의미로만 한정시킨다면 그 유효성은 기술분야에 따라서 달라진다. 한쪽 극에는 이미 유효성이 입증된 의학이 있고, 다른쪽 극에는 처음부터 토법이 존재하지 않는 석유화학이나 원자력 기술 등이 있다. 그 중간에는 재료나 구조에 토법이 적극적으로 도입되어 있는 건축기술이나, 토법로에서부터 양법의 고로(高爐)에로의 발전을 볼 수 있었던 철의 정련기술 등이 있다. 그러므로 아무래도 '전통기술'이라는 의미가 따라붙는 말 '도법'을 굳이 모든 자기개발기술에 사용하는 것은 어디까지나 상징조작으로서의 것이다. 설사 토법으로부터 발전한 기술이라 해도, 성공하여 정착한다면, 침의 기술이 지금은 '신(新)의료법'이라 불리고 있듯이, 다른 명칭이 주어질 것이다. 따라서 토법이라는 말이 사용되지 않게 될 경우에는 도입·모방파가 지배적인 시기와 이미 자력갱생파에 상징조작의 필요성이 없어지는 시기의 두 가지가 있다. 현재, 토법이라는 말이 배경으로 물러난 것은 필시 첫째, 지방 중소공업 혹은 농촌공업의 광범한 발전이 상징 조작의 필요성을 잃었다는 것과 둘째로, 기술수준의 향상이 보다 필요한 단계에 들어갔다는 것에 있을 것이다. 두번째 점은 양파에 공통된 요청이다.

지금 가령, 도입·모방형의 지표로서 선진국으로부터의 대형 플랜트 수입을 들어보자(표 1). 제1차 5개년계획기와 조정기는 그것에 대하여 플러스의 평가를 주며, 대약진기와 제3차 5개년계획기는 마이너스의 평가를 준다. 그것은 공업에 있어서의 자력갱생형을 나타내는 3개의 지표에 대한 평가와는 완전히 반대가 된다. 그리고 역전된 평가가 번갈아 나타난다. 얼핏보기에 그것은 단순한 반복처럼 보인다. 그러나 그렇지 않은 것은 제4차 5개년계획기에 이르러 그 때까지의 규칙성이 깨뜨려지는 데서 알 수 있다. 여기서는 2개형의 지표의 어느 것에도, 플러스 평가가 나타나 병립되어 있다. 그러나 그것은 2개형의 병립을 가리키고 있는 것일까, 아니면 2개형의 융합 혹은 제3의 형의 탄생을 시사하고 있는 것일까.

그것에 대답하려면 도입·모방파와 자력갱생파가 각각 선택하는 교육체계·지배체계 및 대중운동의 형태에 눈을 돌릴 필요가 있을 것이다. 고등과학·기술교육에 관하여 말하면 전자가 중시하는 것은 보통의 학교교육, 이른바 '정규교육'이다. 거기에서는 실험·실습·제작보다도 이론의 학습에 역점이 두어지고, 생산의 실제 상황과는 직접 관계 없이, 과학·기술이론의 패러다임을 습득한 학생을 연구·생산기관으로 내보낸다. 그들은 선진국형의 공업체계 또는 과학·기술체계를 그대로 도입·모방하기에 적합하며, 또 그들이 연구·개발의 담당자인

표 1

5개년계획	제1차	제2차		제3차	제4차
		대약진기	조정기		
기술도입(대플랜트수입)에 대한 평가	+	−	+	−	+
공업화의 방침에 관계되는 대중운동의 존재	−	+	−	+	−
3결합방식에 대한 평가	(−)*	+	−	+	+
토법에 대한 평가	−	+	−	+	(+)**
전통의학에 대한 평가	−+	+	−	+	+
농촌사회주의에 관계되는 대중운동의 존재	−+	+	−+	−	−
농촌사회주의의 단계	호조조	합작사	인 민 공 사		

*3결합방식은 아직 생기지 않았다.
**자기개발기술이 강조되며, 토법이라는 말은 배경으로 물러나 있다.

경우에는 그대로 도입·모방하려는 지향이 강하게 작용할 것이다. 그것에 대하여 후자가 중시하는 것은 공장 안에서 노동자를 교육하는 이른바 '업여교육(業餘教育)'이다. 거기서는 학생은 생산현장에서 생산에 직접 종사하면서 설계·제작에 필요한 이론적 지식을 습득해 간다. 그들은 구체적인 조건에 바탕하여, 실제의 필요성에 따라 연구·개발하기에 적합하다. 자력갱생파에게 있어서 바람직한 것은 그러한 기술자일 것이다. 정규교육을 마친 학생의 결함은 생산의 실제와의 결부가 희박하다는 점이며, 업여교육을 받은 학생의 결함은 기초이론의 체계적인 지식이 부족하다는 점이다.

이 두 가지 교육체계는 지금까지 병존해 왔고, 지금도 병존하고 있다. 도입·모방파는 업여교육의 기능을 중급기술자의 양성에 있다고 보고, 자력갱생파는 정규의 고등교육을 업여교육에 접근시키려고 하다. 업여교육의 이념에 바탕하여 고등교육을 개혁하려는 시도가 처음으로 나타나는 것은 대약진기다. 조정기에는 오히려 보통의 정규교육이 강화된다. 문화대혁명은 대약진기의 시도를 발전시킨다. 그리고 68년 모택동의 '상해공작기계공장이 하고 있는 노동자 중에서 기술자를 양성하는 길로 나아가자'는 지시에 따라 고등과학·기술교육개혁의 기본적인 방향이 정해진다. 중등교육을 마치고 2~3년간 노동에 종사한 청년을 입학시키며, 대학내에 공장을 짓고, 공장이나 건설 현장에 기지를 설치하여, 생산과 밀접한 연관 아래 교육해 가는 방법이다.

오늘날도 계속되고 있는 교육개혁의 여러 가지 실험은 기본적으로는 이 노선을 따르고 있다. 그러나 거기에는 세 가지 문제점이 존재하고 있다. 첫째로, 초기의 시도가 너무도 생산과의 직접적인 결부를 강조하여, 이론의 학습을 소홀히 한 점이다. 지금은 오히려 이론교육의 중요성이 강조되고 있다. 둘째로, 이 방법은 기술자 교육에는 적합하지만 과학자 교육에는 반드시 적합하지는 않다는 점이다. 72년에는 일부 고급 과학자의 의견을 대표했던 것으로 생각되는 '이과교육'과 '공과교육'은 다르다는 주장이 나타나 있다. 셋째로, 중등교육 후의 2~3년간의 노동이 매우 불리하게 작용하는 과학분야도 존재한다는 점이다. 따라서 일률적으로 노동 경험을 입학 자격으로 하는 것에 의문이 나오고 있다. 이러한 것은 문제의 초점이 당연히 이론과학자의 양성에 있다는 것을 가리키고 있다. 일반적으로 과학적 방법이나 전문가의 역할이 강조되는 시기에는, 교육의 방향이 정규형으로 기울고, 생산과의 결합이나 대중에 의한 창조가 강조되는 시기에는 업여형으로 기운다고 보아도 된다. 두 조류가 거기에 끊임없이 형성되어 갈 것이다. 오늘날의 강조점은 어느 쪽이냐고 하면 전자에 있다. 그러나 조정기와 다른 것은 이미 말한 개혁의 큰 줄기가 기술자교육과 일부의 과학자교육에 대해서는 이미 거의 정착된 위에서의 강조라고 하는 점이다. 물론, 모순은 여전히 존재하고 있다. 과학·기술의 발전은 항상 고도의 전문화를 요구해 간다. 그러므로 과학자교육의 상태에 따라서는 고등과학·기술교육이 전체적으로 크게 정규형으로 기울어 갈 가능성이 남아 있다고 보아야 할 것이다.

지배체계에 대해서 말하면, 도입·모방파가 선택하는 것은 합리적 관료제이며, 테크노크라트(집단)에 의한 지배이다. 그것에 대하여 자력갱생파는 대중에 의한 지배를 선택한다. 기업관리에 한정시켜 말하면, 관료기구의 개혁은 어느 쪽에 있어서도 공통된 오랜 과제였다. 제1차 5개년계획기에 소련형의 복잡한 관리체계와 2000년에 걸친 관료제 지배의 유물인 제도가 결부되어, 비능률적이며 방대한 더구나 당권력과 정부권력이 2원적으로 대립하는 관료기구가 완성되었기 때문이다. 그 과제에 부응하기 위하여, 55년부터 대약진기에 걸쳐 일련의 조치가 취해진다. 대폭적인 인원 삭감(55년 이후) 당위원회의 지도하에서의 공장장 책임제의 확립(56년), 관리의 제도·규정의 개혁(57년 이후), 노동자의 하급관리에 대한 참가(59년 이후) 등이 그것이다. 그러나 59년에 나타난 관리자의 노동참가제도의 '3결합방식(三結合方式)'은 그 범위를 넘어 있다. 이른바 「안강헌법(鞍鋼憲法)」(60년)으로서 정식화된 「양삼일개3결합(兩參一改三結合)」(관리자가 노동에 참가하고, 노동자가 관리에 참가하며, 관리 규정을 고치고, 관리자·기술자·노동자가 협력하여 생산·관리상의 문제를 처리한다) 제도는 관료기구를 개혁하면서, 그것을 대중의 관리하로 장악하려는 것이었다. 이 제도가 정착하지 못한 채로 조정기에는 당위원회의 지도하에서의 공장장 책임제로 복귀하고, 하급관리를 노동자에 맡기고, 생산 현장을 떠난 테크노크라트그룹이 상급 관리를 맡는 매우 합리적인 관료제가 성립된다.

여기서 비로소 대중에 의한 지배에 대립되는 것이 무엇인가가 분명해진다. 이리하여 문화대혁명은 권력투쟁으로서 시작된다. 혁명파는 먼저 당위원회의 권력을 타도하고 그것을 혁명위원회의 손아귀에 넣었고, 이어 관료 기구의 간소화에 나서 68년에는 「안강헌법」의 입장에 선다는 것을 선언한다. 현재도 이 입장은 원칙으로서 관철되어 있다. 다만, 문화대혁명기의 시도로부터 두 가지 문제가 생겼다. 그 하나는 테크노크라트 또는 전문가를 지나치게 배제했기 때문에, 기업관리에 지장을 가져오게 한 점이다. 지금은 그들이 복권할 시기라고 할 수 있을 것이다. 또 하나는 통일적인 지도체제가 상실된 점이다. 오늘날에는 당이 재건되고, 그 일원적인 지도의 중요성이 강조되고 있다.

분명히, 대중에 의한 직접 지배를 노렸던 혁명파의 이론으로부터는 크게 후퇴했다. 그러나 조정기에의 복귀는 아니다. 대중에 의한 지배라는 이념을 어디까지 유지할 수 있느냐는 것은 관리기구를 어디까지 간소화시킬 수 있느냐, 관리자의 노동참가제도 및 관리의 3결합방식의 형해화를 어디까지 막을 수 있느냐에 달려 있다. 복잡화와 형해화로 경사는 그것이 과학·기술의 발전과 직접 결합되어 있는 만큼 부단히 존재하고 있다고 보아야 한다. 관리기술이 고도화됨에 따라 관리기구의 복잡화와 관리자의 전업화의 경향이 끊임없이 발생할 것이다. 당의 관료주의화 경향이 그것에 수반될 것이다. 그 경향을 방치하면 3결합방식의 형해화는 피할 수 없다. 관리에 있어서의 3결합방식의 강점은 연구·개발에 있어서의 3결합이라는 매우 효과적인 방식을 배후에 갖고 있다는 점이다. 그것이 공동화의 쐐기로서 작용할 것이다. 그렇기는 하나 이 양자에는 분명한 차이가 있다. 연구·개발의 3결합 그룹은 필요에 따라 그때마다 결성되며 목적에 따라 성원이 바뀌어지고, 임무의 종료와 함께 해산하는 기능적 집단이다. 그에 대하여 관리의 3결합 그룹은 대중에게 선거권 및 소환권이 보장되어 있다고는 하나 항상적으로 존재하는 실체적 집단이다. 그러므로 전자에는 없는 형해화의 위험성을 지니고 있다.

모순의 근원이 어디에 있는지 대립하는 두 조류가 어디서 발생하는지가 분명하다. 국가를 근대화시키기 위해서는 공업화를 추진해야 하며, 더 나아가서는 과학·기술을 발전시켜야 한다. 그것은 후진국에 있어서 근본적인 요청이다. 그 경우, 일반적으로는 선진국형의 공업체계 혹은 과학·기술체계를 그대로 도입 또는 모방하려고 하는 지향이 작용할 것이다. 그것은 동시에, 그 체계와 밀접하게 관계되는 가치·교육·연구·개발·지배 등 일련의 체계의 채용도 의미할 것이다. 물론, 도입·모방하는 측의 조건은 국가에 따라서 다양하며, 또 후진국은 선진국이 더듬어 온 길을 그대로 걸어갈 필요는 없으며, 항상 어떤 종류의 선택이 가능하다. 그러므로 어떤 후진국의 공업체계 혹은 과학·기술체계가 모델인 선진국의 그것과 완전히 같아질 수는 없다. 그러나 양자로부터 그것을 같은 형으로 간주할 수 있을 만한 몇 가지 공통된 특질을 추출할 수 있을 것이다. 그 형을 나는 '선진국형'이라 부르고, 그 형을 이식하려고 하는 지향을 '도입·모방형'이라 이름붙였던 것이다. 물론 그것은 자력에 의한 연구·개발로의 지향과 그것이 가능한 단계에 이르면 모순되는 것은 아니다.

　　도입·모방형의 지향은 지금도 존재하며, 앞으로도 부단히 발생할 것이다. 과학·기술의 발전에 그것은 깊은 근거를 갖고 있기 때문이다. 예를 들면 오늘날의 고도로 분화되고 전문화된 과학·기술은 그것에 걸맞는 전문가와 전문적인 조직관리의 기술을 요구한다. 거기서부터 전문가에 의한 연구·개발 방식과 테크노크라트에 의한 지배로의 경사가 부단히 발생한다. 과학·기술의 발전을 근본적인 요청으로 삼는 한 이 경향은 피하기 어렵다. 그러나 그것은 연구·개발·관리에 있어서의 중국식으로 말하면 '전문가 지배'에 필연적으로 귀결하는 것은 아니다. 대중에 의한 지배라는 별도의 선택지(選擇肢)도 있을 수 있다.

　　그러기 위해서는 무엇보다도 먼저 가치체계의 역전이 필요하다. 또는 별도의 선택지를 취하려는 지향 속에 이미 가치체계의 역전이 내포되어 있다고 해도 된다. 가치체계의 역전을 수행하는 것은 소수 개인의 수요 인불이다. 그 의미에서 모택동을 비롯한 주요 인물들의 지금까지 수행해 오고, 지금도 수행하고 있는 역할은 결정적이라고 해야 한다. 가치체계는 그러나 그것만으로 자립해서 존재하는 것은 아니다. 그것에 관계되는 여러 가지 체계가 성립하여 비로소 정착된다. 그때 역전된 가치체계는 소수 개인의 사적 가치에서 사회의 공적 가치로 전화한다.

    이 과정은 오늘날의 중국에 있어서는 상당한 정도까지 진행되어 있다고 나는 생각한다. 제4차 5개년계획기로 들어가서 나타난 표 1의 평가의 규칙성의 혼란은 그것을 단적으로 가리키고 있을 것이다. 바꾸어 말하면, 어떤 종류의 안정된 상태가 형성되고 있다고 보아도 된다. 물론, 자력갱생형이 순수형으로서 실현하는 일은 처음부터 있을 수 없다. 자력갱생의 지향에 입각해 있어도 어느 정도 선진국으로부터의 기술도입은 필요해진다. 대형 플랜트의 수입만 해도 공업체계 속에서 그것에 어떠한 기능을 떠맡게 하느냐에 따라서 의미가 달라진다. 문제는 어느쪽의 지향이 지배적이냐에 있다. 그렇다면 도입·모방형의 지향이 또다시 우위를 차지하는, 바꾸어 말하면 다시 한 번 가치체계가 역전될 가능성은 존재할 것인가. 내 생각으로는 그 개연성이 매우 낮다고는 굳이 말할 수 없다. 왜냐하면 가치체계의 역전에는 모택동과 같은 탁월한 개인의 존재를 필요로 하지 않을 것이기 때문이다.

    가치체계의 역전을 진척시키고, 또 지탱해 온 것은 무엇일까. 그것은 농촌 혹은 농민의 문제를 해결해야 할 가장 중요한 과제이거나 또는 그것이 해결되지 않으면 주요한 과제가 해결된 것이 아니라는 사상이라고 나는 생각한다. 바꾸어 말하면, 중국혁명의 주력은 농민이었다는 '혁명적 전통'이다. 여기서 대중운동의 형태로 눈을 옮겨 보자. 도입·모방파는 대중운동을 관료기구의 개혁, 기술혁신, 노동생산성의 향상 등 공업화 혹은 농촌의 사회주의화의 방침에 관계되지 않는 위로부터의 운동 범위내에서 그치고자 하고, 자력갱생파는 그 방침에 관계되는 밑에서부터의 운동, 사회개혁운동으로까지 밀고 나가려고 한다. 지금 후자 형의 운동과 그 고양을 도시해 보자(그림 2). 도시 운동

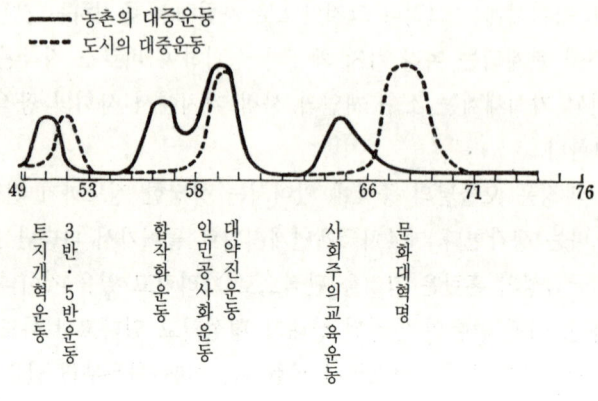

그림 2

의 기복은 세번의 5개년계획에 훌륭하게 대응하고 있으나, 농촌 운동의 기복에는 혼란이 있으며, 더구나 시간적 위상에 있어서 항상 도시의 그것에 선행하고 있다. 도시 운동의 규칙성은 도입·모방형의 지향이 공업화가 가져오는 자연적 경향임을 말해준다. 농촌 운동의 혼란은 그 자연적 경향에 저항하는 자력갱생형의 지향이 언제 강해지며, 어디에 기반을 찾는가를 보여 준다. 시간적 선행은 자력갱생파가 먼저 농촌을 확고히 하고, 농민의 운동을 충격파로서 도시 운동의 기복을 만들어 내고 있는 것을 시사한다.

제4차 5개년계획기에는 도시에서나 농촌에서도 이 형의 대중운동은 아직 일어나지 않고 있다. 그것은 필시 문화대혁명이 뜻밖에 오래 끌었기 때문만이 아니라 어떤 종류의 안정 상태가 형성되어 있기 때문일 것이다. 앞으로 이 형의 대중운동이 일어날 가능성은 있을 것인가. 역전된 가치체계는 상당한 정도까지 정착되어 있다고 하는 나의 판단이 타당성을 지녔다면, 그 개연성은 도입·모방형의 지향이 우위를 차지하는 개연성보다 높다고 나는 생각한다. 왜냐하면 그 지향이 지배적으로 되지 않더라도 그것으로의 경사가 눈에 띄기 시작했을 때 대중운동은 일어날 수 있기 때문이다.

일찍이, 다케우치 고노무(竹內好)는 "역사란 단절이다, 부단히 원초(原初)로 되돌아감으로써 갱신되는 것이다"라는 역사관에 바탕한 가설로서, 이른바 '근거지이론(根據地理論)'을 제창했다. 다케우치에 따르면 '중국의 근대사는 혁명의 연속으로서 파악할 수 있다'. 연속이란 '단절 없이 양적으로 증대'하는 것이 아니라 '새로운 혁명이 연속적으로 일어나는, 즉 새로운 혁명에 의하여 낡은 혁명을 뛰어넘을 수 있는 그 반복이라는 뜻'이다. 그것은 '형으로서 고정할 수 있다'. '형은 반복에 의하여 성립되기' 때문이다. 이 중국혁명의 형의 원형을 다케우치는 '근거지로서의 정강산(井崗山)'에서 발견한다. 근거지란 무엇인가. 그의 정의에 따르면 '가치전도를 가능하게 하는 장', 바꾸어 말하면 '혁명을 생산하는 장'이다. 가치전도란 '마이너스의 플러스로의 전화', 즉 혁명이며 장이란 '지역이라는 뜻'이 아니라 '구조'라고 해도 좋다. '근거지는 한번 만들어지면' 언제까지나 근거지로서의 작용을 수행해 가는 것은 아니다. '부단히 에너지를 갱생함으로써 근거지가 근거지다 워진다'. 바꾸어 말하면 '근거지는 역사적으로 형성되지만, 근거지에 의하여 역사가 역사로 되거나 혹은 역사가 거기에서 생겨나는 그러한 창조의 근원과 같은 것'이다.

다케우치의 이 훌륭한 가설을 나는 거의 받아들이고 싶다. 다만 나는 '농촌' 근거지로서 그것을 파악한다. 물론 농촌 근거지라고 해도 '지역'이 아니라 '구조'이다. 그러나 그 '구조'가 농촌 '지역'에 있어서, 성립된 의미는 어디까지나 크다. 도시라면 공업화가 가져오는 자연적 경향이 그 형성을 매우 곤란하게 했을 것이다. 농촌에 있어서야말로, 대중에 의한 창조와 대중에 의한 지배, 바꾸어 말하면 자력갱생형 지향의 원형이 성립될 수 있었다고 나는 생각한다. 대중운동에 의하여 공업화를 추진하려는 자력갱생파의 사고방식을 도입·모방파는 '농촌의 습관'·'게릴라 작풍'이라 부르고 거듭해서 비난했다. 자력갱생형의 원형이 어디서 만들어졌는가를 그것은 단적으로 말한다.

중국혁명의 원형으로서의 근거지는 농촌에서 성립되고, 농촌에서 '부단한 에너지를 갱신'해 왔다. 농촌 근거지의 구조가 도시에 있어서도 형성되었을 때, 그것은 '근거지' 매일반이 된다. 근거지는 가치평가의 역전의 장(場)이며, 전통의 혁신적인 재생의 장이다. 그것을 통하여, 독자적인 공업체계 혹은 과학·기술체계를 형성해 가는 장이기도 하다. 그것은 의학의 발걸음 속에 상징적으로 표시되어 있다고 할 수 있을 것이다.

2. 극구조 이론에 의한 분석

극구조 이론

세 번의 5개년계획기에 있어서 공업화의 발전이 파형의 패턴을 보이고 있는 것은 도입·모방형의 체계가 가진 구조와 자력갱생형의 그것이 서로 다르며, 그 사이의 왕복운동을 반복해 왔다는 것, 제4차 5개년계획기에 그 파동형 패턴이 무너져 있는 것은 어느 형과도 다른 구조가 나타나 있는 것을 의미할 것이다. 그 구조와 장기적인 변동 과정을 여기서 나는 분석해 두고 싶다. 분석을 위한 경험적 가설명제군을 임시로 극구조 이론이라 이름붙여 둔다.

극구조 이론을 나는 우선 중국의 공업화과정을 분석하기 위한 중간 이론으로서 제출한다. 그러나 그 적용이 가능한 범위가 그것에 한정되거나 또는 중국 사회에 한정된다고 반드시 생각하는 것은 아니다. 그보다는 오히려 인간의 사회 집단의 행동, 내면적 행동을 포함한 그 여러 가지 형태를, 시간적인 변화상에서 분석할 경우에 일반적인 유효성을 갖는 것이 아닐까 상정하고 있다. 물론, 그렇게 하기 위해서는 경험적인 검증을 필요로 하지만 여기서는 구체적 혹은 가상적인 예를 들어 설명하면서 되도록 일반적인 표현을 해두고 싶다.

이 이론에 있어서 내가 도입하려는 주요한 개념은 다음의 4벌의 개념이다.

(1) 구성적 요소―과도적 요소
(2) 1극구조―2극구조―3극구조
(3) 실체적 구조―기능적 구조―실체=기능적 구조
(4) 표층구조(表層構造)―기층구조

우선, 이것들의 개념부터 설명해 가자.

사회집단의 행동의 어떤 형태를 체계라고 부르기로 한다. 하나의 체계는 단수 또는 복수의 요소로써 이루어진다. 예를 들면, 어떤 정당의 조직을 지도체계로서 본다면 지도하는 자와 지도받는 자와의 관계에서 맺어진 집행부와 당원 대중의 두 요소를 추출할 수 있을 것이다. 또 예를 들면, 어떤 기업에 있어서 노동자의 임금 인상요구의 동맹 파업이 일어났을 경우, 그 동맹 파업을 경제적 행위의 체계로 본다면 임금 인상을 요구하는 자와 요구받는 자의 관계로서 맺어진 경영자와 노동자의 두 요소로써 이루어진다고 간주할 수 있을 것이다.

어떤 체계의 장기적인 변동과정을 파악하려 할 경우에는 다른 성질을 가진 두 종류의 요소, 즉 구성적 요소와 과도적 요소를 구별할 필요가 있다.

  정의1 어떤 사회의 역사 속에서 일시적으로 억압되어 있더라도 반드시 재현되어 오며, 그리고 그것들이 조합되어 어떤 체계의 새로운 전통을 형성하는 요소를 구성적 요소라고 부르며, 일시적으로 출현해도 지속성을 갖지 않고 새로운 전통에 결부될 수 없는 요소를 과도적 요소라고 부른다.

바둑이나 장기와 같은 두 요소로 이루어지는 게임을 들어 보자. 우연히 만난 두 사람이 한판만 대국했다고 하면, 그들은 과도적인 요소이다. 그러나 그 후 말하자면 호적수로서 자주 대국을 되풀이하게 된다면 구성적 요소로 바뀐다. 어느 촌락에 행상이 와서 단기간 체재했다고 하자. 정주자(定住者)·비정주자를 포함한 주민의 체계, 또는 상품유통기구의 담당자의 체계를 생각했을 경우, 그가 그 해만 왔다면 과도적 요소이다. 그러나 해마다 일정한 시기에 찾아온다면 구성적 요소라 할 수 있다.

장기적인 변동의 분석에 있어서 중요한 것은 말할 것도 없이 구성적 요소이다. 무엇이 구성적 요소이며, 무엇이 과도적 요소인가는 구체적인 역사 분석을 통하여 비로소 밝혀진다. 꼭 같은 체계, 즉 같은 요소 및 요소간의 관계를 갖는 체계에 속하는 어떤 요소가 하나의 사회에서는 구성적 요소이며, 다른 사회에서는 과도적 요소에 불과한 경우가 있을 수 있기 때문이다.

어떤 체계의 구성적 요소간의 관계를 그 체계의 구조라고 부르기로 하자. 구조는 요소의 수 및 요소간의 관계의 상태에 따라 1극구조, 2극구조, 3극구조의 세 가지 형에 귀착한다고 나는 생각한다. 이 뒤에서 특별히 지적하지 않는 한 단순히 요소라고 말하면 구성적 요소를 가리킨다.

> 정의2 　기본적으로 단일요소로 이루어지며, 그 요소는 항상 그 자체와 동일하다는 관계가 성립되는 구조를 1극구조라 부른다. 기본적으로 두 요소로 이루어지며, 그 요소간에 어떠한 층위적 서열관계가 성립되는 구조를 2극구조라 부른다. 기본적으로 세 가지 요소로 이루어지며, 그 중의 두 요소간에는 어떠한 층위적 서열관계가 성립되지만, 그 두 요소와 나머지 1요소 사이에는 그것과 같은 층위적 서열관계가 성립되지 않는 구조를 3극구조라 부른다.

여기에서 기본적이라고 할 경우 무엇이 기본적인가는 그 체계를 성립시키는 관계에 의하여 결정된다. 앞에서 말한 동맹파업의 예에서 말하면, 요구하는 자와 요구받는 자라는 대립관계 속에서, 가령 기술자집단이 그 권외에 섰다고 하면 그들은 이 체계에 속하는 요소가 아니며, 관리에 종사하는 화이트 컬러 집단이 경영자측에 서서 행동하였다고 하면, 그들은 경영자와 동일한 요소라고 간주된다. 층위적 서열관계에는 대립관계, 상하관계, 강약관계 등이 포함된다.

 1극구조의 대표적인 것으로는 가치 이념의 체계가 있다. 예를 들면, 오늘날의 중국이 두뇌노동과 육체노동, 지식인과 대중, 기술자와 노동자, 노동자와 농민, 도시와 농촌 등 일련의 대립과 차별이 없는 사회라는 평등주의적 이념이 그러하다. 자유로운 사회라든가 거국 일치라든가 일당체제라든가 하는 등의 이념도 그러하다. 2극구조에 대해서는 이미 몇 가지 예를 들었다. 3극구조가 되는 것은 두 사람 또는 두 개의 집단 사이의 분쟁을 제3자가 조정하는 경우이다. 또는 지주와 농민이라는 대립관계 속에 혁명정당이 나타나고, 농민을 조직하고 지도해서 봉기하게 하는 경우도 그러하다.

 지금 이 세 가지 극구조를 그림 3에 보인 모델로 표현하자. 3극구조를 이와 같이 표현하는 것은 층위적 서열관계가 성립되는 두 요소 간의 관계가 그것들과 제3의 요소의 관계와는 질적으로 다르다는 것을, 또 앞으로 설명할 제3의 요소의 기능을 되도록 간단하게, 그러나 적절하게 보여주기 위해서다. 이 모델을 채용하면 세 가지 극구조, 다음의 특성을 갖는 것으로서 기술할 수 있을 것이다. 여기에서 공간이란 원내의 구획, 즉 요소를 가리킨다.

  특성1 1극구조는 단일공간으로 이루어진다. 2극구조는 공간을 아래위로 분할한다. 그 경우, 상부 공간과 하부 공간 사이에는 어떠한 층위적 서열관계가 성립된다. 2극구조는 공간을 안팎으로 분할한다. 그 경우 내부 공간은 항상 단일이지만 외부 공간은 상부 공간과 하부 공간으로 이루어진다.

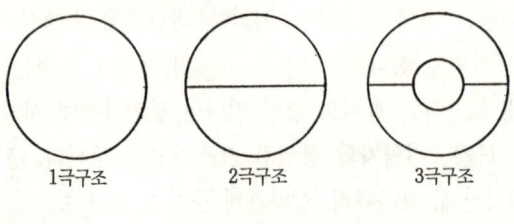

그림 3

 3극구조는 그렇기 때문에 1극구조와 2극구조의 합성이라고 간주할 수도 있다.
 내가 여기서 다루고 있는 것은 사회집단의 행동의 어떠한 형태라고 하는 인간의 주체적인 선택에 관계되는 체계이다. 따라서 어떤 관점에서 파악한 체계가 세 가지 이상의 요소를 포함한다고 해도, 여기서 말하는 체계로서 고쳐 파악한다면 세 가지 이내의 요소로 귀착시킬 수가 있다. 바꾸어 말하면 극구조에는 이상의 세 가지밖에 없다고 나는 생각한다. 예를 들면, 어느 촌락에는 소유관계로서 보아서, 지주·반지주 반자작농·자작농·반자작 반소작농·소작농의 다섯 가지 사회계층이 있다고 하자. 거기에 소작료 인하를 요구하는 쟁의가 일어났다고 한다. 그 경우에는 지주 계층과 소작농 계층이라는 기본적으로 두 가지 요소를 가진 2극구조가 나타난다. 계층으로서의 반지주 반자작농은 지주측에 설 것이고, 반자작 반소작농은 소작농측에 설 것이다. 자작농은 국외(局外)에 서거나, 지주 또는 소작농의 어느 한쪽에 서거나 또는 두 파로 갈라져 각각 대립되는 쪽에 설지도 모른다. 또 쟁의 과정에서 처음에는 소작농 쪽에 섰던 자작농이 어느 시점부터 지주 쪽에 붙을지도 모른다. 어떻든, 이 소작 쟁의의 체계는 기본적으로 지주와 소작농의 두 가지 요소로 이루어지는 2극구조로 간주해도 좋다.
 어떤 요소가 몇 가지의 하위 요소를 포함할 경우, 필요가 있으면 상하 공간의 부차적인 분할에 따라서 표현할 수 있다. 거기에 2극구조

중국의 공업화와 그 구조 *251*

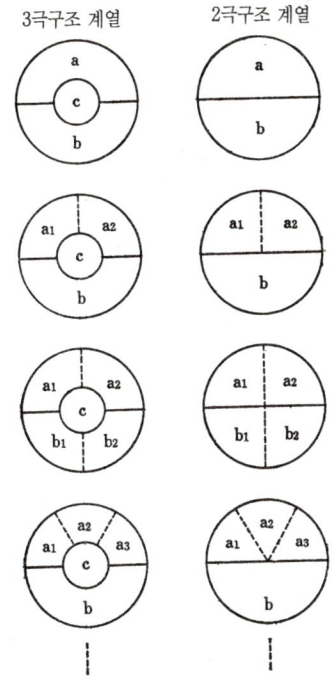

그림 4

계열 및 3극구조 계열이라고 불러야 할 두 계열이 생길 것이다(그림 4). 그것들은 3원2극구조, 4원2극구조 등으로 이름붙일 수 있을 것이다. 그리고, 예를 들면 2원2극구조와 3원2극구조 사이에는 부차적인 구조의 차이가 나타난다. 그 차이는 상부공간 혹은 하부공간 자체를 하나의 체계로서 간주함으로써 분석할 수 있을 것이다. 앞의 소작쟁의 경우, 가령 상부공간이 지주·반지주 반자작농·자작농의 세 가지 하위요소를 포함한다고 하면 소작농 쪽의 요구에 어떻게 대처하느냐에 대하여, 그 체계 속에서 지주와 자작농이 정면으로 대립하고 반지주 반자작농이 그 사이를 조정한다는 3극구조가 출현할지도 모른

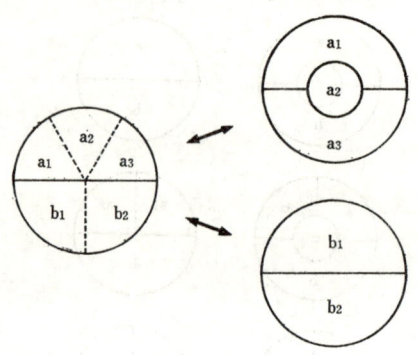

그림 5

다. 마찬가지 일은 하부공간에 대해서도 말할 수 있다(그림 5). 지주측이 어떠한 극구조를 갖느냐에 따라서, 소작농측의 구체적인 행동은 당연히 달라지게 될 것이다. 이 지주측의 체계와 앞의 지주—소작농의 체계와는 등급을 달리하는 것으로서 취급할 필요가 있다. 같은 등급이 속하는 체계란, 예를 들면 같은 지주—소작농의 관계를, 경제적 행위의 체계로서 파악했을 경우와 지배체계로서 파악한 경우의 두 가지가 그러하다. 서로 다른 등급에 속하는 체계간의 관계는 극구조의 이행에 관계되는 경우를 제외하고 여기서는 논하지 않겠다.

세 가지 극구조 중에서 가장 중요한 것은 3극구조이다. 3극구조의 같은 의미를 드러내는 신화가 중국에 있다. 전국시대의 사상가인 장주(莊周)의 『장자』속의 응제왕편(應帝王篇)에서 볼 수 있는 혼돈(渾沌=混沌) 설화다. 남해의 제숙(帝儵)과 북해의 제홀(帝忽)이, 어느 날 중앙의 제왕 혼돈(渾沌)의 땅에서 만났다. 혼돈은 그들을 후대했다. 숙과 홀은 그의 호의에 보답하려고 다음과 같이 상의했다. 사람에게는 모두 7개의 감관(눈·코·귀가 각각 두 개, 입이 하나)이 있어서, 보거나 듣거나 맛을 보거나 냄새를 맡거나 한다. 그런데 그에게만은 감관이 없다. 그것을 만들어 주기로 했다. 그래서 하루에 하나씩 감관을 만들어 주었는데 7일이 지나 그것이 완전히 갖추어졌을 때 혼돈은 죽었다는 이야기다.

감관의 작용을 통하여 숙이나 홀이 인식하는 것은 질서의 세계다. 감관이 없는 혼돈의 세계에 그 질서는 존재하지 않는다. 혼돈은 외부 세계의 질서를 해소하거나 부정하려고 한다. 그러나 숙이나 홀은 자신의 질서에만 구애되어 그것을 혼돈에게 억지로 떠맡겨 혼돈을 죽인다. 숙이나 홀의 세계를 합리적이라고 하면 혼돈의 세계는 비합리적이다. 전자가 타성의 세계라면 후자는 타성을 깨뜨리는 세계다. 전자가 인종의 세계라면 후자는 반항의 세계다. 전자가 법의 세계라면 후자는 범죄의 세계다. 전자가 투쟁의 세계라면 후자는 화해의 세계다. 전자가 분열의 세계라면 후자는 통일의 세계다. 전자가 표면의 세계라면 후자는 이면의 세계다. 전자가 그 내부에 후자를 품어 들일 때 3극구조가 출현한다.

나는 이 훌륭한 신화를 빌어 특성을 다음과 같이 기술하고 싶다.

특성1-1 2극구조와 3극구조의 외부 공간이란 코스모스(질서) 공간이며, 1극구조와 3극구조의 내부 공간이란 카오스(혼돈) 공간이다.

코스모스 공간이란 두 개의 요소 사이에 어떠한 층위적 서열관계가 성립되어 있는 공간이며, 카오스 공간이란 코스모스 공간의 층위적 서열관계가 거기에서는 성립되지 않는 공간이다.

3개의 극구조 사이에는 어떠한 관계가 존재할까. 채용한 모델에서 당장 이렇게 말할 수 있겠다.

특성2 3극구조는 내부공간의 확대에 의해 1극구조에, 축소에 의해 2극구조에 접근한다(그림 6).

이 특성은 예를 들면 다음과 같은 경험적 기초를 가질 것이다. 어떤 기업에 있어서, 관리자와 노동자가 생산업무에 관하여 의견을 교환하

254 II. 극구조 이론

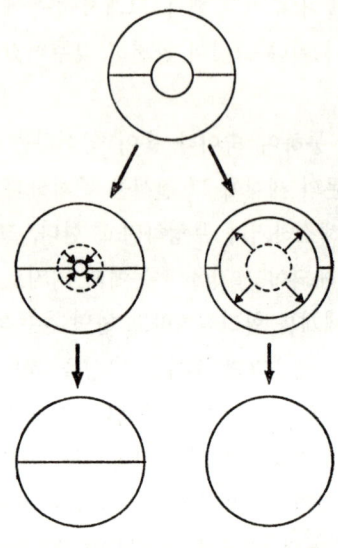

그림 6

고 토의하는 모임이 정기적으로 열리고 있다고 하자. 거기에서는 출석자간에 원칙적으로 아무런 구별도 두어지지 않는다고 하면 관리하는 사람과 관리받는 사람과의 층위적 서열관계가 존재하지 않는 공간을, 그것은 형성한다. 바꾸어 말하면 3극구조가 출현한다. 그 경우 내부공간에 외부공간의 관계가 도입된다면, 예를 들어 관리자측의 일방적인 제안이나 설명으로 시종된다면 그 모임은 형해화하여, 소멸되거나 성격이 바뀌어지거나, 어느 한쪽의 운명을 벗어날 수 없을 것이다. 외부공간이 내부 공간을 범하고, 축소시켜 2극구조로 이행시키는 것이다. 그런데 성원의 주체적인 노력을 통하여 원칙을 살린 제안이나 토론이 이루어진다면 그것은 이윽고, 외부 공간의 관계에도 어떤 영향을 미칠 것이다. 지배체계의 기본적인 변화는 일어나지 않는다고 하더라도, 부차적인 구조의 차이는 나타날 것이다. 또 예를 들면, 사회의 기성의 층

표 2

실체＼기능	1극구조	2극구조	3극구조
1극구조	1극구조		
2극구조		2극구조	기능적 3극구조
3극구조		실체적 3극구조	실체＝기능적 3극구조

위적 서열관계를 파괴하려는, 혁명정당의 경우를 들어도 좋다. 그러나 이러한 이행과정을 엄밀하게 생각하려고 하면, 딴 개념을 도입할 필요가 있다.

<u>정의3</u>　어떤 구조가 실체적으로만 성립되는 경우를 실체적 구조, 기능적으로만 성립되는 경우를 기능적 구조, 실체와 기능에 있어서 일치되는 경우를 실체＝기능적 구조라고 부른다.

여기서 실체적이란 항상적(恒常的)으로 존재한다는 것과 같은 뜻이다. 어떤 체계에 속하는 기능이 단 하나, 즉 단일의 요소로 간주할 수 있는 경우에는 그것을 떠맡는 실체도 단 하나, 즉 단일 요소로 간주한다.

극구조와의 조합에는 9가지의 가능성이 있다(표 2). 그러나 그 중 4가지는 적어도 여기서는 배제할 수 있다. 그러기 위해 먼저 하나의 경험적 가설명제를 세워 두자.

<u>명제1</u>　실체적 1극구조는 이상적 체계에서만 성립된다.

예를 들면 실체로서의 지배층과 대중 사이에 대립이나 차별이 없는 사회는 유토피아로밖에, 바꾸어 말하면 가치 개념으로밖에 존재할 수 없을 것이다. 따라서 실체적으로 1극이며, 기능적으로 2극 및 3극인 구조는 모두 실체＝기능적 1극구조로 간주해서 무방하다. 또 기능적인 1극구조라면 그 실체는 단일 요소로 간주되기 때문에 모두 실체

256 II. 극구조 이론

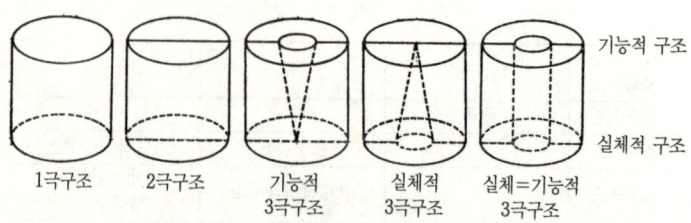

그림 7

＝기능적 1극구조로 귀착한다. 따라서 다음과 같이 기술해도 된다.

　　특성3　　극구조에 있어서 실체적 구조와 기능적 구조의 분리가 가능한 것은 어떤 체계가 어떤 복수의 기능을 가졌으며, 그것과는 다른 복수의 실체가 그 기능을 분담하는 경우에 한정된다. 그것에는 기능적 3극＝실체적 2극구조 및 실체적 3극＝기능적 2극구조의 두 가지가 있다.

전자를 기능적 3극구조, 후자를 실체적 3극구조라 불러둔다. 또, 실체＝기능적 1극 및 2극구조는 단순히 1극 및 2극구조라 부르기로 한다(그림 7).

아마 거의 모든 사회에 있어서 제도화되어 있는 실체＝기능적 3극구조의 체계는 재판제도일 것이다. 근대 국가에 있어서의 그 예를 들면, 원고＝검사와 피고＝변호사가 외부 공간, 배심원＝재판관이 내부 공간을 형성한다. 외부 공간으로부터의 대립되는 진술 또는 주장은 내부 공간에서 일단 카오스화된 후 법에 비추어 다시 코스모스화되는, 즉 판결이 내려진다. 지금 여기에 매우 억압적인 정부 권력과 그 밑에서 어쩔 수 없이 침묵해야 하는 민중이 있다고 하자. 소수의 지식인이 나타나 정부를 고발하고 인간의 자유를 주장했다고 하면, 그것은 기능적 3극구조를 형성한다. 그들이 국가에 대한 반역죄로 추궁받았을 때, 재판관이 피고의 주장에는 거의 귀를 기울이지 않고, 검찰측의 주

중국의 공업화와 그 구조　257

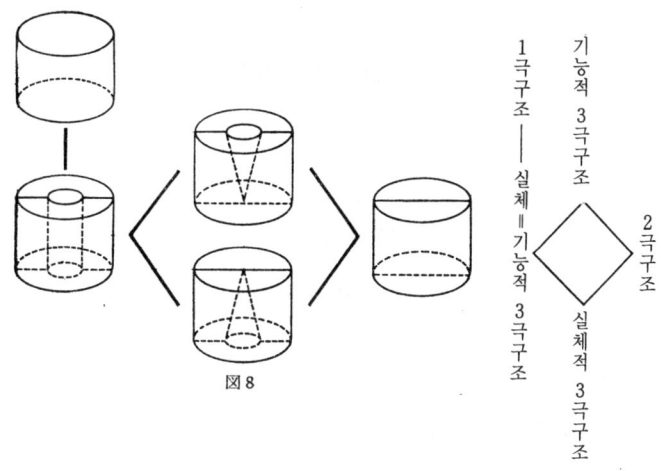

그림 8

장에 바탕하여 판결했다고 하면, 그것은 실체적으로는 3극이면서도 기능적으로는 2극구조, 즉 실체적 3극구조가 된다. 그러한 지식인이 항상적 반정부조직을 만들어 활동한다면 실체＝기능적 3극구조가 나타난다.

　　이들 극구조간에는 특성 2에서 말한 내부 공간의 확대·축소 운동을 지표로 한다면 원근관계를 설정할 수 있다. 그 운동에 의해 하나의 극구조가 딴 극구조로 이행할 경우의 원근관계이다(그림 8).

　　인접하는 두 구조를 친근한 구조, 그렇지 않은 구조를 소원한 구조라고 부르기로 하자. 또, 동일 또는 친근한 구조를 갖는 같은 등급에 속하는 여러 체계를 긴밀한 체계라 이름붙여 두자.

　　여기서 또 한벌의 개념을 도입하자.

　　　정의4　　어떤 체계를 성립시키고 있는 사회의 성원에 의하여, 자각적으로 형성된 구조를 표층구조, 자각적으로 형성화되어 있지 않은 구조를 기층구조라 부른다.

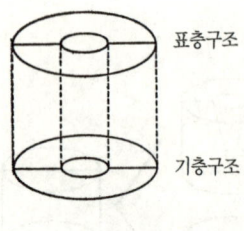

그림 9

자각적으로 형성된다는 말은 이데올로기 체계, 법이나 규칙의 체계, 제도 등의 형태로 표현되는 것을 뜻한다. 예를 들면, 이해가 대립하는 두 사람이 다투고, 그것을 제3자가 중재한다는 것은 사회집단 속에서 부단히 발생하는 3극구조이다. 그 기층구조를 제도화한 것, 즉 표층구조화한 것이 게임에 있어서의 심판이나 각종 조정위원회, 재판 등의 제도 바로 그것이다(그림 9).

이 개념을 사용하면, 명제 1은 다음과 같이 표현할 수 있다.

명제1-1   1극구조는 표층구조로서만 성립된다.

이것은 1극구조가 중요하지 않다는 것을 의미하는 것은 결코 아니다. 오히려 그 역이라 해도 좋다. 기층구조에 존재하지 않기 때문에, 그 체계는 사회집단의 행동 목적이나 그 이념적 표현일 수 있는 것이다. 사실 사람들의 혼을 사로잡아 놓지 않는 가치이념은 자주 1극구조를 가리킨다. 뿐만 아니라 1극구조와 3극구조의 내부 공간이 모두 카오스 공간이라고 하는 특성의 공통성에 나는 주목하고 싶다. 이 공통성이 양 구조간의 강한 친화력으로서 작용할 것이다. 등급을 같이 하는 두 체계의 표층구조가 한쪽이 1극, 다른 쪽이 3극인 경우, 두 체계 사이에는 자주 상호 의존관계가 성립되듯이 내게는 생각된다. 예를 들면, 신 앞에서 모든 신사는 평등하나고 주상하는 종교가 있고, 신사는 평등한 자격으로 정례적인 종교적 행사에 참가한다고 하자. 신자의 일상 생활체계에 있어서, 그 행사는 불평등한 속된 세계의 외부 공간에 대한 성스러운 내부 공간을 형성한다. 이 체계는 기능적 3극구조다. 그 경우, 신 앞에서의 평등이라는 1극구조의 이념이 일상 생활체계에 있어서의 3극구조의 존재를 지탱하고, 또 역으로 일상 생활체계에 있어서의 3극구조의 존재가 1극구조의 이념을 확고부동한 것으로 한다는 상호 관계가 성립될 것이다.

  2극구조는 필시 깊은 자연적 기초를 가진다. 인간의 집단에 있어서, 그것은 성(性)의 2극구조 속에 단적으로 표현되어 있다. 그리고 성의 분업에서 비롯되는 여러 가지 협업(協業)체계 속에 그것은 부단히 출현한다. 그것에 대하여 1극구조와 3극구조는 인간의 주체적인 결단과 행동 선택의 자유에 깊이 관계되는 구조이다. 물론, 자연적 기초를 가진 3극구조가 전혀 있을 수 없는 것은 아니다. 예를 들면, 보로로족의 집락의 공간적 구조는 2분된 외부공간의 각각에 두개의 반족(半族)의 기혼자와 그 자식들이, 내부 공간에 독신 청년들이 거주하는 3극구조를 이루고 있다[5]. 성과 연령에 기초를 둔 3극구조이다. 그러나 그 경우마저도 선택이 관여하게 될 것이다. 어떠한 자연적 경향에 저항하는 인간의 자유로운 결단과 행동선택이 2극구조 속에 3극구조를 만들어낸다.

  명제 2 어떤 체계가 2극구조로부터 3극구조로 이행할 경우에는 본래의 체계에 속하는 요소의 하나 또는 둘로부터 내부 공간이 형성되는 경우와 본래의 체계 바깥으로부터 딴 요소가 내부 공간으로서 도입되는 경우의 두 가지가 있다.

  어떻든 간에 그 체계의 층위적 서열관계를 설사 부분적이라도 해소, 혹은 부정하려는 인간의 의지와 행동 없이는 3극구조는 나타나지 않을 것이다.

  자연적 경향은 타성이라고 고쳐 불러도 좋다. 인간은 타성적 존재이다. 인간의 타성에 친숙해지기 쉬운 구조, 자연적 경향으로서 출현하기 쉬운 구조를 고정적, 그렇지 못한 구조를 유동적이라고 부르기로 하자.

> 명제 3   2극구조는 고정적이며, 3극구조는 유동적이다.

3극구조는 외부 공간의 층위적 서열관계를 해소 또는 부정하는 카오스 공간으로서의 내부 공간을 가지며, 실체와 기능의 분리가 가능하고, 또한 내부 공간의 확대·축소 운동에 의하여 1극 및 2극구조로 이행한다. 그것이 3극구조를 유동적으로 만든다. 2극구조는 이러한 특성이 없다.

일반적으로 표층구조는 인식하기 쉽지만, 기층구조는 파악하기 어렵다. 그러나 하나의 체계의 변동을 분석하는 데는 양자를 극구조계로서 다룰 필요가 있을 것이다(그림 9).

> 명제 4   표층구조와 기층구조는 항상 중층적으로 존재해서 어떤 체계의 극구조를 형성한다.

만약 기층구조가 소멸되면, 그 표층구조는 유명무실의 존재가 되거나 또는 소멸될 것이다. 바꾸어 말하면, 표층구조가 어떤 사회집단 속에서 어떠한 역할을 하고 있는가는 기층구조와의 관계에서 비로소 밝혀진다.

극구조는 기층과 표층에 있어서 일치되는 수도 있지만, 일반적으로 그렇다고 말할 수 없다.

> 명제 5   어떤 체계의 극구조에 있어서 표층과 기층이 항상 동일한 구조를 갖는 것은 아니다.

이 명제의 계로서 다음의 두 명제를 도입해 둔다(그림 10).

> 명제 5-1   표층구조는 일반적으로 2극구조를 취하는 경향을 갖는데, 경우에 따라서는 1극구조 또는 3극구조를 취하는 수도 있다.

> 명제 5-2   완전히 고정적인 체계가 아니면, 기층구조는 항상 3극이거나 또는 2극구조 속에 3극구조가 부단히 재출현한다.

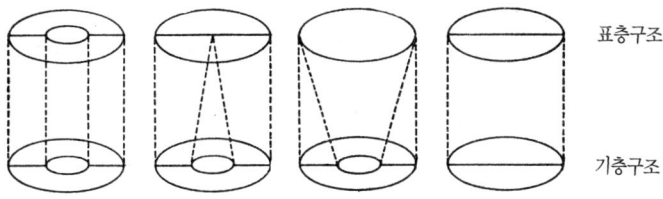

그림 10

 표층구조가 2극이 되는 경향을 갖는 것은 그것이 항상 고정적이고 싶어하기 때문이다. 바꾸어 말하면 카오스 공간을 배제하고, 체계 전체를 코스모스 공간화하려는 인간의 타성적인 질서 지향에 바탕한다. 그것은 이데올로기나 법이나 제도 속 도처에 나타난다. 그러나 기층구조가 2극구조로 되어 버리고, 3극구조가 전혀 출현하지 않게 되면 그 체계에는 이미 어떠한 변동도 일어나지 않을 것이다. 언뜻 보기에 아무리 정체적으로 보이는 사회에도 3극구조는 존재한다. 예를 들면, 어떤 촌락의 생활공간을 취한 경우 회합에서는 모든 성원이 평등한 자격을 가질 것이며, 축제에는 양반도 상놈도 없는 공간이 출현할 것이다.
 그렇다고는 하나 체계의 변동에 있어서 어느 3극구조도 같은 위치를 갖는 것은 아니다.

　명제 6　　3극구조는 실체적이냐, 기능적이냐, 아니면 실체＝기능적이냐에 따라 유동성과 이행의 방향이 달라진다.

 3개의 극구조에 있어서의 이 차이는 매우 중요하다. 구체적으로는 다음의 세 가지 계로서 표현할 수 있다.

　명제 6-1　　실체＝기능적 3극구조는 실체적 3극구조로 이행하는 자연적 경향을 갖는다.

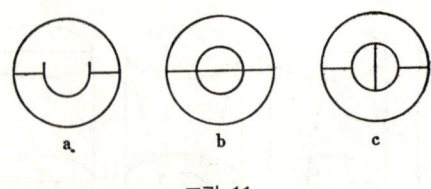
그림 11

명제 6-2   실체적 3극구조는 2극구조로 이행하는 자연적 경향을 갖는다.

명제 6-3   기능적 3극구조가 2극구조로 자연적으로 이해하는 일은 있을 수 없다.

실체=기능적 3극구조에 있어서는 내부 공간이 외부공간에 대하여 실체적으로도 기능적으로도 단일 요소일 것이 항상 요청된다. 그러나 그 체계를 사회집단 성원의 자각적인 노력없이 유지할 수 있는 것은 자연적 기초를 갖는 특수한 경우에 한정될 것이다. 그렇지 않으면 자연적 경향으로서 먼저 기능적 구조의 2극화가 일어날 것이다.

그것에는 두 가지 경우가 있을 수 있다. 하나는 내부 공간의 둥근 고리가 외부 공간의 한쪽으로, 말하자면 입을 벌리는 경우이다(그림 11). 또 하나는 내부 공간에 2극구조가 형성되는 경우이며, 거기서는 본래의 3극구조에 있어서의 외부 공간의 층위적 서열관계가 그대로 재현하는 수가 있는가 하면(그림 11b), 그것과는 다른 층위적 서열관계가 성립되는 수도 있다(그림 11c). 이리하여 성립되는 실체적 3극구조는 형해화된 3극구조라고 말할 수 있다. 예를 들면, 재판의 판결 기준이 되는 법체계는 국가권력에 의해 유지되고 있다. 그 때문에 위헌재판이나 국가에 대한 반역죄의 재판 등에서는 검사측과 재판관측이 자주 기능적으로 동극화(同極化)한다. 혹은 복수의 재판관 중에서 판결이 정면으로 대립하는 수도 있다.

실체=기능적 3극구조가 실체적 3극구조로 형해화해도 재판 제

중국의 공업화와 그 구조 263

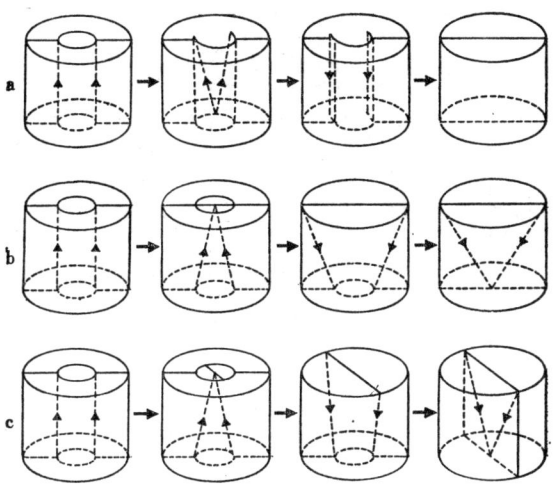

그림 12

도라면 그대로 유지될 것이다. 그러나 많은 경우 2극화된 기능적 구조에 대응하여, 실체도 2극구조화하는 자연적 경향을 갖는다. 예를 들면, 비합법단체가 합법화되거나 혁명정당이 권력을 장악하거나 하는 경우에는 그것이 일어나기 쉽다. 그것에는 세 가지 과정을 생각할 수 있다 (그림 12). 이에 대하여 기능적 3극구조는 항상적으로 존재하는 실체로서의 2극구조 속에 3극구조를 출현시키기 때문에 자연적으로 2극구조로 이행하는 일은 있을 수 없다.

따라서 2극구조→기능적 3극구조→실체＝기능적 3극구조의 이행과정과 실체＝기능적 3극구조→실체적 3극구조→2극구조의 그것과는 방향이 역으로 된다. 전자를 유동화과정, 후자를 고정화과정이라 부르기로 하자. 이 4가지 구조 사이에는 그림 13과 같은 사이클이 성립될 것이다.

명제 7   기능적 3극구조는 하나의 체계를 유동화시키는

264 II. 극구조 이론

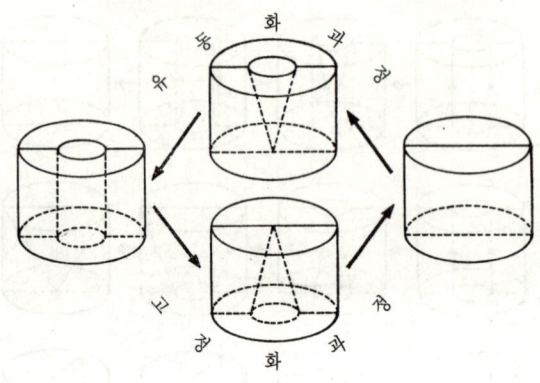

그림 13

계기로서 작용하며, 자주 실체＝기능적 3극구조로 이행한다. 실체＝기능적 3극구조는 유동화과정이 그곳에 다다르고 고정화과정이 거기서부터 시작되는 극한적인 구조이다.

　예를 들면, 종교교단이나 정치단체의 성립과정을 생각해 보자. 그 경우에는 먼저 새로운 사상을 지닌 소수의 개인이 출현할 것이다. 이른바 핵심인물이다. 이윽고 그들 주위에 공명자의 무리가 나타나서 어떤 조직체를 만들 것이다. 그리고 기성체계를 유동화시켜 가는 실체적인 힘을 획득할 것이다. 동시에 그 조직체 내부에 하나의 층위적 서열관계를 형성해 갈 것이다.

　3극구조가 유동적이라고 해도 그것이 수행하는 기능은 다양하다. 좀더 자세히 말하면 어떤 체계의 3극구조가 본래의 체계에서의 요소 간의 층위적 서열관계를 실체와 기능, 표층과 기층의 어느 것에 있어서 변화시키느냐, 같은 등급에 속하는 다른 체계와 어떻게 관계되느냐에 따라서 달라진다. 여기서는, 그 분석에는 개입하지 않는다. 다만, 다음의 점만을 주의해 두고 싶다. 실체와 기능, 표층과 기층의 어느것에 있어서도, 요소간의 층위적 서열관계가 변화하는 경우를, 가령 어떤

체계의 혁명이라고 부른다면, 혁명이 일어날 때는 반드시 표층에 실체
＝기능적 3극구조가 출현한다. 그렇게 말하기는 오히려 표층에 실체
＝기능적 3극구조가 출현할 때, 비로소 혁명의 실현 가능성이 나타난
다고 할 수 있을 것이다. 혁명이 성공하면 그것은 다른 층위적 서열관
계를 갖는 2극구조로 이행할 것이다. 그 때는 기능적 3극구조가 새로
운 체계를 유동화시키는 구조로서 작용한다. 혁명이 일어나지 않는 경
우를 안정적이라고 부른다면, 다음 명제가 성립될 것이다.

　　명제8　어떤 체계의 표층구조에 있어서 2극구조 속에 부
　　　　　단히 기능적 3극구조가 나타날 때, 그 체계는 가장 안정적
　　　　　이며 또한 유동적이다.

지금까지의 서술을 나는 어떠한 사회집단에도 적용할 수 있는 것
으로 예상하고서 해왔다. 그렇다면 사회 집단 사이의 종차(種差)는 무
엇에 의해 생길까. 그것은 각각의 사회집단이 지니는 가치 이념이라고
나는 생각한다.

　　명제9　무엇이 어떤 체계의 구성적 요소가 되느냐는 것
　　　　　은 그 사회집단이 선택하고 또는 창조하는 가치 이념에 따
　　　　　라서 달라진다.

예를 들면, 어떤 정부가 국가의 공업화라고 하는 가치 이념을 선
택하고, 그것을 위한 정책을 추진시켰다고 하자. 그 경우 민족이나 언
어나 종교나 사회제도의 차이를 초월하여, 공업화에 반드시 수반되는
여러 체계의 일반적인 구성적 요소가 존재하고, 그 국민 속에 정착할
것이다. 그러나 모든 국민에게 있어서 모든 체계의 요소가 동일해질
수는 없다. 거기에 그 국민의 전통이 관계되어 온다. 근대화과정에 한
정시켜서 말하면 전통은 이중의 방법으로 작용한다[6]. 바꾸어 말하면,
형해화한 전통과 전통의 생생한 핵심, 중국식으로 말하면 전통의 찌꺼
기와 정수가 기능을 달리하는 2극구조를 이룬다.

명제 10   전통의 생생한 핵심은 기능적 3극구조 혹은 실체
=기능적 3극구조를 갖는 체계 속에서 부단히 재생하고 새
로운 구성적 요소를 형성한다.

이들 구조와 1극구조의 가치이념 사이에는 강한 친화력이 작용하며, 상호의존관계가 자주 성립되리라고 나는 말했다. 어떤 사회 집단이 어떠한 가치이념을 선택 또는 창조하느냐에도 그 사회의 전통은 깊이 관계되어 있는 것이다.

구조분석

중국혁명의 원형은 농촌 근거지에 있다. 농촌의 사회체계의 표층구조는 지주와 농민을 사회집단의 행동의 구성적 요소로 하는 2극구조로서 표현할 수 있다. 물론, 더 자세하게 지주·부농·중농·빈농의 4원 2극구조, 또는 중농을 상층과 하층으로 나눈 5원 2극구조로서 취급해도 된다. 이 구조 속에, 체계의 외부로부터 내부공간으로서, 제3의 요소인 홍군(인민해방군)이 첨가되어, 3극구조를 갖는 혁명 근거지가 형성된다. 이 3극구조는 실체=기능적 3극구조이다. 이 내부공간을 통하여, 외부공간의 층위적 서열관계, 코스모스로서의 지주-농민관계는 부단히 카오스화되며, 다른 층위적 서열관계로 변해간다. 바꾸어 말하면, 이 실체=기능적 3극구조가 가치 평가를 역전시키는 장으로서 작용하는 것이다.

그 경우, 인민해방군 그 자체가 3극구조를 가진 조직이라는 것에 주목할 필요가 있을 것이다. 즉 그것은 계급성을 갖지 않는 군대이다. 지금 군사행동을 외부공간, 일상생활을 내부공간이라고 한다면 외부공간에는 지휘원-전투원의 엄밀한 지휘계통, 즉 층위적 서열관계가 있으나 내부공간에서는 그 관계가 카오스화되며, 두 요소가 평등하게 다루어진다. 즉 기능적 3극구조를 이루고 있는 것이다.

관점을 바꾸어, 근거지의 구조를 전통의 2극구조 속에 근대를 도입한 3극구조로 보아도 좋다. 중요한 것은 근대와 전통이 2극구조를 이루는 것은 아니라는 점이다. 거기서 부단히 재생되는 전통은 새로운 전통의 일부를 구성한다. 혁명과정에서는 전통의 혁신적인 재생도 일어난다. 그들 구조적 요소가 모여서 혁명적 전통을 형성한다. 과학·기술에 대하여 말하면, 예를 들어 토법과 양법, 중의(中醫)와 양의(洋醫)라는 행동의 두 개의 구성적 요소가 대립하여 2극구조를 취하는 것이 아니라, 토양결합, 중·양의 결합의 기능적 3극구조를 형성한다. 이것이 실체＝기능적 3극구조로 접근해 가자면, 제1차 5개년계획기 이후 몇 차례에 걸친 가치평가의 역전과정, 바꾸어 말하면 혁명과정을 거치지 않으면 안되었던 것은 의학의 예를 통하여 구체적으로 본 바와 같다.

중화인민공화국의 성립과 더불어, 인민해방군은 도시 관리에 나선다. 처음에 그들은, 예를 들면 공업기업에, 자본가-노동자에 대한 제3의 요소로서 개입하여, 실체＝기능적 3극구조를 형성한다. 그러나 공업화의 진전과 더불어, 그 일부가 관리자적 기능을 강화해 갔으며, 결국에는 실체적으로도 노동자에 대한 관리자, 혹은 대중에 대한 엘리트로 변하여 2극구조로 이행한다. 이 과정은 제1차 5개년계획기의 초기에 완료된다. 그림 12c에 의해 그 과정을 표현할 수 있다.

그것에 대하여 합작화운동은 근거지를 재현시키는 최초의 시도이다. 중공업의 발전이 어느 단계에 도달하지 않으면, 농촌의 사회주의화는 불가능하다는 2극구조의 논리에 대하여 생산의 어떠한 단계에 있어서도 그것은 가능하다는 3극구조의 논리가 제출되어, 말하자면 공업과 농업을 동시에 일으키는 '공농병거(工農幷擧)'의 기능적 3극구조가 나타난다. 그 구조는 대약진기에 공업체계에 도입된다. 중공업과 경공업, 중앙공업과 지방공업, 대공업과 중소공업, 토법과 양법을 동시에 일으키는 방침이 그것이다. 그와 동시에 연구·개발체계에 관리자·

기술자·노동자의 3결합방식이 나타난다. 이 방식은 관리자·기술자, 즉 엘리트 및 노동자, 즉 대중이라는 두 가지 요소로부터 제3의 기능을 갖는 요소를 만들어내는 기능적 3극구조이다. 내부공간으로서의 3결합 그룹의 기능은 외부의 상하 공간의 어느 것과도 부분적으로 공통되지만, 전부가 서로 겹쳐지는 일은 없다. 이 방식이 거의 정착한다고 볼 수 있는 것은 제4차 5개년계획기에 들어가서부터다.

표층구조로서의 3결합의 형식은 기업에 있어서의 구체적인 설계과정과 업여교육(業餘敎育)에 나타나는 자학적으로 형식화되지 않는 3결합을 기층구조로서 갖는 한편, 3결합방식은 엘리트와 대중, 정신노동과 육체노동의 차별을 축소시켜 가는 유효한 방식으로 생각되고 있다. 즉 내부공간으로서의 3결합을 확대함으로써 1극구조에 접근하려는 것이기 때문에 이 이념의 1극구조와 3결합방식의 사이에는 강한 친화력이 작용하고 있다고 할 수 있겠다. 이 가치 이념의 존재가 3결합방식을 지속시키는 하나의 유력한 요인으로서 작용하고 있다. 한편, 기업관리에 있어서의 3결합의 방식은 연구·개발의 그것을 같은 등급에 속하는 다른 체계에 적용한 것이다. 그러나 이 단계에서는 실질적으로는 아직 2극구조에 머물고 있다. 또 하나 주목하고 싶은 것은 요즈음 의학분야에서 중앙의 결합의 기능적 3극구조로부터 중양결합의(中洋結合醫)의 양성이라는 실체=기능적 3극구조로의 이행이 시작되는 점이다. 그것에 대응하여 신의약학파의 창조라는 1극구조의 가치이념이 제기된다. 문화대혁명을 거친 현재도 이 이념은 물론 실현되지 않았지만, 새로운 의학체계가 실체=기능적 3극구조로서 성립되어 있다고는 할 수 있을 것이다.

경제조정기에는 엘리트와 대중의 2극구조로 복귀한다. 공업정책과 농업정책담당자의 분리가 나타나고 3결합방식은 후퇴한다. 그리고 문화대혁명기에, 일련의 두 발로 걸어가는 방침과 3결합방식으로 회귀한다. 여기서 나타난 새로운 제도는 관리체계에 있어서의 혁명위원회이다. 혁명파를 지원하고, 또는 혼란을 수습하기 위하여 인민해방군이 기업(그 밖의 기관)에 개입한다. 거기에 나타나는 구조가 근거지의 구조의 재현인 것은 당장 분명할 것이다. 그것을 기반으로 해서 구성되는 3결합의 상급관리기구가 혁명위원회이다. 그러나 이 방식은 두 가지 문제를 지니고 있다. 확실히, 혁명기에는 층위적 서열관계를 바꾸어 가는 위에서 군대가 큰 역할을 한다. 그러나 안정기에 접어들면 군대는 관리자가 된다. 바꾸어 말하면, 인민해방군은 공업기업(그 밖의 기관)에 있어서의 과도적 요소이며, 구성적 요소는 아니다. 사실, 마치 경제회복기로부터 제1차 5개년계획기의 초기에 걸쳐서와 마찬가지로, 지금 기업내의 해방군의 성원은 군적(軍籍)을 벗어나 관리자로서 정착해 있다. 3결합방식은 관리자·기술자·노동자라는 세 가지 구성적 요소에 의하여 구성되는 것이 당연할 것이다.

또 하나는 실체=기능적 3극구조로서의 혁명위원회가 끊임없이 실체적 3극구조로 이행하는 경향을 지니고 있다는 점이다. 위원회는 생산현장을 떠나지 않는 비상임위원으로 구성되어 있다. 거기에 상임—비상임의 기능적인 2극구조화가 나타난다. 그것과 병행하여, 엘리트와 대중의 2극구조도 진척된다. 사실, 그 과정이 부단히 발생하고 있다는 것은 당중앙이 끊임없이 위원이나 관리자, 기술자의 노동 참가 제도를 견지하도록 호소하고 있는 점에서도 알 수 있다. 실체=기능적 3극구조를 하나의 제도, 즉 표층구조로서 유지하는 일의 어려움을 그것은 말하는 것이리라.

지금까지 대규모의 대중운동은 표층에 3극구조를 만들어 내는 원동력으로서 작용하고, 3극구조는 대중운동 속에서 형성되어 왔다. 그러나 지금은 연구·개발체계의 3결합방식, 즉 기능적 3극구조가 거의 정착되고 있듯이 내게는 보인다. 그렇다면 대중운동을 매개로 하지 않고 3극구조를 만들어 내는 명제 8로서 말한 안정적이고도 유동적인 상태가, 적어도 그 체계에 있어서는 성립되어 있다는 것이 된다. 의학

270 II. 극구조 이론

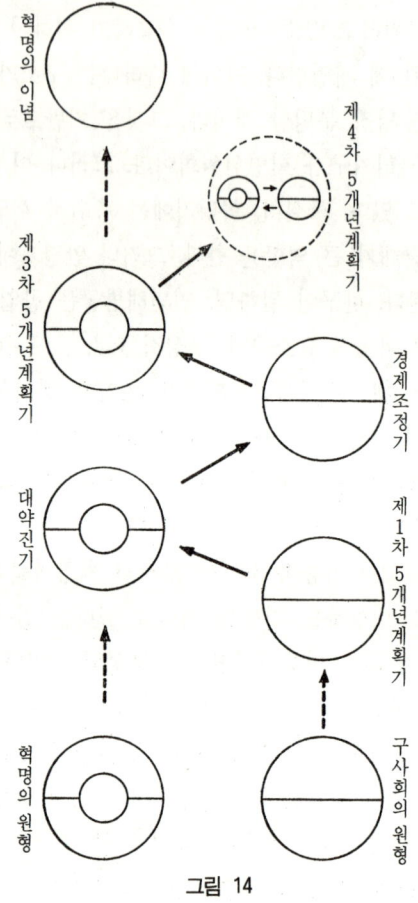

그림 14

이나 토법이 유효한 일부 기술분야에서는 반드시 전통성을 강조 혹은
자각할 필요가 없는 상태에 접근해 있다. 바꾸어 말하면 토법과 양법
의 실체 = 기능적 3극구조가 기층구조화되어 가고 있다고 생각해도
좋을 것이다. 체계에 따라서 여러 가지 차이가 있다고 하더라도, 제4
차 5개년계획기인 오늘날, 이전의 시기와는 다른 극구조가 차츰 형성
되어 가고 있는 것은 확실할 것이다.

과학·기술의 연구·개발체계, 그것도 표층구조에 한하여 각 시기의 극구조와 그 사이의 파동형 운동을 나타내면 그림 14와 같이 된다. 여기서 3극구조는 기능적 혹은 실체＝기능적 구조이다. 기업관리체계 등도 연구·개발체계와 긴밀한 체계를 형성하고 있다. 그렇다고 하면, 그것을 공업체계 혹은 과학·기술체계에 있어서의 일반적인 극구조 및 그 변동의 패턴으로 간주할 수 있을 것이다. 그 경우 혁명이념이 변동을 방향짓게 하는 견인력으로서 작용하고 있는 것은 새삼 말할 나위도 없다.

◘ 부기

극구조 이론의 부분은 이치이 사부로(市井三郞) 씨의 비판과 시사한 점에 따라 초고를 대폭 수정했다. 그 토론에 하룻밤을 지새운 이치이 씨에 감사드린다.

◉ 주
(1) 이하의 기술은 「의학에 있어서의 전통으로부터의 창조」의 요약이다. 상세한 것은 그것을 참조하기 바란다.
(2) 이하의 사실의 기술에 대하여 상세한 것은 야마다(山田) 「노동·기술·인간」 및 「공업화와 혁명」(『미래에의 질문』 쓰쿠마서방, 1968년)을 참조하기 바란다.
(3) 다케우치 고노무(竹內好) 「중국근대혁명의 진전과 일중관계」(『예견과 착오』, 쓰쿠마서방, 1970년).
(4) 이 개념과 정의는 기디온 『공간·시간·건축』 Ⅰ〔마루젠(丸善) 1971년〕, 50쪽에 있는 「구성적 사실」·「과도적 사실」의 개념 및 그 정의에 의거하고 있다.
(5) 레비스트로스 『구조 인류학』(미스즈서방, 1972년), 157쪽.
(6) 야마다 『혁명과 전통』을 참조.

—『사상의 모험』 1974·8—

공간·분류·카테고리

과학적 사고의 원초적, 기저적인 형태

1

남해(南海) 제왕을 숙(儵)이라 하고, 북해의 제왕을 홀(忽)이라 하고, 중앙의 제왕을 혼돈이라고 한다. 숙과 홀과, 때로는 함께 혼돈의 고장에서 만난다. 혼돈이 이들을 기다리기를 매우 좋아했다. 숙과 홀은 혼돈의 덕에 보답하기로 의논하여 말하길 "사람은 모두 7규(七竅)를 가지고 있어 보고 듣고 먹고 숨을 쉬는데, 이 사람 혼자만 이것이 없으니 시험삼아 이를 뚫어 주자" 하고, 하루에 한 구멍씩 뚫었는데 7일만에 혼돈은 죽었다.

— 『장자』 응제왕(應帝王)편 —

2

장주(莊周)가 말하는 혼돈신화, 아니 신화가 아니라 우화라고 사람들은 말할 것이다. 그러나 나는 그것을 추출된 신화라고 생각한다. 일견 두서없이 확산되어 가는 이야기 속에서 인류학자가 그 요소와 구조를 끌어내어 그 의미를 드러내고, 신화적 사고의 세계를 우리 앞에 우리 속으로부터 열어 놓듯이, 장주도 역시 필경에는 복잡한 이야기의 잔가지나 잎을 질라 내리고, 세 가지 요소와 그 관계를 끄집어내어 짧은 이야기로 정착시켰을 것이다. 그것을 통하여, 그는 중국적 사고의 구조를 선명하게 조명해 보였던 것이다.

　물론 나는 장주의 신화가 내가 상정하는 그 원형과 의미론적으로 등가(等價)라고 할 생각은 조금도 없다. 추출이 그대로 새로운 의미 부여이기 때문만은 아니다. 인류학자와는 달라서 그의 의도는 신화의 의미를 해석하자는 것이 아니라, 신화를 자신의 사상으로 하는 점에 있었기 때문이다. 이 신화는 『장자』 속에서도 장주 그 자신의 작품이라고 일컬어지는 내편의 말미를 장식하고 있다. 그것은 혼돈의 신화가 곧 혼돈의 철학, 바꾸어 말하면 장주의 철학이기도 했던 것을 무엇보다도 직접적으로 보여준다. 사실 『장자』의 천지편(天地篇) 속에서 공자는 장주의 철학을 '혼돈 씨의 술(術)'이라 부르고 있다.

　신화를 자신의 사상으로 하기 위하여 장주가 분명히 했을 조작은 두 사람의 보좌역으로 이름을 붙이는 일이었다. 숙과 홀은 모두 다 순식간을 뜻한다. 순식간 사이에 그는 남해와 북해를 지배하게 했던 것이다. 그것에 대하여 중앙에 사는 혼돈(渾敦 또는 混沌이라고도 씀)은 오래된 신화의 주인공이었다. 사람과 신과 짐승의 세 가지 얼굴을 가지고 혼돈은 우리 앞에 나타난다.

　『춘추좌전(春秋左傳)』 문공(文公) 18년에 따르면 제홍 씨, 즉 황제의 아들인 혼돈은 같은 소호 씨의 아들인 궁기(窮奇), 전욱(顓頊) 씨의 아들인 도올(檮杌), 진운(縉雲) 씨의 아들인 도철(饕餮)과 나란히 4흉이라 불리운 악한이었다. 황제·소호·전욱은 요·순에 앞서는 신화적인 성왕, 이른바 3황 5제로 손꼽히는 인물이고, 진운은 황제의 벼슬아치이다. 그런데 아들들은 어버이를 닮지 않은 못난 자식들로, 궁기(窮奇)는 주둥이만 까진 말쟁이, 도올은 심술꾸러기, 도철은 욕심쟁이라고 한다면, 혼돈은 깡패의 우두머리였다. 착한 사람을 괴롭히고 나쁜 사람을 편든다. 갖은 행패를 다한다. 사귀는 것은 깡패나 성격이 비뚤어진 자들뿐이다. 시간과 더불어 그들의 악행은 더해 간다. 웬만한 요(堯)도 손을 대지 못했다. 그러나 결국 그 부하인 순이 그들을 평정한다. 4흉을 세계의 끝으로 추방하고 온갖 잡귀의 간수로 만들었던 것이다. 요가 죽은 뒤, 천하의 사람들이 일치하여 순을 제위로 민 것은 그 때문이라고 한다.

  이 인간 구린내가 물씬 나는 혼돈이 다른 성왕 전설과 마찬가지로 전국시대의 사상가들, 특히 유가에 의한 창작인 것은 분명하다. 요순 전설의 조역으로서 혼돈이 필요했을 것이다.『산해경(山海經)』서산경(西山經)에 전하는 혼돈 쪽이 필시 신화의 원형을, 적어도 그 모습에 관한 한 훨씬 잘 전하고 있을 것이다. 천산에 신이 있다. 그 이름은 혼돈, 모습은 노란 자루 같고 불같이 새빨간 빛을 발하며, 6개의 다리와 4개의 날개를 갖추고 있다. 이 혼돈에게는 얼굴이나 눈이 없다. 그러나 노래하고 춤을 출 수가 있다. 혼돈은 실은 제강(帝江)이다, 라고 하는 것이다. 제강은 제홍(帝鴻), 즉 황제 바로 그다.『춘추좌전』에서는 황제의 아들이었으나『산해경』에서는 황제 바로 그 사람으로 되어 있다는 것이다.

  노란 자루 비슷하게 볼품 없는 혼돈이라는 신도, 거기서는 아직 6족(足) 4익(翼)의 위용을 유지하고 있으나, 시대가 내려오면 얼빠진 개처럼 멸시되어 간다. 동방삭(東方朔)의『신이경(神異經)』에 따르면, 혼돈은 곤륜의 서쪽에 살며, 모습은 개와 비슷하며, 눈은 있어도 보이지 않고, 귀는 있어도 들리지 않고, 배는 있어도 5장이 없으며, 곧고 짧은 장으로는 음식도 쑥 빠져나가고 만다. 선인을 만나면 덤벼들고, 악인을 만나면 몸을 바싹 다가간다. 별명을 이무(耳無)라고도 하며, 또 심무(心無)라고도 한다. 주소는 각지를 전전하여 정한 곳이 없으며, 자기의 꼬리를 물고 빙빙 돌며, 위를 쳐다보고 웃는 버릇이 있다고 한다. 이래서는 혼돈의 면목이란 어디에 있느냐고 화를 낸들 소용이 없다. 본래부터 혼돈은 '면목(얼굴과 눈)이 없으니까' 말이다.

  어쨌든, 이 세 가지 이야기는 세 가지를 분명히 우리에게 말해 주고 있다.『산해경』과『신이경』에 따르면 혼돈에게는 감관이 없었거나,

감각의 작용을 갖추지 못했다. 장주식으로 말하면 7규, 즉 눈이 둘, 귀가 둘, 콧구멍이 둘, 입이 하나라는 일곱 감관이 없었던 것이다. 그러므로 그는 바깥 세계의 존재를 지각할 수 없었고, 여러 가지 존재 사이의 관계를 인식할 수 없었다. 『춘추좌전』과 『신이경』은 혼돈이 악자였으며, 또는 선인의 적이었다고 말한다. 바깥 세계에 사는 사람들로서는 그곳이 어떠한 세계인지를 모르거나 지각할 수 없다는 것이 이미 악이었다. 이리하여 『춘추좌전』에 따르면 그는 세계의 끝으로 추방된다. 그러나 죽임을 당했어도 상관 없다. 적어도 이 세계에 있어서 혼돈은 죽은 것이다.

혼돈의 삶과 그것이 가져다주는 불안과 그 죽음, 이 세 가지 요소를 장주는 훌륭하게 추출한다. 혼돈은 무질서 또는 질서에 속하지 않는다는 것의 상징이다. 질서에 속하지 않는 것은, 다만 질서에 속하지 않는다는 것만으로써, 질서에 안주하는 사람들의 삶을 발밑에서부터 위협한다. 그는 질서의 인식과 질서로의 귀속을 강요당한다. 질서가 선이라면 무질서는 악이며, 질서가 세계를 지배하기 위해서는 혼돈은 죽어야 한다. 새삼스레 말할 것도 없이, 장주는 혼돈에게 플러스 가치를 주고 있었으나, 여기서 그의 철학을 말할 생각은 없다. 그러나 나는 좀더 그의 신화에 구애될까 한다.

중앙에 있는 혼돈을 죽인 것은 공간적으로 말하면 북해와 남해의 지배자이며, 시간적으로 말하면 순식간의 시간이라고 장주는 말한다. 마더구스의 노래를 빗대어 말하면,

> 혼돈이 피살되었다.
> 노란 얼굴에
> 7개의 구멍이 뚫려져서
> 누가 혼돈을 죽였는가.
> 그것은 나라고
> 순간의 시간이 말했다.

북과 남의 나의 시간으로
내가 죽였다, 혼돈을.

왜 그것은 남북을 지배하는 순간의 시간인가.

『장자』대종사편(大宗師篇)은 '북극에 서 있는' 신을 우강(愚疆)이라고 부른다. 『산해경』대황동경(大荒東經)에 따르면, 북해의 신인 우강[우경(愚京)이라고도 쓴다]은 황제의 손자이며, 그 아버지인 동해의 신인 우호(禹虢)와 지배할 영역을 나누었다고 한다. 우강은 후에까지 해신 혹은 풍신으로서 그 이름이 보인다. 그리고 자주 4방신의 한사람이며, 북방의 신인 현명(玄冥)과 동일시된다. 그러나 4방의 신과 우호·우강 부자와는 본래부터 다른 체계에 속하는 신일 것이다. 대황북경(大荒北經)에 따르면, 우호(禹虢)는 우호(禹號)라고도 쓴다. 그런데 해내경(海內經)은 제준(帝俊)이 우호를 낳았다고 한다. 『산해경』에 주석을 붙인 청의 학의행(郝懿行)은 제준을 황제라고 생각했으나 대황동경에 따르면 제준은 제홍(帝鴻), 즉 황제의 아버지이기도 하다. 지금은 제준은 은(殷)의 최고신이며, 종조신(宗祖神)이었던 제(帝)와 동일신이라고 간주되고 있다[1]. 그렇다면 그 혼란은 은의 신통보(神統譜) 속에 황제 일족이 편입되었을 때 생긴 것임에 틀림없다. 어쨌든 우호라는 이름은 『산해경』에서만 보이기 때문에 확인할 방법도 없지만 동해의 신이란 것은 필시 남해의 신의 잘못임에 틀림없다. 『장자』와 비슷한 전개인 『회남자(淮南子)』가 그것을 시사한다.

『회남자』설림훈(說林訓)에 따르면 아직 천지가 존재하지 않았을 때, 어둑어둑한 세계에는 형체가 있는 것이라곤 없었다. 그 속에 두 신이 함께 태어나서 하늘과 땅을 영위했다. 이리하여 음과 양이 나누어지고, 다시 분리되어 8개의 방위가 생겼다. 두 신이란 음의 신과 양의 신이라고 고유(高誘)는 해석한다. 마찬가지로 전언훈(銓言訓)에 따르면, 천지의 모양이 정해지지 않았을 때 세계는 혼돈했고, 아직 물체는 존재하지 않았다. 이미 말했듯이 『산해경』 서산경(西山經)에서는 혼돈이 황제였다. 또 『회남자』의 설림훈은 황제를 대립되는 성(性)을 낳은 신이었다고 증언한다. 인간에게 음양, 즉 남녀의 상징을 준 것은 황제였다고 하는 것이다. 요컨대 황제에게서 태어난 대립되는 성격의 두 신, 그 본래의 이름이 우호·우강이며 그들은 남북의 해신이었다고 나는 생각하는 것이다.

그렇다면 혼돈신화의 원형은 저절로 명백할 것이다. 예를 들면, 그것은 다음과 같은 이야기였을 것이다. 처음에 세계는 황제에 의해 지배되고 있었다. 아들과 손자가 태어나자 황제는 주변의 남해와 북해를 그들에게 다스리게 하려고 우호에게는 남해를, 우강에게는 북해를 주었다. 이 분할 지배의 체제는, 그러나 몹시 불안정했다. 눈·코·입이 없는 밋밋한 황제에게는 일정한 경계선 따위는 눈에 들어올 리도 없었고, 계속 그것을 침범하여 아들들을 위협했으며, 아들들의 말에 귀를 기울일 까닭도 없었기 때문이다. 노래와 춤을 좋아하는 황제의 잔치에 초대받았을 때, 미리 의논해 두었던 아들과 손자는 황제를 죽이고, 세계를 둘이서 절반씩 지배하기로 했다. 이렇게 하여 질서 있는 세계가 완성되었다. 그 경우 장주(莊周)의 시사에 따르면, 그들은 공간뿐 아니라 시간도 둘로 나누어 남해의 우호가 낮과 여름을, 북해의 우강이 밤과 겨울을 각각 떠맡기로 했을 것이다. 하루나 1년이라는 순간의 시간이 바로 혼돈을 죽인 것이다.

혼돈신화는 본래 우주생성신화이다. 이 신화에서, 혹은 이 신화를 포함한 신화군에서, 후에 기의 무한우주론 혹은 우주진화론이 발전해 온다. 가장 통속적인 형태로는, 그것은 『서유기』의 첫머리에 세계의 시초부터 손오공이 탄생할 때까지의 우주의 역사로서 그려져 있다. 덧붙여 말하면, 명말 청초의 예수회가 기의 우주론을 완전히 '입자철학(粒子哲學)'의 말로서 근대 유럽에 전했을 때, 그것은 데카르트의 우주론과 기묘하게 상통하는 점을 갖고 있었던 것이다.

3

내가 장주의 혼돈신화를 들어 원형을 캐고, 꽤나 거칠게 그 복원을 시도한 것은 사실을 말하면, 그것을 우주생성신화라고 증명하기 위한 것은 아니었다. 그 지적이라면 이미 몇 가지나 있다. 그리고 예를 들면, 그 기원을 가이쓰카 시게키(具塚茂樹)는 성극(聖劇)에서 찾고 있다[2]. "가무를 잘한다는 이 혼돈은 사실은 이목구비가 없는 밋밋한 얼굴의 가면을 쓰고 노래하며 춤추는 신인이며, 천제강(天帝江)의 신주를 대신하는 것이었다고 보아야 한다. 제강은 바로 제홍이며, 천지가 아직 나누어지기 전의 혼돈한 상태에 있는 근원의 제왕의 한 사람에 해당될 것이다. 이 가면신인이 7개의 구멍이 뚫려지고, 얼굴의 모양새를 갖추자마자 갑자기 쓰러졌으며, 거기서 천지의 분립, 세계의 창조가 일단락되는 것을 각색하여 성극이 연출되었는데 이것을 알고 있는 장자가 우화로 만들었다고 해석된다." 어쩌면 그럴지도 모른다. 중국의 신화를 다룰 경우, 꼭 시야에 넣어두고 싶은 가설이다. 그러나 지금의 나의 관심은 거기에는 없다.

내가 주목하는 것은 혼돈신화에 나타나는 공간분할의 세 가지 형, 또는 공간의 세 가지 구조이다. 처음에 세계는 혼돈이라는 단일 요소에 의해 지배되는 단일 공간이었다. 그것을 1극구조라 부르고, 그 모델로는 하나의 원을 택하기로 하자(그림 1a). 이어 세계 공간은 셋으로 분할되어 중앙의 공간을 혼돈이라는 요소가 차지하고, 남북의 공간을 숙 혹은 우호, 홀 또는 우강의 두 요소가 각각 지배한다. 그것을 3극구조라 이름붙이자. 그리고 하나의 원이 내부공간과 외부공간에 동심원상 모양으로 갈라지고, 외부공간이 다시 상부공간과 하부공간으로 2분되는 모델로 나타내기로 하자(b). 그 경우 1극구조에서 3극구조로는 지배권의 분화에 따라 이행되었을 것이지만, 일단 3극구조가 성립되면 지배자들 사이에 대립이 생기고 투쟁이 일어난다. 장주에 따르면

공간·분류·카테고리 *279*

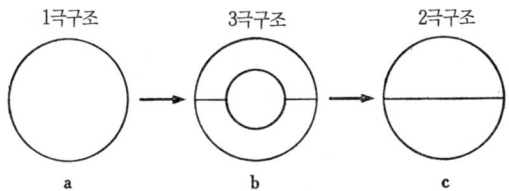

그림 1 혼돈신화에 나타난 공간의 구조

그 주요한 대립관계는 혼돈과 숙 및 홀의 사이에, 바꾸어 말하면 내부공간과 외부공간의 사이에 존재한다. 그리고 내부공간의 소멸이 그 투쟁을 종언시킨다. 최후로 혼돈의 죽음에 의하여 세계는 두 개의 공간으로 분할되고, 숙 또는 우호와 홀 또는 우강이라는 두 요소에 의해 지배되기에 이른다. 그것을 2극구조라 부르고, 하나의 원을 직경에 따라 상부공간과 하부공간으로 2분한 모델로 나타내기로 하자(c). 거기서는 일찍이 부차적인 것에 불과했던 숙과 홀 사이의, 바꾸어 말하면 상부공간과 하부공간 사이의 대립이 주요한 그것으로 전화한다. 이리하여 북과 남의 밤과 낮, 겨울과 여름, 음과 양의 말하자면 영원한 대립과 투쟁이 전개될 것이다.

    나는 지금 대립 또는 투쟁이라는 표현을 사용했으나 미리 주의해 두고 싶은 것은 3극구조와 2극구조에 있어서의 그 차이에 대해서이다. 혼돈신화에 있어서 3극구조의 외부공간의 숙과 홀은 질서의 상징이며, 내부공간의 혼돈은 무질서의 상징이었다. 바꾸어 말하면 외부공간은 코스모스(질서) 공간이며, 내부공간은 카오스(혼돈) 공간이었다. 코스모스 공간이 그 속에 카오스 공간을 감싸들였을 때, 3극구조가 나타났던 것이다. 그러므로 양자의 대립은 질서와 무질서 또는 혼돈과의 그것이며, 질서를 해소 또는 부정하려는 혼돈에 대하여 질서가 세계를 구석구석까지 자신에게 따르게 하려고 할 때, 거기에서 투쟁이 발생한다. 3극구조와는 달리 2극구조는 이미 또는 처음부터 카오스공간을 포함하지 않는 순연한 코스모스 공간이며, 상부공간과 하부공간의 대립과 투쟁은 어디까지나 질서 속의 그것에 불과하다. 바꾸어 말하면, 그 대립·투쟁 자체가 질서를 형성하고 있는 것이다. 거기에 3극구조와 2극구조의 결정적인 차이가 있다고 해도 좋다. 단일요소 또는 공간으로 이룩되는 1극구조는 어떠한 대립이나 투쟁도 존재하지 않는 구조이다.

이들 구조는 혼돈신화가 시사하듯이 사회집단의 어떠한 행동이 만들어 내는 원초적이고도 기저적인 구조를 필시 가리키고 있을 것이다. 어떻게 하여 이러한 구조가 생기느냐를 생각하기 위하여, 여기서 메타포로서 벡터장을 빌리기로 하자. 사회집단의 행동이라 해도 나는 내면적 행동까지 포함시켜 이 말을 쓰고 있는데, 그것은 항시 어떤 방향과 크기를 지니고 있다고 간주할 수 있을 것이다. 정량적(양적)으로 나타낼 수는 없지만, 적어도 정성적(定性的 - 질적)으로는 그것을 상정할 수 있다. 예를 들면, 지배체계를 생각한 경우의, 작용하는 지배력의 방향과 크기이다. 그리고 그것을 표현하는 데는 벡터가 가장 적당하기 때문이다. 말을 바꾸어 하면 이들 공간의 구조를 메타포로서 벡터장의 구조로 간주하는 것이다.

중국의 우주론은 또다시 나에게 있어서는 시사적이다. 고대 중국에는 천문학적인 뒷받침을 가진 두 가지 우주론이 있었다. 하나는 한대 이전에 지배적이었던 개천설(蓋天說), 글자 그대로 뚜껑(합) 비슷한 하늘이 뒤집은 쟁반처럼 대지 위를 뒤덮고 있다는 설이다. 또 하나는 한대에 생겼는데, 개천설을 대신하여 오랫동안 정설로 된 혼천설이다. 그 이름처럼 둥근 하늘이 그 중심에 있는 대지를 감싸고 있다고 주장한다. 개천설은 원시적인, 그러나 꽤 유용한 천문관측장치인 표(서양의 노몬), 즉 지상에 수직으로 세운 막대기에, 혼천설은 지평환(地平環), 자오환, 석노환, 황노환 등을 구상(球狀)으로 짜 맞춘 근대의 망원경에 해당하는 정밀한 장치인 혼의(서양의 아밀러리 스피어)

공간·분류·카테고리 *281*

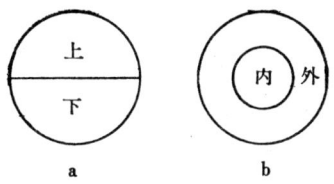

그림 2 중국의 우주론에서 공간의 구조
a : 개천설, b : 혼천설

에, 각각 결부되어 성립되었다. 이 두 가지 설은 우주공간의 구조를 파악하는 데 있어서 두드러진 대립을 보여준다. 개천설은 천지를 상하의 관점에서 파악하고 혼천설은 내외의 관점에서 파악하는 것이다. 우주공간은 물론 3차원의 너비를 가지나, 2차원의 모델을 사용하면, 그것은 그림 2와 같이 표현할 수 있을 것이다.

레비 스트로스에 따르면[3], 북아메리카의 뒨네바고족은 '높은 곳에 있는 자'와 '지상에 있는 자'로 불리는 두 반족으로 성립되었는데, 각각의 반족의 성원에 부족의 촌락공간의 구조를 그리게 하면, 전혀 다른 식으로 표현한다. 한쪽 반족(半族)의 성원은 그림 2a와 같이 그리며, 다른 한쪽은 b와 같이 그린다. 레비 스트로스는 a를 직경적 구조, b를 동심원적 구조라고 부른다. 나도 그들을 따라 동심원 구조라고 이름붙이기로 하자. 그런데 서로 다른 반족의 성원은 같은 대상으로 보이는 것을 다른 구조로서 파악하고 있다. 그러한 개념화에 있어서의 차이를 낳게 하는 것은 촌락에서 차지하는 반족의 공간적 위치의 차이, 따라서 사회적 기능의 차이다. 역으로 말하면 촌락에서의 그 공간적 위치는 반족 사이에 성립되는 사회관계 속에서, 저마다가 담당하는 서로 다른 기능의 공간적 구체화이다. 그 차이가 개념화된 공간구조의 차이로서 표현되고 있는 것이다. 그리고 레비 스트로스에 따르면 이 두 구조는 반드시 양립하지 않는 것은 아니다. 그것은 복잡한 관계의 단순화된 두 가지 표현이기 때문이라고 한다. 그러나 과연 그럴까. 복잡한 관계를 사상(捨象)하고 단순화해 갈 때의 개념화의 차이에 불과하며, 대상은 어디까지나 동일할 것인가. 어떤 체계의 구조란 그 체계에 속하는 요소간의 관계다. 요소가 같더라도 요소간의 관계가 다르면 그 구조는 달라진다. 바꾸어 말하면, 체계 자체가 달라진다. 촌락공간이라는 같은 대상을 표현하고 있는듯이 보이면서도 두 반족은 사실은 다른 체계를 끄집어내고 있다. 대상 자체가 서로 달리되어 있는 것이다. 두 구조가 양립한다고 하면 차원을 달리하는 체계에 있어서만 그렇다.

중국의 우주론으로 되돌아 오면 천지 = 상하, 천지 = 내외라는 구조는 각각의 설이 의거하는 관측장치의 구조에 훌륭하게 대응하고 있다. 지상에 수직으로 세운 표, 즉 수직축에 의해 우주공간을 파악할 때, 거기에 당연히 천지 = 상하의 구조가 나타나게 될 것이다. 아니, 특별히 그러한 것에 의거하지 않더라도 천지는 상하로서 개념화된다고 사람들은 반론할지도 모른다. 그렇다. 그렇기 때문에 수직축을 사용하여 관측하려는 착상도 생겼을 것이다. 내가 말하는 것은 그것이 아니다. 표에 의한 관측을 어디까지 정확하게 진행시켜도 천지는 결국 상하로서 파악되는 데서 그친다는 것이다. 개천설이 그려낸 천지의 형체는 두 개의 합동된 곡면이 평행으로, 상하에 위치하고 있다는 것이었다(그림 3a). 그 경우 하늘과 땅은 수직축에 의해 엄밀히 대응되고 있다. 1차원의 모델로 말하면, 수직축의 상단이 하늘, 하단이 땅이다. 이것은 표(노몬)의 구조 바로 그것이다. 거기에서는 절대로, 하늘이 땅을 감싸고 있다는 관점은 생기지 않는다. 천지 = 내외라는 구조의 파악은 혼의(渾儀)의 출현에 의해 비로소 가능했다. 혼천설을 천문학체계로서 최초로 서술한 것은 중국이 낳은 가장 위대한 과학자의 한 사람인 후한(後漢)의 장형(張衡)인데, 그 문장 '혼천의'에서는, 혼의의 구조의 기술이 실은 그대로 하늘의 형제의 기술로 되어 있는 것이나(그림 3b). 어떠한 도구를 사용하여 자연을 인식론적으로 절단하느냐에

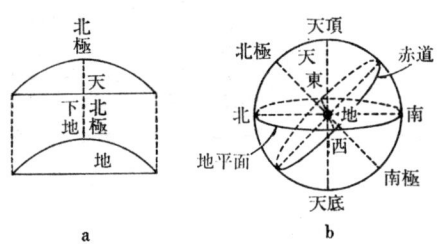

그림 3 중국의 우주론
a : 개천설, b : 우주론

따라 거기에 드러나는 구조도 또한 달라진다. 왜냐하면, 도구의 차이에 따라, 요소나 요소간의 관계도 또한 달라지기 때문이다.

천지는 어떠한 형체를 가졌느냐는 질문을 떠나서, 천지는 어떻게 해서 형성되었느냐의 질문으로 옮기자. 개천설과 혼천설의 어느 것을 취하든 원초의 우주에는 아직 천지가 없었다. 혼천의 우주론을 완성한 남송(南宋)의 주자(朱子)에 따르면, 처음에 우주에는 연속적인 물질 = 에너지인 하나의 기가 충만해 있었다. 그는 그 원초적 상태를 '혼돈미분(混沌未分)'이라 부른다. 그리고 미리 기의 전체적인 회전을 가정한다. 회전의 속도가 차츰 더해가면 마찰에 의해 무겁고 혼탁한 '사재(渣滓 = 침전물)'가 생겨, 중심으로 모여서 땅을 형성한다. 남아 있는 가볍고 맑은 기는 하늘을 형성하고 땅 주위를 회전한다. 기가 급속히 회전하면 강성(剛性)이 생기는데, 그것에 의해 땅은 우주의 중심에 지탱되어 있다고 한다.

이 과정을 요소가 연속적으로 분포되어 있는 경우의 벡터장의 분기(分岐)로서 생각하면 그림 4ab와 같이 표현할 수 있을 것이다. 전체로서 회전하는 벡터장, 그것이 혼돈이다. 지금 이 구조를 회전형 1극 구조, 또는 생략하여 회전구조라 부르기로 하자(a). 지금 벡터의 흐름이 집중되는 점을 지배의 중심이라 이름붙인다면, 회전형 1극구조에

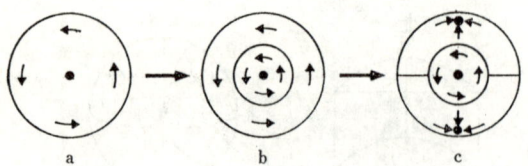

그림 4 공간의 분화(1)

는 회전의 중심은 있지만 지배의 중심은 없다. 바로 혼돈에 어울리는 상태라 해도 된다. 이 구조로부터 요소의 회전에 의해, 공간의 안팎으로의 분기를 가진 동심원구조가 생긴다(b). 혼천설로 말하면, 하나의 연속적인 기로써 이루어지는 공간이, 전체적인 회전에 의해 외부의 가벼운 기와 내부의 무거운 기로 나뉘어, 각각 하늘과 땅을 형성하는 셈이다. 주자에 따르면, 천지형성 후에 어느 시간이 지나면 역의 과정을 더듬어 천지는 소멸되고, 본래의 혼돈미분으로 되돌아간다. 그리고 거기서부터 천지형성의 새로운 사이클이 시작되는 것이다. 그의 우주생성론이 말하는 것은 지금의 주제에 관한 한 거기까지이나 그 원형인 혼돈신화는 다시 외부공간에 지배의 중심이 두 개 생겼다고 시사한다. 벡터의 비유를 사용하면, 외부공간의 회전하는 벡터의 흐름이 두 점을 향하여 집중해 가서, 외부공간을 상하로 2분한다(그림 4c). 이것이 회전구조로부터 동심원구조로, 다시 3극구조의 공간분화의 역학이다.

한편, 개천의 우주론을 처음으로 체계적으로 표현한 『회남자』의 천문훈(天文訓)에 따르면, 원초의 우주(천지미형 — 天地未形)가 전체로서 둘로 나뉘어져, 가볍고 맑은 기는 상승하여 하늘이 되고, 무겁고 탁한 기는 하강하여 땅이 되었다. 벡터장의 메타포를 사용하여, 형성된 천지의 구조를 그림 5b와 같이 표현하자. 그 경우 앞선 원초의 우주(그림 5a)는 회전구조인 것일까, 천문훈에서 말하는 옛날 공공(共工)이 전욱과 제위를 다투어 노하여 서북 끝에 있는 부주산(不周山)

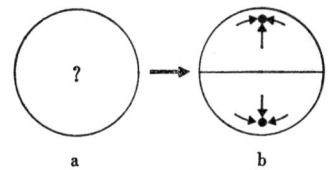

그림 5 공간의 분화(2)

에 부딪쳤기 때문에 하늘을 떠받치는 기둥이 부러지고, 땅을 잇는 밧줄이 끊어져, 거기서 일월성진이 움직이게 되었다고 한다. 하늘의 회전은 천지형성 후 신화적 영웅들의 투쟁에 의해 생긴 것이며 원초의 우주는 회전하지 않았던 것이다.

또 『회남자』의 지형훈(墜形訓)에 따르면, 동남풍을 경풍(景風)이라 하는데, 공공은 경풍이 생기는 곳이며, 고유(高誘)의 주석에 따르면 공공은 하늘의 신이었다. 마찬가지로 우강은 부주풍(不周風)이 생기는 곳이며, 고유의 주석에 따르면 우강도 또한 하늘의 신이었다. 부주풍은 말할 것도 없이, 부주산 방향에서 불어오는 바람인 서북풍이다. 또 천문훈의 고유의 주석에서는, 전욱은 황제의 손자라고 한다. 일반적으로 전욱은 북방의 제왕이며, 그 신이 이미 말한 현명(玄冥)이라고 되어 있으므로, 모두 황제의 손자인 전욱과 우강, 즉 우강(禺疆)과는 동일신임에 틀림없다. 그렇다고 하면, 부주산까지 쳐들어간 공공은 바로 황제의 아들인 우호(禺虢)이다. 물론, 다른 계통의 신화가 후에 동일화된 것이라고 해도 상관없다. 앞에서 내가 복원시킨 혼돈신화와의 차이는 내부공간에 황제가 없다는 것, 즉 1원적으로 세계를 지배하고 있던 황제가 죽은 후 그 아들과 손자가 세계를 2원적으로 분할지배하고 있다는 것, 바꾸어 말하면 1극구조에서 당장 2극구조로 이행하고 있다는 것, 그리고 두 지배자가 정북 – 정남이 아니라 서북 – 서남에 살고 있다는 것이다. 어떻든, 이것이 혼돈신화의 하나의 변형이라는 것에는

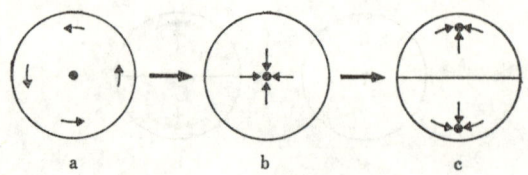

그림 6 공간의 분화(3)

변함은 없다.

여기서 지배의 중심을 갖는 1극구조를 생각하고, 구심형 1극구조 또는 간단히 구심구조라 이름붙이자. 이 구조는 회전형 1극구조의 벡터의 흐름이 한 점을 향하여 집중해 갈 때 생긴다(그림 6ab). 처음에 회전을 가정하지 않은 개천계(蓋天系)의 우주생성신화에서는 이 구심구조가 황제의 1원적 지배에 해당한다고 간주해도 지장은 없을 것이다. 그렇다면, 아까 혼돈에 어울린다고 했던 회전구조에 대응되는 것이 거기에는 없을까. 딴 형태에서는 있다.『회남자』의 천문훈에는 '허확(虛霩), 우주를 만들고, 우주가 기를 만들었다'라고 되어 있다. 허확은 요컨대, 무, 우주는 시공, 기는 물질＝에너지, 그 기가 갈라져서 천지가 된다(c)는 구도이다. 미리 기의 존재를, 그 전체적인 회전과 함께 가정하는 주자의 우주론과의 차이가 거기에 있다. 그럼에도 불구하고, 허확→우주→기→천지의 4단계 중에서 제3단계의 기가 황제의 1원적지배의 단계라고 하면, 제2단계의 시공(時空)을 굳이 혼천계의 우주론의 혼돈미분에 대응되는 단계라고 간주하는 것은 그다지 타당성이 없는 것은 아니다. 덧붙여 둔다면,『회남자』에는 역의 과정의 기술은 없지만, 여기서는 그것도 자연적 과정이라고 생각해 두자.

말하자면 '혼돈 씨의 술(術)'을 단서로, 나는 공간의 다섯 가지 주요한 구조를 이끌어냈다. 그 관계를 나타내면 그림 7과 같이 된다. 이 중에서 내가 언급하지 않은 것은 3극구조와 2극구조의 관계이다. 그러

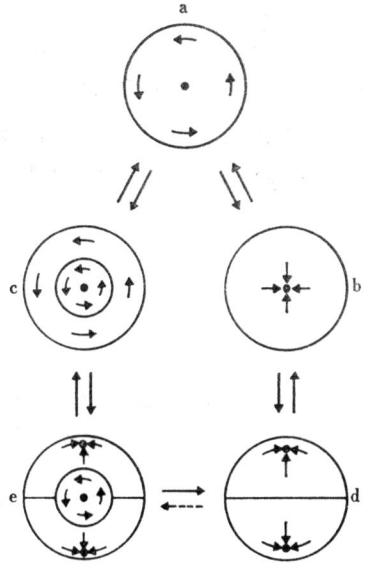

그림 7 다섯 가지 구조
  a : 1극구조(회전구조)
  b : 1극구조(구심구조)
  c : 동심원구조
  d : 2극구조
  e : 3극구조

나 그것은 이미, 혼돈신화 자체 속에 나타나 있는 혼돈의 죽음에 의해 3극구조는 2극구조로 이행하는 것이다. 한번 죽은 혼돈은 다시는 소생하지 않는다. 적어도 소생시키려는 자각적인 시도가 없는 한은, 그 경우 시사적인 것은 개천적 우주에 회전을 도입하기 위하여 신화적인 영웅의 투쟁을 필요로 했던, 바꾸어 말하면 회전은 자연적 과정으로서는 일어나지 않고, 어떠한 자연적이 아닌 힘이 필요했다는 신화이다. 개천설에서는 하늘의 회전이라고 해도, 땅과 평행하게 위치하는 하늘이 위쪽에서 회전하는 것에 불과하며, 회전에 의하여 3극구조로 이행하는 것은 아니다. 그럼에도 불구하고, 그것은 2극구조가 지극히 고정적인 구조이며, 변동이 일어나기 어려운 구조임을 시사한다. 그리고 3극구조로의 이행은 자연적이 아닌 과정으로서만 일어날 수 있을 것이다. 사실, 벡터장에서는 어떤 특수한 조건이 충족되었을 때에만 2극구조로부터 3극구조로의 이행은 일어나지 않는 것이다.

4

앞서 혼돈신화에서 세 가지 구조를 끄집어 냈을 때, '사회집단의 어떠한 행동이 만들어 내는 원초적이고도 기저적인 구조'를 이들 구조가 필시 나타내고 있을 것이라고 나는 썼다. 그 상정(想定)에 입각하면 2극구조와 3극구조 및 그 사이의 관계는 중요한 의미를 띠게 될 것이다. 왜냐하면, 다섯 개의 구조 중 이 두 구조만이 3극구조로부터 2극구조로의 이행은 자연적 과정으로서 일어나지만, 2극구조로부터 3극구조로는 자연적으로 이행하지 않는다는, 말하자면 '비가역적(非可逆的)'인 관계로 묶여 있다고 하면, 거기서는 구조의 변동이 시간을 파라미터로 하는 어떠한 '역사'법칙에 따를 것이기 때문이다. 여기서 '역사'란 시간의 방향에 관계되는 개념이지, 길이에 관계되는 개념은 아니다.

2극구조와 3극구조 사이의 이 법칙을 1극구조의 작용을 고려하면서 명제화하려 했던 것이 나의 '극구조이론'이다(「중국의 공업화와 그 구조──1극구조이론 서설」). 그 경우, 내가 선택한 '공간'은 '사상적' 공간이 아니라 '사회적' 공간이며, '구조'는 사회집단의 행동의 어떠한 형태로 나타나는 구조였다. 그러므로 그것은 사회변동의 이론이 되었다. 그러나 '극구조 이론'을 처음부터 나는 사회변동의 이론으로서 구상한 것은 아니다. 중국의 자연철학의 기초이론인 기의 이론, 또는 음양5행설의 구조와 그 역사적인 전개를 해명하기 위한 이론, 혼돈신화를 단서로 그것을 나는 추구하고 있었던 것이다. 음양5행설은 사회집단의 '집합이식'이 만들어 낸 사상이다. 그 분석에 극구조의 이론을 적용할 수 있다면, 내면적 행동을 포함하는 사회집단의 행동체계 자체에도 적용할 수 있을 것이라고 나는 생각했던 것이다. 이 글의 의도는, 그 본래의 주제로 되돌아가서, 특히 음양5행설의 구조를 밝히는, 바꾸어 말하면, 중국적 사상 공간에 있어서의 과학적 사고의 원초적, 기저적(基底的)인 형태를 밝히는 데에 있다.

주제로 되돌아가기 전에, 여기서 우선 미리 말해 두고 싶은 것이 있다. 벡터장의 메타포는 전에는 명확하지 않았거나 또는 정확하지 못했던 몇 가지 점을 나에게 깨닫게 한다. 예를 들면 1극구조이다. 이전에 나는 회전구조와 구심구조를 구별하지 않았다. 사회집단의 행동의 어떤 형태를 체계로서 선택하고, 그 체계의 구조를 생각하는 한 1극구조는 그 체계를 걸머지는 사회집단의 가치이념으로서밖에는 나타나지 않기 때문에, 나는 단순화시켜 생각했던 것이다. 가치이념의 체계를 채택한다면 두 가지형의 구별이 아무래도 필요하다. 뿐만 아니라, 같은 1극구조의 이념이라 해도, 예를 들면 카리스마적 지도자 밑에서 1원적으로 철저히 지배되는 사회와 만인이 완전히 평등한 무정부주의적인 사회는 사회집단의 행동에 있어서 수행하는 가치 이념의 역할은 결정적으로 달라진다. 전에 나는 구심구조가 아니고 회전구조만을 생각하고 있었기 때문에, 1극구조를 3극구조와만 결부시켰지만, 2극구조도 또한 그것과 친근한 1극구조를 갖는 것은 분명하다. 그러므로 2극구조는 구심형 1극구조와 친근하며, 3극구조는 회전형 1극구조와 친근하다고 하는 명제를 도입할 필요가 있을 것이다.

또, 전에 나는 3극구조를 다음과 같이 정의했다. "3극구조는 공간을 안팎으로 분할한다. 외부공간은 다시 상하공간으로 나뉘어진다"라고. 그럼에도 불구하고, 동심원 구조를 하나의 구조로서 추출하지 않았다. 이 구조는 '사회적' 공간에 있어서 자주 나타나는 중요한 구조가 아니라고 나는 생각하고 있지만, '사상적' 공간에 있어서 무시할 수 있는 구조는 아니다. 따라서 구조는 1극구조, 2극구조, 3극구조의 세 가지로 귀착하거나 그것밖에 없다고 썼던 것을 정정하고 싶다. '사회적' 공간에 있어서 자주 나타나는 주요한 구조는 이것이것이다라고 표현해야 했다. 사실, 여기서 다섯 가지 구조를 끄집어냈지만, 그 외에도 구조는 있을 수 있다. 그러나 그 구조가 어떠한 '사회적' 공간의 모델로도 있을 수 없다면, 채택할 필요는 없다. 문제는 가능한 모든 구조를 다 들고 있느냐 어떠냐가 아니라, 무엇이 채택되고 있는 체계의 주요한 구조인가이다. 그러나 사회변동의 이론으로서의 극구조 이론을, 벡터장을 메타포로 해서 해석하는 시도는 다른 기회로 미루기로 한다.

5

카오스(혼돈)에서 코스모스(질서)로, 또는 단일한 것에서 다양한 것으로, 라는 우주론(코스모고니)의 보편적인 주제에 관하여, 고대 중국에는 두 가지의 다른 철학적 표현이 있다. 하나는 유가의 고전인 『역(易)』계사전(繫辭傳), 또 하나는 도가의 고전인 『노자』 제 42장이다. 『역』에서 말하는 "역에 태극이 있고, 이것이 양의(兩儀)를 낳는다. 양의는 4상(四象)을 낳고, 4상은 8패(八卦)를 낳는다"고 했다. 태극은 원초적인 미분화의 세계, 양의는 천지, 따라서 상하, 4상은 4계절, 따라서 4방, 8패는 8방이다. 이 분화과정은 그림 8a와 같이 표현할 수 있다. 새삼 말할 나위도 없이 『논어』이든 『맹자』이든 인간학의 책이며, 초기의 유가에게는 자연학(피지카)이나 형이상학(메타피지카)이 결여되어 있다. 그것은 무엇보다도 도가의 것인 『노자』나 『장자』의 것이다. 『역』 계사전은, 말하자면 음양철학원본이라고도 할 책인데, 그것이 도가의 기의 철학에 유래하는 것은 의심할 여지가 없다. 그 원형이 되

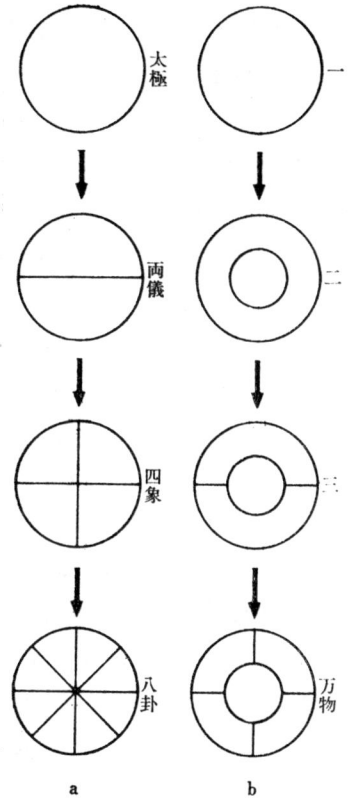

그림 8 우주론적 도식
a : 『역(易)』, b : 『노자』

었을 것인 『노자』의 표현은 "도는 하나를 낳고, 하나는 둘을 낳고, 둘은 셋을 낳고, 셋은 만물을 낳는다"이다. 종래의 해석은 이것을 『역』과 같은 2분법적 원리(二分法的 原理)의 표현으로 간주하는 점에서 모두 일치하고 있다. 그러나 나는 그 해석을 받아들일 수가 없다. '도는 하나를 낳다'의 도는 무이며, 무로부터 유가 생긴다는 것은 좋다고 치고, '하나는 둘을 낳는다'란 공간의 상하로의 분할이 아니라 안팎으로의 분할이며, '둘은 셋을 낳는다'란 외부공간의 상하로의 분할이라고 나는 생각한다. 외부공간이 다시 분할되어, 거기에서 만물이 생기지만, 내부공간은 항시 단일한 채로 머문다(그림 8b).

그 논증은 지금의 주제로부터는 너무 동떨어지지만 우리는 『노자』의 도처에서 볼 수 있는 내부공간의 중시에 주목해야 할 것이다. 두세 가지 예를 들어 보자. 제11장에 "30개의 바퀴살이 하나의 곡(轂)을 함께 지닌다. 그 무에서 수레바퀴의 쓰임이 있다. 운운"라는 말을 볼 수 있다. 후쿠나가 미쓰지(福永光司)의 번역을 빌면[4], "30개의 바퀴살이 하나의 바퀴통에 모여 있다. 바퀴통 중앙의 구멍으로 된 곳에 수레가 움직이는 작용이 있다. 점토를 반죽하여 도기를 만든다. 도기 속의 비어 있는 부분에 물건을 담는 용도가 있다. 문이나 창문을 도려내고 그 안쪽에 거실을 만든다. 그 아무것도 없는 공간에 방으로서의 용도가 있다". 이것은 "그러므로, 유(有)로써 이(利)를 이룸은 무로써 작용을 하기 때문이다"라고 결론지은 점에서도 알 수 있듯이 무, 즉 도의 작용의 중요성을 설명한 글이다. 노자에게 있어서는, 그 무는 항상 중앙에 있는 공허한 공간으로서 이미지되고 있었다. 또 예를 들면, 제5장에서 "천지 사이는 그것이 오히려 풀무와 같은 것이고, 허이면서 다하지 않으며, 움직여서 더욱더 나타난다"라고 했다. 풀무의 내부의 공허한 공간의 작용에 의하여 금속이 녹여지고, 거기서부터 온갖 물건이 만들어지듯이 공허한 우주공간 속으로부터 만물이 한없이 생겨난다. 또, 예를 들면 제6장에는 "곡신(谷神)은 죽지 않는다. 이것을 현빈(玄牝)이라 이른다. 현빈의 문(門), 이것을 천지의 뿌리(根)라 이른다. 면면히 존재하듯이 이것을 사용하여 지치지 않는다"라는 유명한 일절이 보인다. 다시 후쿠나가 미쓰지의 번역을 빌면[5],

> 골짜기의 신령은 영원불멸
> 그것을 현묘 불가사의한 암컷이라고 한다.
> 현묘 불가사의한 암컷의 음문은,

이거야말로 천지를 낳는 생명의 근원.
면면히 태고로부터 살아 왔음인지,
지칠 줄 모르는 그 불사신이여.

거기에 일관하여 따라다니는 이미지는 중앙 또는 내부에 위치하는 공허한 공간이다. 이 내부공간은 외부공간이 아무리 분화하고 다양화할지라도, 항상 '면면히 존재하듯이', 원초적인 단일성을 유지해 간다. 그리고 무(無)인 도(道), 또는 미분화의 존재인 하나를 내면에 유지한다는 것, '하나를 품는다'(제10장)야말로, 『노자』의 근저를 흐르는 사상이었다. 그렇다고 하면 '도는 하나를 낳고, 운운'에 이어서 "만물은 음을 업고 양을 품으며, 충기(沖氣)로써 화합하는 일을 이룬다"고 말할 때, 그 구조는 이미 명백할 것이다. 충기는 음양의 중화된 기라고도, 또 음양은 별개인 제3의 기라고도 해석되고 있는데, 그것은 어느쪽이든지 상관없다. 요컨대, 만물생성의 핵심이 되는 기로서, 노자가 말하는 '삼(三)'은 외부공간에 음양을, 내부공간에 충기를 배치한 3극구조 바로 그것이었다.

공간 분할의 기본적인 구조는 2극구조와 3극구조라고 나는 생각한다. 더욱 분할이 진행되어 구조가 복잡화해지더라도, 그것들은 모두 원리적으로는 2극구조와 3극구조에 귀착시킬 수가 있다. 부차적인 분할을 거듭함으로써 생기는 구조의 두 계열을 각각 2극구조계열 및 3극구조계열이라 부르기로 하자. 그리고 이들 계열의 구조를 모두 기본적인 구조로 환원시켜 그 의미를 생각하기로 하자.

그 경우, 내가 의거하고 있는 것은 공간분할의 개념화 속에서, 분류의 원리와 사고의 카테고리의 원초적인 형태가 발생해 온다는 가설이다. 뒤르켐과 모스는[6] 최초의 논리적인 카테고리는 사회적인 카테고리였다는 관점에서 가장 기저적인 사회조직, 특히 그 형태학적인 표현인 부족의 거주공간의 구조를 틀로 하여 편성된 분류활동의 형태를 분석했다. 그들이 거기에서 채택한 것은 오스트레일리아 체계, 아메리카 체계 및 중국체계이다. 나의 가설은 그들의 시사에 힘입고 있으며, 부분적으로는 공통되어 있다. 그러나 당장 필요한 한계내에서 말하면 두 가지 점에서 그들과 다르다.

하나는 뒤르켐과 모스가 논리적인 분류의 기원을 사회조직에, 따라서 경험적인 것에서 찾고 있는 데 대하여, 나는 거기에 말하자면 '선험적(先驗的)'인 것의 존재를 예상하고 있는 점이다. 그 이른바 '선험적'인 것이 구체적으로 분류의 원리나 사고의 카테고리로서 개념화될 때 사회조직이나 그 사회의 가치체계가 결정적인 역할을 한다고 나는 생각한다. 또 하나는 나의 개념을 사용하면 그들이 모든 것을 2극구조형의 사고공간으로 환원시켜 버렸는 데 대하여, 내가 3극구조형의 사고공간을 설정하고 있다는 점이다. 중국체계를 분석하여, 그들이 5행설의 파악에 완전히 실패한 것은 3극구조를 추출할 수 없었다는 바로 그 점이다.

공간분할의 두 가지 형은 이미 은대(殷代) 사람의 관념 속에 나타나 있다. 그들은 은의 땅을 중상(中商) 또는 중토(中土)라 불렀으며, 주위의 땅을 동토·남토·서토·북토라 불렀다. 또, 네 방위를 동방·남방·서방·북방이라 불렀다[7](그림 9). 영역이 안을 갖는 데 대하여, 방위는 안을 갖지 않는다. 더구나, 그 안에는 너비가 있으므로 이 두 가지 형의 구조는 그림 10과 같이 나타낼 수 있다. a의 기본구조는 2극구조, b는 3극구조 바로 그것이다.

여기서 먼저 3극구조가 영역의 관념 속에서 성립되어 있는 점에 주목하자. 알다시피 은의 수도는 성벽으로 둘러싸여 있었다. 광막한 화북평원에서 나라를 세우는 데는 그대로 자신들의 땅을 성벽으로 제한하는 일이었을 것이다. 나라[國]라는 글자는 성벽도시를 무기로 지키는 모양이다. 세계를 안팎으로 구별하는 일, 무력에 의해 안을 지배하면서 밖으로 적대하는 일, 국가란 무엇보다도 그러한 것으로서, 원초적으로 관념지어졌을 것이다(동심원구조). 세계를 내외라는 관점에

공간·분류·카테고리 295

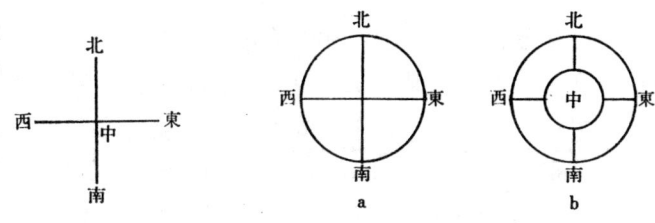

그림 9 은인(殷人)의 관념   그림 10 은인의 공간 분할의 형
　　　　　　　　　　　　　　a : 방위, b : 영역

서 파악할 때, 안의 단일한 자기에 대하여 바깥은 다양한 남으로서 나타난다. 안은 어디까지나 분열이 없는 단일민족이며, 바깥은 다른 관계를 맺는 다양한 이민족의 세계이다. 그러한 바깥 세계를 공간적으로 질서짓는 원리는 체결하는 관계에 따라서 당연히 달라진다. 그 하나인 사방이라는 관념은 적대라는 관계에 의한 질서 부여를 나타낸다. 사실, 방(方)은 단순히 방향을 의미하는 것만은 아니다. 그것은 이민족 중에서도, 특히 은나라에는 복속하지 않고 적대하는 이민족을 가리키는 말이다. 바꾸어 말하면, 공간적으로 질서가 부여된 이민족의 적대되는 세계가 말의 본래의 의미에 있어서의 4방이다. 뿐만 아니라 적대 관계 속에 있어서는 자기도 남도 동격이다. 적어도 적대한다는 관계로 좁힌다면 그 양극에 위치하는 것으로서 동격이다. 거기서는 안이 되는 자기, 즉 내부공간은 소멸되고 2극구조가 나타난다.

　3극구조는 그것과 다르다. 내부공간을 에워싸는 외부공간은 이민족의 세계임에는 틀림없으나 그들은 적대하고 있는 것이 아니라 말하자면 복속하여 있는 것이다. 땅이란 본래 은의 국토를 의미하며, 4방의 땅은 정복당한 영토였다. 바꾸어 말하면 4토(四土)는 중토(中土)와 함께 수확의 점(占)을 칠 수 있는 자격을 가진 영역이었다[8]. 마치 혼돈의 연회에 초대받은 숙과 홀처럼 말이다. 외부공간의 지배의 중심 사이의 관계는 내부공간과 외부공간의 관계 아래로 덮여 버린다. 내부

공간은 외부공간을 그와 같이 존재시키는 근거로서 자신을 자각한다. 자신을 통하지 않는 외부공간의 지배 중심 사이의 관계는 반역의 가능성을 포함하기 때문에, 해소 또는 부정해야 하는 것이 된다. 안팎의 구별에 고집하는 한 외부공간이 지배의 중심을 갖지 않고 내부공간 주위를 회전하는 동심원구조야말로 내부공간에 있어서 바람직한 구조일 것이다. 어쨌든 거기에는 교화시켜야 할 것으로서의 중화(中華)와 교화되어야 할 것으로서의 동이(東夷)·남만(南蠻)·북적(北狄)·서융(西戎)이라는 저 고전적인 관념의 싹이 이미 어렴풋이 보이고 있다. 이렇게 말하면, 어쩌면 앞서 말한 외부의 코스모스 공간에 의하여 부정되는 카오스 공간이라는 표현에 저촉되는 듯이 보일지도 모른다. 그러나 그것은 뒤집혀진 관계, 뒤집혀진 의식에 불과하다. 외부공간이 내부공간을 소멸시키는 것은 3극구조로부터 2극구조로 이행하는 것은 자연적인 경향이다. 그 경향에 거슬러 자신의 무력함을 자각하면서도 여전히 자신을 관철시키려 할 때, 예를 들면 도가의 사상이 태어난다. 자신의 힘을 자각하고, 외부공간을 자신과의 관계에 있어서만 파악하려 할 때, 예를 들면 중화사상이 태어난다. 그것은 내외공간의 강약관계의 역전에 의해서 역전하는 연속적인 사고이다.

 2극구조와 3극구조는 결코 단순한 개념화의 차이를 나타내는 것이 아니고, 다른 구조로서 다른 체계 혹은 대상을 가지고 있다. 그럼에도 불구하고, 은나라 사람의 4방과 5토의 관념에는 확실히 개념화의 차이에 불과한 것으로 생각하게 하는 요소, 양자를 혼동시키는 요소, 따라서 중국의 사상공간에 있어서 오랜 과제로 되어 갈 요소가 포함되어 있다. 그 어느 것에도, 동서남북이라는 요소가 존재하고 있다는 점이다. 그것이 어떠한 의미를 띠는가는 나중에 말하기로 한다. 여기서는 다만 4방과 4토의 어느 것도 동→남→서→북의 순서로 배치되어 있는 점에 주의해 두고 싶다. 이 순서는 방위와 시간과의 긴밀한 결합을 나타내고 있다. 우리는 시계의 문자판에서 시간을 읽을 때, 사

표 1 시공(時空)의 대응

四方	東	南	西	北
四時 (一日)	朝	昼	夕	夜
四時 (一年)	春	夏	秋	冬

실은 공간을 읽고 있는 것이다. 시간이 많든 적든 정확한 인식은 공간에의 사상(寫像)에 의해 비로소 가능해진다. 그것은 기계시계뿐 아니라 해시계나 물시계나 선향(線香)시계에서도, 혹은 원자시계에서도 공통되는 성질이다. 특히 시간측정의 기초가 되는 태양의 운행에 전적으로 의거하고 있을 경우에는 4방의 정확한 결정이야말로 시간을 측정하는 전제조건이 된다. 방위는 노몬에 의하여 측정할 수 있다. 노몬은 매우 유효한 시공측정장치이다. 그 경우 동→남→서→북의 순서는 태양의 하루의 운행을 나타내는 상징인 동시에, 하루의 기온이나 밝음의 변화가 불러일으키는 이미지 연쇄에 따라, 4계절의 변화까지도 가리키는 상징이 된다(표 1). 이것이 장주(莊周)의 이른바 숙과 홀, 남과 북의 순간 사이의 시간 바로 그것이다. 지금, 지상의 방위에 바탕하여, 하늘의 방위를 구분한다고 하자. 그 때 땅, 즉 내부공간의 방위는 고정되어 있으나 하늘, 즉 외부공간의 방위는 회전할 것이다. 공간 분할을 기초로 마찬가지 원리에 따라 시간을 분할하는 가능성이 거기에 열리는 것이다. 은나라 사람이 배열한 4방의 순서에는, 이미 그 방향으로의 전개가 내포되어 있는 것이다.

　4방으로 분할된 공간은, 그 각 부분의 공간을 반복하여 2분 또는 3분시켜 감으로써, 원리적으로는 어디까지나 세분화되어 간다. 거기에 2극구조계열이 생긴다. 특히 중요한 것은 4방의 네 가지 상한(象限)을 2분 및 3분한 8괘와 12지이다(그림 11). 12지의 기원은 은나라에 있으나, 8괘는 필시 주나라와 결부되어 있다. 3극구조 계열의 공간분할도, 외부공간을 마찬가지로 세분화시켜 감으로써 생긴다. 대표적인 것

298 II. 극구조 이론

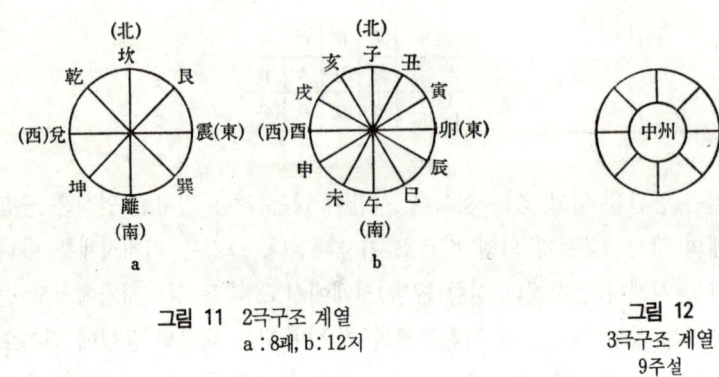

그림 11 2극구조 계열
a : 8괘, b : 12지

그림 12
3극구조 계열
9주설

으로서 9주설(九州說)을 들어두자. 중주(中州)를 중심으로 중국 전토를 9개 구역으로 나누는 것이다. 이 관념도 필시 주대의 것일 것이다.

6

지금까지 나는 모든 것을 2차원으로 생각해 왔다. 그리고 수직방향과 수평방향을 구별하지 않았다. 예를 들면 2극구조 계열의 공간분할에 있어서 2분분할을 수직방향의 천지에, 4분분할을 수평방향의 4방에다 대응시켰다. 2차원의 구조를 생각하는 한 그 구별을 필요로 하지 않는다. 그러나 여기서 3차원의 공간을 들어보자. 그러면 지금까지와는 다른 원리에 바탕하는 공간분할 또는 범위가 나타난다. 4방축에 천지축을 짜맞춘 6방 및 천지축을 지하까지 연장시킨 7방이다(그림 13). 그리고 매우 특징적인 것은 고대 중국인에게 7방의 관념이 결여되어 있다는 점이다. 6방은 6합(六合)이라고도 한다. 그들에게 있어서 세계는 6합이지 7합은 아니었다. 그것은 무엇을 뜻할까.

지하는 말할 것도 없이 황천의 나라이며, 사자(死者)의 세계이다.

공간·분류·카테고리 *299*

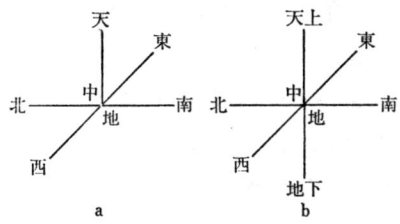

그림 13 가치공간의 좌표축
a : 6방(六方), b : 7방(七方)

황천이란 말은 『춘추좌전』의 은공(隱公) 원년에서 볼 수 있다. 정(鄭)나라의 장공(莊公)은 어머니 무강(武姜)이 몹시 사랑하는 동생을 치고 어머니를 유폐시켰다. 그는 어머니에게 말하기를 "황천까지 가지 않는다면 만나지 않겠습니다."라고 했다. 얼마 후, 그 말을 후회하는 장공에게 한 남자가 말했다. "땅을 파서 샘물에 닿거든 그 터널에서 만나시지요. 맹세를 어겼다고는 아무도 말하지 않을 것입니다."라고. 그는 그 충고를 따라 터널로 들어가서 노래했다.

　　크나큰 터널 속
　　화목하게 그 즐거움을.

어머니 무강도 나와서 화답하여 불렀다.

　　크나큰 터널 밖
　　한가로이 그 즐거움을.

이리하여 모자는 화해했다고 한다. 모자의 화해 장면이라는 탓도 어느 정도는 있겠지만, 사자(死者)의 세계에 따라붙는 어두운 이미지는 거기에는 조금도 없다. 황천의 다른 용례(用例)라 할지라도, 그 점에는 변함이 없다. 더군다나 그것은 황토 밑에서 솟아오르는 지하수에 불과한 것이다. 물은 확실히 사자의 세계에 항상 따라붙는 이미지다. 그러나 이것은 황천을 하나의 나라로 부르기에는 너무 빈약한 이미지일 것이다.

예술학의 기초로서 추장석 형태와 색채의 과학을 추구한 칸딘스키는 '흑을 죽음의 상징, 백을 탄생의 상징'으로 이름붙이고, '서구인의 검은 상복과 중국인의 흰 상복'의 두드러진 대조를 지적하고 있다[9].

색채 감각에 있어서, 아마도 이렇게 큰 대립은 있을 수 없다.—〈흑과 백〉은 서구인 사이에서는 〈천상과 지상〉의 같은 뜻으로 통용되고 있기 때문이다. 생각컨대, 이 예만 보더라도 밑바닥에 숨겨진, 따라서 금방은 인식할 수 없는'두 색깔의 유연관계(類緣關係)를 인식할 수 있는 것이다.—양자는 다 같이 침묵의 색깔. 중국인과 서구인이 저마다 품는 내면적인 내용의 차이, 그것이 이 예에 있어서는 특히 역력히 나타나 있지 않을까. 우리 그리스도교도는 그리스도교 신앙 수천 년의 역사를 거쳐, 죽음을 최종적인 침묵으로 느끼고 있다. 혹은 나의 형용에 따르면 〈무한한 구멍〉으로 느끼고 있다. 이것에 대하여 이교도인 중국인은 침묵을 새로운 발언의 준비로 해석한다. 혹은 나의 형용을 사용한다면 〈탄생〉으로 해석하고 있다.

사실을 말하면, 중국인의 사후의 관념에 대하여 말할 준비도 흥미도 지금의 나에게는 없다. 그렇지만 화가의 훌륭한 직관에 나는 이끌린다. 적어도 고대 중국인에게 있어서 죽음이 '최종적인 침묵'도 아니며, '무한한 구멍'도 아니었다는 것은 확실할 것이다. 무덤 안에 생전과 똑같은 세간, 똑같은 식사까지 갖추고 떠나는 사자들, 거기서는 사후의 세계는 생전의 단순한 연장 혹은 보다 적절하게는 필시 새로운 '탄생'이었음에 틀림없다. 사자가 사는 공간은 수직방향으로 〈무한한 구멍〉을 파내려 간 곳에 있는 것이 아니라 생자의 공간과 같은 평면에, 적어도 거의 같은 평면에 있었음이 틀림없다.

얼핏 보면 지옥다운 모습을 갖추고 있는 것은 『초사(楚辭)』 초혼(招魂)의 유노(幽都)이다.

넋이여 돌아오라
그대여 유도에는 내려오지 말라.
토백(土伯) 9마리가 입구를 막고
뿔은 날카로우며
솟아오른 등살, 피가 떨어지는 엄지손가락
꽉꽉 인간을 쫓아가고
세 개의 눈, 호랑이 머리
몸은 소를 닮았고
요놈들이 제일 좋아하는 것이 인간이란다
돌아오라 어김없이 혹독한 벌을 받을 것이다

토백은 후토(后土)의 수하 괴물들, 후토는 흙의 신, 즉 4방신과 더불어 중앙신이다. 유폐로 내려간다고 하면 꼭 지옥으로 가는 것 같지만, 후토는 어디까지나 땅의 신이며, 지하의 신은 아니다. 뿐만 아니라 하늘의 9개의 문에도 호랑이나 이리가 있어, 하계의 인간을 물어 죽인다고 한다. 계속해서 시인이

천지4방에는
나쁜 놈이 너무 많다.

라고 노래했듯이, 『초사』의 세계도 역시 6방공간이다. 또, 한대의 위서(緯書) 『하도괄지상(河圖括地象)』 등에는 곤륜 밑에 있다는 지하세계의 기술이 보인다. 『박물지(博物志)』는 그 곳을 유도라고 부르지만, 그것은 요컨대 마치 대지의 네 귀퉁이에 치솟은 기둥이 하늘을 떠받치고 있듯이, 지하의 네 귀퉁이의 기둥이 대지를 떠받치고, 다시 3600개의 축이 서로 견제하고 있다는 지상 세계의 참으로 살풍경한 사상에 불과하며, 더구나 거기에는 사자들의 그림자조차 없으며, 도저히 하나의 독자적인 세계를 구성하고 있다고는 할 수 없다. 뿐만 아니라 그러

한 기술마저 드물다. 지하세계, 사자의 세계는 끝내 신들의 세계인 하늘이나 생자들의 세계인 땅과 구별된, 그것과 견주어지는 고유한 세계는 아니었다. 공자의 저 '아직 삶을 모르는데 어찌 죽음을 알 수 있으랴'(『논어』의 선진)라는 말, 또는 '제사 지내는 일은 계시는 것과 같이 한다'[동(同) 8일(八佾)]이라는 말도, 이러한 정신적 풍토에서 비로소 나왔다는 것이 나의 예상이다. 어쨌든 7방 관념의 결여가 지하=사후세계의 관념의 희박성에 결부되어 있는 것은 의심할 여지가 없다. 중국인에게 사후세계의 명확한 이미지를 준 것은 후한말 이후에 전래된 불교였다. 그럼에도 불구하고 세계는 최후까지 6합으로서 계속해 있었던 것이다.

6방과 7방의 차이는 단순히 지하세계의 유무에 그치는 것은 아니다. 지하세계가 사후세계라는 것은 6방이나 7방이라는 공간의 파악이 가치체계에 깊이 관계되어 있다는 것을 시사한다. 그리고 사실, 그것은 가치체계에 있어서의 수평지향과 수직지향의 결정적인 차이를 표현하고 있는 것이다. 6방과 7방의 좌표축은 그런 의미에서 가치 공간의 좌표축이라고 부를 수 있다.

아직 구분되지 않은 공간을 구분해서 우리는 기호에 맞는 공간을 만들어낸다. 우리가 구성하는 바람직한 공간 가운데, 제일 친근한 것은 집일 것이다. 어떤 집을 좋아하는지는 물론 개인에 따라서도 다르지만, 특히 문화적 전통을 달리하는 사회집단 사이에서 볼 수 있는 다른 기호는 그 집단의 가치체계의 표현으로서 주목할 만하다. 유럽의 집의 중요한 구성요소로는 지하실과 다락방이 있다. 거기에 관철되어 있는 것은 수직성의 원리이다. 바슐라르에 따르면[10] '연직성은 지하실과 다락방이라는 극성에 의해 뒷받침된다'고 하였다. 유럽의 집은 바로 '지하실과 다락방에 의해 대극화(對極化)된 공간' 그것이다. 그리고 자주 수직방향으로 뻗어가려는 경향을 보인다. 중국의 집은 다르다. 그것은 일반적으로 단층집이며, 특수한 건축을 제외하면 지하실도 다락방도 없다. 2층도 좋아하지 않는 것 같다. 그리고 수평성의 원리에 따라 어디까지나 수평지향으로 확대해 간다. 단체의 건축물로는 충족되지 않는 것을 군체(群體)로서 해결해 가는 것이다.

중국 고대의 건축군체의 평면배치는, (중략) 일반적으로 모두가 몇 가지 공통된 규칙성을 가지고 있다. 즉, 부지 주위의 3면 또는 4면의 각각에 단체 건축물을 짓고, 그 한복판에 안뜰을 형성한다. (중략) 안뜰 좌우의 건축물은 일반적으로 대칭적인 배치를 취한다. (중략) 부지 4주는 담장을 에워싸거나 또는 회랑(回廊) 등을 둘러치고, 폐쇄적인 공간을 형성한다. 건축의 규모를 더 크게 할 때는 항상 몇 개나 되는 안뜰을 끼워넣고 세로 방향으로 길게 전개해 간다. (중략) 이 군체배치에서는 항상 부지의 주요축 선상에 주요 건축물을 배치하고, 부속적인 주거는 2차적인 위치에 둔다. 군체 주위에는 또 항상 문, 복도, 담장 등의 소건축을 배치한다 [11].

목조건축의 특성에서 오는 그것은 자연스러운 전개라고 건축사가(建築史家)는 말한다. 그것도 있다. 그러나 그것만은 아닐 것이다. 무엇보다도 그것은 바람직한 공간 구성의 문제인 것이다. 건축군체의 이 구조는 도시의 구조에도 훌륭하게 대응되고 있다는 것을 지적해 두자. 바람직한 공간은 가치 선택이 관계되는 곳, 도처에 자신을 표현해 간다.

칸딘스키에 따르면 [12], 수직선은 '높은 데로 올라가는 것', 수평선은 '가로눕는 것'이다. 천상 – 지 – 지하축이 수평축을 관통하는 7방공간에 있어서는, 가치 지향은 늘 위로 향한다. 천상이 가치라면 지하는 반가치이다. 지상에 존재하는 것의 가치는 천상과 지하로부터의 거리에 따라서 측정된다. 뿐만 아니라 가치의 원점은 상승해 그치지 않는다. 무한한 높이까지 자신을 계속 높여가서, 결국에는 구극적 절대적인 존재로 화하여, 모든 가치를 거기서부터 방사(放射)하기 시작한다. 땅을 가로지르는 수평축도, 이 가치의 상승운동을 방해할 수는 없다.

덧붙여 말하면 고대 그리스인이, 또 중세 유럽인이, 우주공간을 안팎의 관점으로부터 구분하지 않았던 것은 흥미롭다. 4원소와 여러 별을 동심구 모양으로 배열했는데도 불구하고, 그들에 있어서 천상은 상하이지 내외는 아니었다. 예를 들면, 아리스토텔레스는 우주공간을 물질도 운동법칙도 다른 두 영역으로 구분했는데, 그것은 월 '하'계와 월 '상'계이며, 월 '내'계와 월 '외'계는 아니었다. 가치의 수직지향이 어디까지나 그들을 사로잡고 있었기 때문이다.

그러나 수평축 위에 천-지축을 얹은 6방공간에서는 반대로 이 '가로눕는 것'이야말로 가치공간의 토대로서 결정적인 의미를 띠게 된다. 거기서는 가치의 원점은 두 수평축의 교점, 즉 중심에 두어진다. 중심으로부터 멀어질수록 그 거리의 크기에 역비례하여 가치는 작아져간다. 『주례(周禮)』의 하관(夏官)에는 왕성을 중심으로 방 5000리의 땅을 동심상으로 9기(畿)로 나눈 구분이 보인다. 그것에 따르면 방 1000리를 국기(國畿), 방 1500리를 후기(候畿)라고 하며, 이하 5백리씩 늘어나서, 전기(甸畿)·남기(男畿)·채기(采畿)·위기(衛畿)·만기(蠻畿)·이기(夷畿)·진기(鎭畿)·번기(蕃畿)로 계속된다. 기란 계역(界域)을 뜻한다. 명칭으로부터 금방 알 수 있듯이, 이 안에서부터 바깥으로의 공간의 구분은 그대로 가치 서열이기도 하다. 그러나 가치의 분포는 연속적 또는 단계적이며, 그 낙차는 상대적인 것에 불과하다. 중심은 최고의 가치이기는 하나 절대적인 가치는 아니다.

물론, 6방공간에 있어서도 '하늘은 높고[尊] 땅은 낮기[卑] 때문에, 건곤이 정해졌다.'(『역』 계사전)고 간주되는 것은 확실하다. 그러나 그것은 어디까지나 상대적인 존비(尊卑)에 불과하다. 2극구조 계열의 공간분할에 있어서 수직적인 천지의 2분할이 부차적인 분할을 가함으로써, 즉시 수평적인 4방으로 이행한 것을 상기하자. 하늘은 높은 곳에 사상(寫像)된, 또 하나의 땅 바로 그것이다. 천상-지-지하축에서는 천상과 지하가 대(對)가 된다. 가치와 반가치라는 반전된 관계이긴 하나 천상과 지하 사이에 사상관계가 성립된다. 천국은 뒤집혀진 지옥인 것이다. 천-지축에서는 다르다. 하늘과 땅이 대이며, 하늘이 가치라면 땅도 가치다. 그리고 하늘과 땅은 정확한 사상관계로 맺어진다.

지상에 있어서의 공간의 구분을 그대로 하늘에 투영시켜, 중국인은 하늘을 구분했으며, 또는 질서를 부여했다고 해도 좋다. 하늘의 영역, 즉 성좌의 체계적인 질서 부여는 사마천(司馬遷)의『사기』천관서(天官書)에 처음으로 나타나며, 후세까지 계승된다. 별과 그 현상의 기술이 천관서라 불렸던 것은 하나하나의 별이 모두 하늘의 관료나 관직이나 관청 등이며, 그것은 전체로서 국가적 규모의 관료제를 이루고 있다고 생각되었기 때문이다. 지상의 관료제가 그대로 하늘에 투영되고, 하늘이 질서를 가지게 된 것이다. 앞에서 언급했듯이 우주공간을 내외로 구분한 것은 혼천설인데, 그 기초가 되는 혼천의가 처음으로 나타나 관측에 사용된 것은 천문대장인 사마천 밑에서 한대 최초의 개력(改曆)이 행해졌을 때였다. 필시 그것과 관계가 없지는 않을 것이라고 나는 생각하지만, 하늘은 먼저 전체로서의 내외의 두 공간으로 구분된다. 이른바 중관(中官-『사기』에서는 中宮)과 외관(外官)이다. 중관이란 북극을 중심으로 거기부터의 거리가 36도의 권내에 있는 결코 가라앉지 않는 성좌를 가리킨다. 그 바깥쪽을 둘러싸는 계절에 의하여 보였다, 안 보였다 하는 성좌가 외관이다. 외관은 다시 4방으로 나누어진다. 그것들은『사기』에서는 동궁·남궁·서궁·북궁 후에는 동방수(東方宿)·남방수·서방수·북방수라 불린다. 바꾸어 말하면, 하늘은 전체로서 5토 또는 5방으로 분할되는 것이다. 4방에는 각각 7개의 숙이 속해서 28수를 구성한다.

하늘의 5방을 부차적으로 분할하면 9분야가 된다. 말할 것도 없이 그것은 지상의 9주(九州)의 투영이다. 그리고 하늘의 어느 분야에서 일어나는 현상은 그것에 대응되는 지상의 어느 주에서 일어나는 현상과 어떠한 밀접한 감응관계에 있다고 간주함으로써, 중국의 국가 점성술에 그 기본 도식을 제공한다. 이른바 분야설(分野說)이다. 하늘에 사상된 것은 3극구조 계열만은 아니다. 2극구조 계열의 4방, 8괘, 12지 등도 물론 하늘에 투영된다. 예를 들면, 하늘의 12방으로의 분할에 의해 생기는 구역이 12분야인데, 역시 지상의 12개 지역과 감응관계에 있다고 하여 점성술의 기초가 된다. 한대 이후, 주류를 차지한 것은 9분야설보다 오히려 이 12분야설이었다.

미리 말해 두는데 28수의 분할은 여기서 내가 채택하고 있는 공간분할과는 다른 원리에 바탕하고 있다. 수란 달이 깃드는 곳을 의미한다. 약 28일로 하늘을 한 바퀴 도는 달의, 영어식으로 말하면 맨션(mansion)이다. 12지와 조합되어 60의 시간 사이클을 만들어 내는 10간(十干)도 마찬가지로 원리가 다르다. 10간의 기원은 필시 10진법의 그것과 같은 데에 있으며, 어떠한 요청에 의하여 그 기본 수에 특수한 명칭을 부여했을 것이다. 12지에 대해서도, 보통은 시간분할에 유래하는 것으로 간주되고 있다. 그러나 나는 그렇게는 생각하지 않는다. 시간분할의 기준은 새삼스레 말할 것도 없이 태양과 달의 운동이다. 태양의 공전, 달의 공전, 지구의 자전의 주기가 모두 시간분할의 기준이 된다. 하루를 단위로 하여 1년의 일수, 한달의 일수, 1년의 월수가 그렇다. 그것은 우리의 인식에 있어서의 여건이며, 움직일 수 없다. 그 경우, 태양의 운행을 기준으로 하느냐(태양력), 달의 운행을 기준으로 하느냐(태음력), 양자를 절충하느냐(태양태음력)에 따라서 편성되는 역의 체계는 달라지지만, 어쨌든 여건으로서 주어진 수치의 큰 테두리로부터 자유로울 수는 없다. 그러나 그 이외의 시간분할은 다른 원리, 다른 체계에 의거하고 있다. 예를 들면, 한달을 10일씩 구분하느냐(순-旬), 7일씩 구분하느냐(요-曜)는 천체의 운행과는 관계가 없다. 중국의 상용력에서는 하루를 12각으로 나누고, 천문학의 전문가들은 100각으로 나누었는데, 그 분할은 목적과 편의에 따라 어느 쪽일 수도 있다. 다만 하나의 예외는 60진법에 따른 시공의 분할이다. 고대 메소포타미아의 천문학자는 1년을 360일로 간주하고, 주천(周天)을 360으로 분할하여 태양이 하루에 나아가는 호(弧)를 1도라고 불렀다. 그리고 반지름이 끼는 호의 길이 60도를 단위로 선택하고, 시간과 공간을 분할했던 것이다. 바꾸어 말하면, 각도의 계산법은 본래 시간의 계산법이었던 것이다. 우리는 지금도 시간과 각도의 계산에만 60진법을 사용하고 있다. 그러나 엄밀하게 태양의 운행을 기준으로 하면 원은 약 365도와 4분의 1도로 해야 한다. 사실, 중국의 역계산에서는 그 역이 채용하는 1년의 일수와 원의 도수는 항상 같다. 그렇게 하면 천상(天象)과 일치하지만 지극히 한정된 목적밖에는 소용이 되지 않는 것은 분명할 것이다. 그러므로 그들은 하루의 시간분할에는 10진법을 사용했다. 역으로 말하면, 가령 1시간을 60분으로 나누는 시간분할을 60진법으로 통일시킬 필연성은 어디에도 없었던 것이다.

그렇다면 여건으로서의 시간분할 이외의 분할은 무엇에 바탕하여 이루어졌을까. 하나는 10진법, 또 하나는 공간분할의 원리의 적용이라고 나는 생각한다. 특히 하루의 12각이 그렇다. 태양이 정남《午》에 올 때를 오시, 지(수)평선에 있을 때를 묘《東》시·유《西》시라고 하면 낮 시간의 6분할이 생긴다. 밤 시간도 같은 간격으로 6분하면 된다. 이것은 정태양시에 있어서의 하루의 분할이지만, 하루를 12등분하면 평균 태양시의 그것이 된다. 또 어떤 별을 하늘의 방위에서의 예를 들면, 자《北》로 정하고, 그것이 땅의 자의 방위에 올 때를 자시라고 하면 항성시에 있어서의 하루의 분할이 가능해진다. 뿐만 아니라 내가 강조하고 싶은 것은 적어도 중국에 있어서 공간분할의 원리가 사고의 원리로서 추출되어 오면 시간이 전체로서 그것에 의해 체계화되었다고 하는 점이다. 이 점에는 다시 되돌아 갈 때가 있을 것이다.

내가 가치공간의 좌표축이라고 이름붙인 3차원공간의 6방위는 중(中)·동·남·서·북의 5방을 수평면에 가로뉘어 놓고, 천지의 수직축을

속에 세운 것이다. 공간분할의 구조로부터 말하면 그것은 극구조와 3
극구조의 조합으로써 성립되어 있다. 이 가치공간을 훌륭하게 상징시
킨 제사용구가 고대 중국에 있었다.『의례(儀禮)』의 관례에 보이는 방
명(方明)이다[13]. 관례란 천자가 제후를 알현하는 의례를 가리킨다. 그
것에 따르면 알현은 궁이라 불리는 300보(180장) 4방에 벽처럼 흙을
쌓은 장소에서 이루어진 거기에는 4개의 분이 있고, 한복판에 3중의
단(壇)을 설치한다. 맨 아랫단은 12발(尋-1발은 8자), 각 단의 높이
는 3자이다. 단상에는 방명을 놓는다. 방명은 나무로 만든 한 변이 4자
의 정6면체로, 각 면은 여섯 가지 색으로 칠해져 있다. 동방이 청, 남
방이 적, 서방이 백, 북방이 흑, 위가 현(玄), 아래가 황(黃)이다. 현이
란 붉은 염료로 몇 번이나 천을 물들였을 때의 저 붉으레한 흑색을
가리킨다. 정현(鄭玄)의 주석에 따르면 6색은 6방의 신의 상징이다. 각
면에는 다시 각각 다른 조류의 구슬이 하나씩 박혀 있다. 정현에 따르
면, 천자는 먼저 방명에 제사를 지내고, 방명을 치운 뒤 제후를 알현한
다. 제후와 맹약할 때는 다시 방명을 단상에 놓는다고 한다. 이것은 바
로 상징적인 의례이다.

토벽으로 둘러싸인 정방형의 공간은 천자가 지배하는 영역이며, 내부
공간에 있으며, 4개의 문으로부터 4방의 외부공간으로 통해 있다. 중
앙의 단은 6방신의 자리인 동시에, 천자의 자리이기도 하다. 6방신을
상징하는 6색을 색칠한 정6면체는 6방신이 가치의 좌표축이므로, 바로
가치공간 그것이다. 천자는 외부공간의 제후를 알현하기 전에, 내외공
간을 포함하는 가치공간을 제사지낼 뿐 아니라, 제후와 맹약을 나눌
때는 일부러 가치공간을 가지고 나와 단상에 설치한다. 뿐만 아니라,
이 방명은 제후와의 알현의 의례에서만 등장하는 제사용구인 것이다.
고대 중국인에게 있어서의 세계공간의 구조와 가치체계의 근거를 이
만큼 선명히게 표현하는 상징행위는 필시 달리 없을 것이다. 이쨌든
이 6방의 좌표축 안에 세계는 포함된다. 세계에 존재하는 모든 것이

포함된다. 그것은 그대로 만물이 2극구조와 3극구조를 조합시킨 공간 속에 포함된다는 것을 뜻한다.

7

공간을 분할하고 질서짓는 것은, 동시에 거기에 존재하는 것을 분할하고 질서짓는 것, 만물을 분류하는 일이다. 은나라 사람이 어떠한 분류체계를 가지고 있었는지 지금으로서는 분명하지 않다. 그러나 필시 주나라 사람의 아주 오래된 분류체계를 전하고 있는 문헌이 있다. 『역』의 설괘전(說卦傳)의 몇몇 대목이 그것이다. 후세 사람의 손도 가해져 있는지는 모르지만 거의 원형을 엿보게 함에 충분하다고 보아도 좋을 것이다. 그것은 2극구조계열의 8괘에 의한 분류체계이다. 그것에 따르면, 건은 하늘, 곤은 땅, 진(震)은 천둥, 손(巽)은 바람, 감(坎)은 물, 이(離)는 불, 간(艮)은 산, 태(兌)는 못의 상징이며, 건곤＝천지, 진손＝뇌풍(雷風), 감이＝수화(水火), 간태＝산택(山澤)이 각각 대응한다. 이것들의 대(對)는 모두 수직축에 있어서 대를 이루는 것, 위에 있는 것과 밑에 있는 것, 또는 상승하는 것과 하강하는 것인 점에 주의하자. 수직축에서 대립하는 것이 4개의 수평축 말단에 배치되어, 8괘＝8방이 된다. 그 경우 미리 주의해 두고 싶은 것은 남북축에 감이＝수화의 대립하는 것이 배치되어 있는 외는 건손(乾巽)＝천풍(天風), 간곤(艮坤)＝산지, 진태＝뇌택(雷澤)처럼 오히려 유연관계에 있다고 보여지는 것이, 위에 있는 것과 밑에 있는 것의 관계로 맺어져, 대립되는 위치에 놓여 있는 점이다. 각각의 괘에는 여러 가지 물체가 속한다. 그 일람표는 다음과 같다.

건(乾)＝천―원(圓), 임금, 아버지, 옥, 금, 추위, 얼음, 진홍색, 좋은 말, 늙은 말, 여윈 말, 억센 말, 나무의 과실.
곤(坤) = 지―어머니, 베[布], 솥, 구두쇠, 한결같음, 새끼를 가진 소, 큰 수레, 무늬, 많음, 손잡이, 흑토(黑土).
진(震) = 뇌―용, 흑과 황의 잡색, 꽃, 큰 도로, 장남, 결단력이 많은 사람, 어린 대나무, 물억새나 갈대 종류, 예쁘게 우는 말, 뒷발이 흰 말, 이마가 흰 말, 껍질을 쓰고 싹이 트는 식물, 건강함, 번무(繁茂).
손(巽) = 풍―나무, 맏딸, 팽팽한 먹줄, 목수, 백색, 길이, 높이, 앞으로 갔다 물러섰다 하는 것, 결단력이 없고 동작이 굼뜬 남자, 냄새, 머리카락이 적어진 사람, 이마가 벗겨진 사람, 눈에 흰자위가 많은 사람, 억척스런 상인, 떠들썩함.
감(坎) = 수―도랑, 지하에 숨는 것, 휘어지는 것, 활, 바퀴, 고민하는 사람, 가슴을 앓는 사람, 귀를 앓는 사람, 피, 적색, 등줄기가 아름다운 말, 성급한 말, 목을 숙이는 말, 사고를 일으키기 쉬운 수레, 관통, 달, 도둑, 단단하고 심(芯)이 많은 나무.
이(離) = 화―태양, 번개, 둘째 딸, 갑옷, 창이나 칼 종류, 배불뚝이 남자, 건조, 자라, 게, 우렁이, 대합, 거북, 줄기가 비어 있고 위쪽이 마른 나무.
간(艮) = 산―좁은 길, 잔 돌, 성문, 초목의 열매, 문지기나 관환(官宦), 손가락, 개, 쥐, 호랑이나 표범 종류, 단단하고 옹이진 나무.
태(兌) = 택―막내딸, 무당, 입이나 혀, 절단, 박리(剝離), 염분이 많은 토지, 첩, 양.

　　이것은 필시, 방대한 일람표의 일부에 불과할 것이다. 사실, 다른 텍스트에서는, 예를 들면 곤에 다시 수소, 미혹, 4각, 자루, 스커트, 황색, 비단천, 주스가 속해 있으며, 다른 대목에서는 8괘에 인체의 각 부분 및 여러 가지 동물을 할당하고 있다.
　　이 일람표에는 사람이나 물질이나 색깔이나 상태나 어떤 종류의 추상적 성질까지도 포함되어 있다. 상태나 성질은 본래는 그것을 갖춘 것을 일반적으로 가리키고 있을 것이다. 후세의 주서가는 왜 그것이 어떤 괘에 속하는가를 그럴듯하게 설명한다. 이유를 붙이기 쉽도록 다시 정리된 것도 있을지 모른다. 예를 들면, 용은 현존하는 텍스트에서는 진에, 없어진 다른 텍스트에서는 건에 속해 있다. 그러나 그런 것을 신경쓸 필요는 없다. 모든 물체에 대하여 어느 물체가 괘에 속하는 이유를 충분히 설명할 수 있을 만큼 우리가 고대인의 심성에 깊이 개입하지는 결코 못할 것이다. 만물이 8괘로 분류된 것을 이해하면 우리에게는 우선 그것으로 충분하다.

8괘=8방은 먼저 분류의 원리였다. 그러나 분류한다는 것은 질서를 부여하는 일, 만물을 체계적으로 파악하는 일의 첫걸음에 불과하다. 물체와 물체 사이의 관계를 파악할 수 있어야만 비로소 체계적인 인식이라 할 수 있다. 그 경우, 같은 방위 혹은 공간에 속하는 것은 당연히 동류로 간주될 것이다. 같지 않은 방위 또는 공간에 속하는 것, 말하자면 이류간(異類間)의 관계는 어떠할까. 전체공간의 2분할이라면, 우선 동류—이류관계만으로 끝낼 수도 있다. 그러나 8분할이 되면 더 복잡한 관계 부여가 필요해진다. 이리하여 발명된 것이 8괘의 기호화와 기호간의 관계 부여며, 그 체계적 표현이 『역』바로 그것이다.

8괘는 효(爻)라고 불리는 두 개의 기호 ━과 ━━ 3개를 조합시켜서 표시한다. 그 괘의 성질 또는 내포하고 있는 의미는 세로로 배열된 3개의 요소를 어느 효가 차지하고 있느냐에 따라 결정된다. 어떤 괘의 어떤 효를 딴 효로 바꾸어 놓으면 그것은 딴 괘로 이행한다. 그것이 괘 사이의 관계이다. 그림 14를 보면 금방 알 수 있듯이, 그 기호를 8방으로 배치했을 경우 남북축의 감=수☵와 이=화☲에 있어서만 ━와 ━━의 배열방법이 완전히 역으로 되어 있다. 말할 것도 없이, 남북축에 기본적인 대립이 있다는 것을 그것은 보여준다. 남북축은, 이미 말했듯이, 상하의 수직축이기도 하며 거기에 2극구조가 나타났던 것이다. 부차적인 분할에 의하여 생기는 다른 축에서는 하나의 효를 바꾸어 놓기만 하면 대립되는 위치에 있는 괘로 이행한다. 즉, 그 대립도 또 부차적이며, 오히려 유연관계에 따라 맺어져 있는 것이다. 인접하

그림 14 8괘의 기호

는 괘 사이에는 규칙적인 관계는 존재하지 않는다.

이것만의 단순한 규칙에 의거하여 8괘에 속하는 여러 가지 사물 사이의 관계를, 따라서 거기에 내포되어 있는 의미를 생각하기로 하자. 그 때 8괘는 사고의 큰 형틀로서 작용한다. 바꾸어 말하면, 분류의 원리가 사고의 카테고리가 된다. 이 전개, 이 전환을 밀고 나아가 카테고리의 체계를 구축해 간 것은 필시 주대의 궁정점술사(宮廷占術師)의 집단이었다. 그러나 그들은, 그것을 추상도가 높은 일반성을 지닌 개념으로 높이는 노력은 하지 않았다. 그들의 목적은 어디까지나 점에 있었다. 점은 언제나 개별적, 구체적이어야 한다. 복잡하고도 다양한 현상을 취급할 수 있게 하기 위하여 그들이 선택한 것은 괘의 체계를 복잡화하고, 다양화시키는 길이었다. 8괘 두 개를 서로 포갠 6개의 요소로써 이루어지는, 이른바 64괘가 그것이다. 예를 들면, 건과 곤을 포갠 것이 부(否)☰☷, 손과 곤을 포갠 것이 관(觀)☴☷의 괘이다. 그 괘가 내포하는 의미는 상하의 괘의 조합에 의하여 결정된다. 예를 들면, 곤＝지 위에 손＝풍(바람)이 얹힌 관은 바람이 지상을 골고루 불어가서 만물에 혜택을 베푸는 것을 의미한다고 한다. 점은 두 괘의 관계에 의하여 행해진다. 먼저 서죽(筮竹)으로 이른바 본괘를 찾고, 그것에 다시 어떤 조작을 가하여 지괘(之卦)＝지(지는 간다는 뜻, 본괘로부터 이행한 괘)를 내고, 양자의 관계에서 상황을 판단하는 것이다.

『춘추좌전』의 장공(莊公) 22년에 다음과 같은 기사가 있다. 주의 사관(점술사)이 진공(陳公)을 만났을 때, 공은 아들인 경중(敬仲)에게 대하여 서를 세워 받았던 바, 관☷☴(본괘)이 부☷☴(지괘)로 이행한다고 나왔다. 사관의 해석의 일부를 인용하면 다음과 같다.

곤은 흙이며, 손은 바람이고 건은 하늘입니다. 바람이 하늘로 감에 따라, 땅 위에 산이 있는 형상이 됩니다. 산의 재목이 있는 곳에, 하늘의 빛이 비치는, 이러한 때에 땅 위에 있는 것이므로, 나라의 빛을 보는 입장이며, 왕의 객분(客分)이 되는 데 이(利)가 있다고 합니다. (중략) 바람이 불어가서 땅에 닿는다고 하므로, 다른 나라에서의 일이라고 합니다 [14].

관☷☴은 위의 손=바람☴이 건=하늘☰로 이행함으로써, 부☷☴로 이행한다. '바람이 하늘로 간다'란 그것을 가리킨다. 또 상하의 3개의 효뿐 아니라, 중간의 3개의 효의 조합도 보조적인 판단의 재료로서 사용한다. ☷☴ 밑의 3효는 곤=땅이지만, 밑에서부터 2, 3, 4번째의 효의 조합을 끄집어 내면, 간=산☶이 된다. '땅 위에 산이 있는' 셈이다. 이하의 해석에 대해서는 설명을 요하지 않을 것이다. 사관의 예언은 경중의 자손이 세우는 나라가, 이윽고 진(陳)을 누르고 강대해질 것이라고 했다.

여기에 든 것은 아주 알기 쉬운 예이다. 『역』에는 6개의 효의 하나하나에 대해서도 그 내포하는 의미가 나타내어져 있다. 역점이란 요컨대 두 종류의 6효의 조합, 몇 가지 종류의 3효의 조합, 하나하나의 효, 이것들의 관계와 각각이 내포하는 의미에 대하여, 어떤 종류의 종합적인 판단을 내리는 작업 바로 그것이다. 이와 같이 복잡한 64괘의 체계를 이해하고 조작하는 것은 다만 전문 직업집단, 점술사집단만이 가능했다. 분류원리로서의 8괘=8방은 본래 점술사집단과 필연적인 연관을 갖는 것은 아니었을 것이다. 그러나 점술사 집단에 의해 체계화되었기 때문에 8괘는 사고의 카테고리로서의 일반성을 획득하지 못하고, 다만 극히 한정된 특정 목적에만 유효한 카테고리로 그쳤던 것이다. 8괘는 일반화의 가능성을 빼앗긴 카테고리, 실패한 카테고리였다고 해도 좋을 것이다. 그 대신 춘추에서부터 전국에 걸쳐 체계화되어 간 것이 음양과 8행의 카테고리이다.

8

은나라 사람에게는 4방과 5방, 공간의 4분할과 5분할의 관념이 존재해 있으며, 동남서북이라는 그 순서는 시간분할과의 결부를 시사하고 있었다. 여러 가지 사물이, 그 공간 또는 방위에 속해 있었을 것이다. 잘 알려져 있는 것은 바람이다.『산해경』에 볼 수 있는 4방의 바람의 원형이 갑골문 속에서 발견되어, 중국의 신화학에 하나의 빛을 던졌다. 4방이나 4방풍은 동시에 제사를 받는 신이기도 했다. 동물이나 색채와의 결부가 은대까지 거슬러 오르느냐, 주대에 들어온 뒤의 것인지는 아직 밝혀지지 않았다(표 2). 이 경우, 동물의 선택은 우리에게는 자의적으로 보이지만, 황·청·적·백·흑의 5색은 우리의 색채감각의 경험에 있어서 가장 기본적인 성분이라는 점에 주의하자. 칸딘스키의 개념[15]을 빌어 도식화하면, 그 배치는 그림 15와 같이 표현할 수 있다. 이 배치에는 당연히 다른 선택지(選擇肢)도 있을 수 있었을 것이다. 어쨌든 4방이나 5방이 분류원리로서 은나라 사람에게서 주나라 사람으로 계승되어 체계화되어 갔던 것은 의심할 여지가 없다.

  4방과 5방은 서로 다른 구조를 가지고 있었다. 4방공간은 2극구조에 부차적 분할을 가한 것이며, 기본적인 대립은 남북축에 있었다. 그리고 다시 그것에 분할을 가한 8괘가 가리키고 있듯이 남북축의 대립은 불의 요소와 물의 요소의 대립이었다.『역』의 점에는 이와 감의 대립이 특히 강조되어 있는 흔적은 없다. 복서가(卜筮家)들에게 있어

표 2 동물과 색채

	中	東	南	西	北
動物		竜	鳥	虎	龜
色彩	黄	青	赤	白	黒

서는 8개의 카테고리는 거의 같은 무게를 가지고 있었을 것이다. 그러나 그들과는 별도로, 천문학자 혹은 점성술사의 집단은 물과 불의 대립을 중시했던 흔적을 남기고 있다. 『춘추좌전』 소공(昭公) 9년에, 정(鄭)의 비조(裨竈)라는 말이 보인다. 그는 노나라의 재신(梓慎) 등과 함께 춘추시대의 대표적인 천문학자로 전해지는 인물이다. 그 해 4월 진에 화재가 있었다. 그가 예언하기를 진은 5년이면 다시 일어서고 52년으로 멸망할 것이라고 했다. 사실을 말하면, 이 기사는 『춘추좌전』의 성립연대를 결정하는 유력한 실마리의 하나로서, 중시되고 있는 것이다. 그것에 따르면, 자산(子產)에게서 예언의 이유를 질문 받은 비조의 대답에서 볼 수 있는 천문현상은 전 4세기 중반경의 것이라고 한다[16]. 이미 전국시대로 들어와 있다. 소공 9년은 전 549년이다. 일반적으로, 『좌전』의 천문기사가 전 4세기의 것으로 하고, 그것은 현존하는 『좌전』의 성립연대를 결정하는 단서는 되지만, 거기에 오랜 전승이 포함되어 있는 것을 부정하는 것은 아니다. 내가 주목하는 다음의 비롱의 말도 그러한 오랜 전승의 하나일 것이다.

진은 물에 속해 있습니다. 불은 물의 왕비이며,
초를 다스리는 것입니다.

대화(大火, 안타레스)의 움직임에 의해 진의 미래를 점치려는 이 말은 천상과 인사의 상관을 생각하는 점에서 분야설과 그 사상적 기반을 공유하지만, 분야설 그 자체는 아니며, 또는 아직 분야설로까지

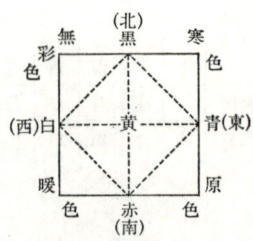

그림 15 5색의 배치

는 체계화되지 않았다. 그 나라의 지배자인 종조신(宗祖神)이 불의 신이냐, 물의 신이냐에 따라 관련지어져 있다. 또, 소공(昭公) 17년 겨울, 혜성이 대화의 서쪽에 나타나 그 꼬리가 은하수까지 닿았다. 재신은 송(宋)·위(衛)·진(陣)·정(鄭)에 화재가 일어날 것이라고 예언한다. 혜성은 사물을 일신시키는 연유이다. 혜성이 대화를 쓸어 물의 상징인 은하수까지 닿았다면, 대화가 관장하는 송·진·정, 은하수에 있는 대수(大水, 페가수스자리의 α성)가 관장하는 위에 틀림없이 화재가 있을 것이라는 것이다. 물과 불이 나타나는 것은 화재의 예언이기 때문이라고 말할 수 없는 것도 아니다. 그러나 황하를 끼고 위가 북쪽에 송, 진, 정이 남쪽에 위치하고 있는 것은 역시 상징적일 것이다. 뿐만 아니라, 재신은 비룡과는 완전히 역의 표현을 사용하여, '물은 불의 수컷이다'라고 말하고 있다. 물과 불이 남편과 아내, 수컷과 암컷으로서 관계지어져 있는 셈이다. 5행(목화토금수) 외의 요소 사이에 적어도 옛 시대에는 이러한 관계는 볼 수 없다.

　남과 북의 대립은 불과 물, 아내와 남편, 여자와 남자의 대립이었다. 색채로 말하면, 스탕달의 소설을 생각하게 하는 적과 흑의 대립이다. 이미, 복서가들은 대립하는 요소를 ―과 --로 기호화하고 있었다. 더구나, 그것들은 쉽게 천지의 대립으로 바꾸어 놓을 수 있는 것이었다. 남겨진 문제는 2극구조 공간에 있어서의 대립의 원리를 나타내는 두 요소에, 그 일반화를 가능하게 하는 추상적인 개념을 부여하는 것, 카테고리화시키는 일이다. 선택된 것은 기상현상을 나타내는 데에 예부터 사용되어 온 음양의 개념이었다. 처음으로 개념화시킨 것이 춘추시대였는지, 전국시대였는지, 지금의 그것은 내게는 아무래도 좋다. 『한서』예문지(藝文誌)에 따르면, 음양가는 천문학자의 계보를 따른다고 한다. 그 가능성은 크게 있다. 어쨌든 4방공간 혹은 2극구조 공간의 대립원리가, 음양으로서 카테고리화되자, 그것은 『역』의 기호에 결부되었다. 필시 그 때 수=남, 화=여가 화=남, 수=여로 역전되었다. 만물을 음양의 카테고리 밑에서 분류하여 관계지어 간다는 음양설의 발전을 최후로 집대성한 것은 5행설과 마찬가지로 전해지듯이 추연(鄒衍) 일파의 사상가들이었을 것이다.

    5방공간 혹은 3극구조 공간의 관계설정의 원리는 2극구조 공간보다 복잡하다. 3극구조의 벡터장에 의한 표현(그림 4, 그림 7)을 보면 금방 알 수 있듯이, 거기에는 순환과 대립의 두 원리가 포함되어 있다. 내외공간을 관계짓는 원리가 순환이고, 외부의 상하공간의 그것이 대립이며, 대립의 원리를 2극구조와 공유하고 있다. 이 복잡한 성격에 따라 5방의 카테고리화에 있어서는 두 가지의 다른 설이 나타났다. 이른바 5행상생설(五行相生說)과 5행상극 상승설이다.

    목·화·토·금·수의 다섯 가지 개념이 도대체 어째서 선택되었는지는 아직 밝혀지지 않았다. 『춘추좌전』 양공(襄公) 27년에, '하늘이 5재를 만들고, 백성이 이를 사용했다. 한 가지도 폐지할 수 없다'라는 말이 있는데, 옛날의 주석은 5재를 5행으로 본다. 거기서부터, 인간의 생활에 필요한 다섯 가지 소재가 5행이라는 해석이 생겼다. 그러나 나로서는 납득할 수가 없다. 『좌전』의 문장은 '누가 능히 병(兵)을 없애랴. 군대를 만든 것은 오래 되었다', 라고 이어져 있다. 5재는 무기를 만드는 데 필요한 다섯 가지 소재임에 틀림없다. 한편, 『주례(周禮)』의

고공기(考工記)에는 공장(工匠)은 '이로써 5재를 갖추고, 이로써 민기(民器)를 갖춘다'라고 되어 있으며, 정현은 5재를 금·목·피(皮)·옥(玉)·토라고 주한다. 옥은 별도로 하고, 무기의 소재로서라면 불이나 물보다 대나무나 가죽, 골각(骨角) 등이 훨씬 적합하다. 다섯 가지 요소에 왜 목·화·토·금·수가 선택되었는가를 풀이하는 열쇠는 수 – 화 및 목 – 금의 대립과 그 양자를 토에 조합한 체계가 무엇을 뜻하는가에 있다고 나는 생각한다. 그러나 나의 생각도 미숙하다. 언제, 누가, 5행의 개념을 제공했는지도 역시 분명하지 않다. 어쨌든 언제 누군가가, 5방을 5행으로 카테고리화시키고, 중(中) = 토, 동 = 목, 남 = 화, 서 = 금, 북 = 수의 개념을 제출했다. 그리고 시간을 포함하는 모든 사물이 다섯 가지 개념하에 분류되어 간다. 그 경우 카테고리간의 관계, 따라서 사물간의 관계부여에 대하여 두 가지설이 나타난 것이다.

상생설은 나무에서 불이 생기고, 불에서 흙이 생긴다는 식으로 하나의 요소로부터 다른 요소[17]가 생긴다고 생각한다. 무엇에서 무엇이 생기는지, 그 생성 순서에는 고전에 세 가지의 다른 기술이 있다. 토목화금수, 목화토금수 및 목화금수토이다. 토를 제외시키고 보면 당장 상생설이 의미하는 것을 알 수 있다. 세 가지가 다 목→화→금→수의 순서로 배열되어 있다(그림 16). 이것은 동→남→서→북, 즉 춘→하→추→동의 4계순환의 순서, 바로 그것이다. 바꾸어 말하면, 3극구조에 포함되는 두 가지 원리 중에서 순환의 원리만을 추출한 것이 상생설이었던 것이다. 순환에는 당연히 회전의 중심이 있다. 중심이기 때문에, 그것은 맨 처음에 오나 중간이나 맨 끝에 와도 별로 상관없다. 생성 순서가 세 가지로 기술된 것은 극히 당연할 것이다. 그 순서가 후세에 목화토금수로 고정되어 간 것은 필시 중앙의 토를 복판에 놓으려는 평형감각에 의했을 것이다.

그것에 대하여, 오히려 대립의 원리를 기축에 두면서 순환의 원리까지 편입시켜 가려고 했던 것이 상극설이었다. 이 설에서는 수가

공간·분류·카테고리 *319*

그림 16 5행 상생의 순서

화를 이기고, 화가 금을 이긴다는 식으로 하나의 요소가 다른 요소를 극복한다고 생각한다. 극복의 순서에 관해서는 고전의 기술은 가지가지이지만 거기에는 분명한 규칙성이 있다. 하나는 토가 맨 처음이나 대개는 맨 뒤에 놓이며, 한복판에 오는 일은 결코 없다는 점이다. 토가 맨 처음에 오든 맨 뒤에 오든, 어차피 한 바퀴를 돌기 때문에, 극복의 순서에는 변함이 없다. 또 하나는 수와 화, 목과 금이 반드시 대(對)가 되어 나타난다는 점이다. 그것이 남북축과 동서축의 양단을 차지하는 요소인 것은 말할 것도 없다. 그래서 토를 떼어내고 보면, 그 조합에는 8가지 밖에 없다는 것을 알 수 있다(표 3). 이 조합이 모두 고전 속에 나타나는 것은 아니다. 그러나 그 가능성은 있었다고 나는 생각한다. 지금, 어느 요소에서부터 시작되는가를 무시하고, 관계설정의 과정과 방향만을 끄집어내면 4가지로 귀착된다(그림 17a). 방향을 무시하면, 두 가지 과정으로 귀착된다(b). 이 두 가지 형의 공통성분을 끄집어내면 남북축 및 동서축 위[上]의 대립만이 남는다(c). 이것은 상극설의 기축이 어디까지나 대립의 원리에 있으며, 그것에 부차적으로 순환의 원리를 조합한 것임을 똑똑히 보여준다. 대립하는 요소간의 관계에 안은 존재하지 않는다. 그러나 순환에는 안을 필요로 한다. 이리하여, 안은 극복의 시발점, 즉 종착점에 두어졌던 것이다. 후세에 상극설이라고 하면 수화목금토로 결정되어 버리지만, 그것은 『상서(尙書)』홍범(洪範)에 보이는 5행의 순서였다.

320   II. 극구조 이론

표 3 5행상극의 가능한 순서

東西軸＼南北軸	火→水	水→火
木→金	火水木金	水火木金
	木金火水	木金水火
金→木	火水金木	水火金木
	金木火水	金木水火

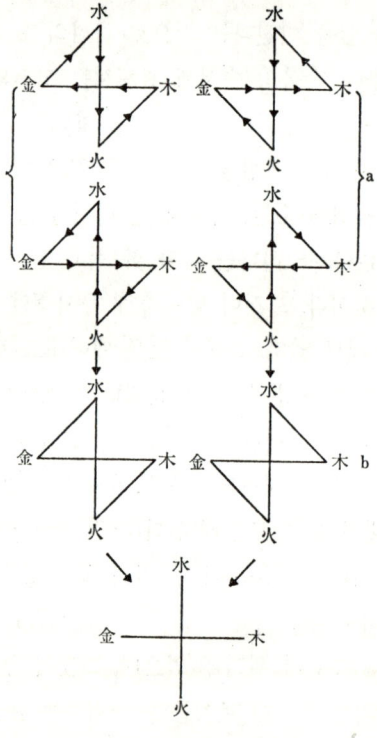

그림 17 5행상극설의 구조

대립과 순환의 두 원리를 포함한다는 의미에 있어서, 확실히 5행 상극설 쪽이 5방공간의 구조를 보다 충실히 표현하고 있다. 그러나 두 원리를 결합하고 있기 때문에, 하나의 원리만을 끄집어낸 5행상생설보다 적용 가능한 범위는 아무래도 좁아지지 않을 수 없다. 간단히 말하면 사용하기 어렵다. 게다가, 대립의 원리라면 따로 음양설이 있다. 그것과 상생설을 조합시키면 상극설에 의하기보다 훨씬 자유롭게 사물간을 관계지을 수 있다. 자연철학적인 사색에 있어서 음양설과 5행상생설이 주로 사용되게 된 것은 그 때문이었다. 그러나 특정 목적을 위해서라면 상극설 쪽이 유익한 경우도 있다. 예를 들면, 길흉의 판단이 그렇다. 이렇게 하여 5행상극설은 주로 점이나 또는 의학 속에서 부지해 간다.

　4방공간(2극구조)과 5방공간(3극구조)의 이 카테고리화에는 분명히 다른 점이 두 가지 있다. 하나는 선택된 개념의 추상도의 차이다. 음양에 비교하면 목화토금수 쪽이 훨씬 추상도가 낮다. 음양과는 달라서, 그것에는 아무래도 특정의 구체적인 이미지가 따라 다닌다. 카테고리로서의 일반성이 부족한 것이다. 또 하나는 그것에 대응하여 4방공간으로부터는 남북의 양극이 추출되고, 2극구조가 추출되었는데도 5방공간에서는 부차적인 분할이 사상(捨象)되지 않았으며, 따라서 3극구조가 명확하게 떠오르지 않았다는 점이다. 구조의 추상도가 낮다고 해도 좋다. 2극구조와 3극구조의 차이가 그 때문에 충분히 파악되지 않고 자주 혼돈을 일으키게 된다. 만약 3극구조의 세 가지 요소가 보다 추상도가 높은 개념으로서 추출되어, 2극구조의 두 요소와 함께 카테고리 체계를 구성하고 있었다면 중국의 자연철학은 필시 훨씬 다른 전개를 보였을 것이다. 그때는 5행은 카테고리가 아니고, 물질을 구성하는 원소로 간주되게 되었을지도 모른다. 중국의 자연철학의 역사에 그것이 다행이었는지 어떤지는 물론 모르지만, 어쨌든 음양과 2행은 사물을 분류하는 원리인 동시에 사물과 사물을 관계짓는 사고의 카테

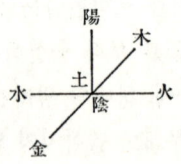

그림 18 카테고리 공간의 좌표축

고리인, 바꾸어 말하면 인식의 틀이라는 2중성격을 최후까지 계속 유지해 갈 것이다. 음양5행의 카테고리 체계를 도식화하면 그림 18과 같이 표현할 수 있다. 이 카테고리 공간의 좌표축이 가치공간의 좌표축(그림 13)의 정확한 사상(寫像)이라는 것은 새삼 지적할 필요가 없다.

사마천이 『사기』 역서(曆書)의 서론에서, "모름지기 황제는 성력(星曆)을 고정하고, 5행을 건립하며, 소식(음양)을 일으키고, 윤여(閏余)를 바르게 한다"라고 쓴 것은 역시 상징적이었다. '역사적' 기원이 아니라, 적어도 말하자면 '논리적' 기원으로서라면 그다지 틀린 것은 아닐 것이다. 음양5행적 사고의 원형은 혼돈＝황제신화 속에 뚜렷이 부각되어 있으며, 음양5행설의 성립에는 천문학자가 관여하고 있는 기미도 있기 때문이다.

9

사물을 분류하고, 사물간을 관계지으며, 인식의 틀로서의 카테고리를 설정하여, 체계적인 인식을 구성해 가는 것은 하나의 과학적인 사고이다. 음양5행설은 그러한 과학적 사고의 산물이며, 그 원초적인 형태를 가장 고도로 완성된 형태로서 표현하고 있다. 그리고 음양5행적 사고는 진한(秦漢) 이후, 항상 중국의 자연철학에 있어서의 사고의 기저적인 형태로 있어 왔다. 음양5행설이 미숙한 형태로 그 이론 속에 짜넣어져 있는지 어떤지와 관계없이, 음양5행적 사고를 빼놓고는 중국의 전통적인 과학은 있을 수 없었던 것이다.

확실히, 음양이나 오행은 추상도가 낮은 카테고리이다. 그러나 그것은 단순히, 과학적 사고의 말하자면 '진화'에 있어서의 '하등(下等)'한 단계를 가리키고 있을까. 진한 이후, 음양5행설을 가장 정교하고 치밀하게 전개해 나갔던 것은 바야흐로 혁신적 재생을 이룩하고, 현대의학에 혁명을 일으키고 있는 중국의 전통의학, 이른바 중국의학이었던 사실을 상기하자. 인식의 도구, 인식의 틀이 다르면 당연히 파악되는 대상의 요소와 요소간의 관계도 달라지게 된다. 중국의학이 인체를 서양 근대의학의 그것과는 다른 구조를 지니는 체계로서 파악하고 있었다는 것, 더구나 그 인식이 서양근대의학과는 다른 유효성을 지니고 있었다는 것은 지금은 명백하다.

서양근대의 자연철학과 중국의 전통적인 자연철학과의 가치적인 우열을, 논하려는 것이 아니다. 완전히 반대로 이질이기 때문에 가치적으로는 완전히 같다고 하는 사고방식의 중요성을 강조하고 있는 것이다. 우리는 인류가 만들어낸 이질적인 온갖 문화를 모두 같은 가치를 지니는 것으로 간주하여야 한다. 그래야만 비로소 우리는 거기서부터 다른 '가치'를 끄집어내어 그것을 우리의 것으로 할 수 있으며, 인류의 공유재산에 보탤 수 있을 것이다. 또, 나는 음양5행설의 현재적인 유효성을 설명하고 있는 것도 아니다. 그것과는 역으로 음양5행적 사고에 의해 파악된 자연의 체계가 유효성을 갖는다면 음양5행적 사고 그 자체의 구조를 밝혀서, 그것을 우리의 말로 바꾸어 놓고, 우리의 것으로 만들어야 한다고 주장하고 있는 것이다. 나의 이 글은, 그 하나의 시도이다. 물론, 아직 시도의 단서에 불과하다. 또 음양5행적 사고가 파악한 자연의 체계란 무엇인가를 해명하자면 진한 이후의 음양5

행설의 전개를, 특히 중국의학을 중심으로 분석할 필요가 있을 것이다. 그 과제를 나는 언젠가는 달성하고 싶다고 생각하고 있다. 당장 여기서는 하나의 전망을 말하는 것으로 그치자.

음양5행설이 성립된 이후의 그 발걸음은, 한마디로 말하면 음양이 말하자면 5행화되고, 5행이 말하자면 음양화되어 가는 방향에 있었던 것같이, 지금의 나에게는 생각된다. 더 정확하게 말하면 첫째, 음과 양의 관계 부여에 순환의 원리가 도입되어 갔다는 것이다. 2분법은 아주 자연스러운, 그러나 어떤 의미에서는 대단히 거북한 사고의 원리일 것이다. 대립하는 것이 언제까지나 대립한 채로 있다면, 결합하거나 전화하지 않는다면 관계짓기는 간단하다. 그러나 개념이 지시하는 대상은 변화한다. 그 경우 개념의 내포를 바꾸지 않고서, 변화한 대상에게는 다른 개념을 줄 것인지, 같은 개념을 사용하면서 그 내포를 대상과 함께 변화시켜 가거나 두 가지 선택지가 있을 수 있을 것이다. 적어도 그 어느 한쪽에 중점이 걸린 선택을 하게 될 것이다. 중국인은 차라리 후자를 선택했다. 그것에 의해 2분법의 거북함을 뛰어 넘으려 했다.

음양에 관하여 말하면, 본래 기상현상을 나타내는 말이었다는 점에서 엿볼 수 있듯이, 그것은 처음부터 기(요컨대 공기 비슷한 것)와 결부된 개념이었다. 음기와 양기이다. 그리고 음양은 기로서 통일적으로 파악되고, 그 두 가지의 서로 다른 상태를 가리키는 개념이라고 생각하게 된다. 즉, 기의 후퇴와 전진, 수축과 팽창, 그것이 음양이라고 하는 것이다. 더군다나 전진·후퇴라고 해도, 무언가 절대적인 좌표축을 설정하는 것이 아니라, 한쪽을 기준으로 삼아서 말하기 때문에, 그것은 보다 음이 되는 것·양이 되는 것이라는 비교 개념이 된다. 이 카테고리를 사용하면 같은 개념에 의해 대상의 변화를 쉽게 표현할 수 있다. 예를 늘면, 아무개는 옛날에는 쾌활한 남자였는데, 그 일이 있은 후로는 완전히 우울한 남자로 변해 버렸다고 하는 식으로 말이다. 물론 일반적인 개념에 그것을 적용하는 것이다.

사회 변동에 관한 극구조이론에 있어서 내가 도입한 개념을 사용하면, 실체적 구조로서는 1극(하나의 기)이면서, 기능적 구조로서는 2극(음양의 두 기)이 된다고 그것을 표현할 수 있다. 사회 변동의 이론으로서는, 나는 이러한 구조를 채택하지 않았다. '사회적' 공간에 있어서, 그러한 구조는 출현하지 않기 때문이다. 이 말은 '사상적' 공간에 대해서는 '사회적' 공간을 채택하는 경우와 다른 명제군을 구성할 필요가 있다는 것을 가리키고 있다. 극 구조이론의 근본적인 명제는 내가 앞에서 3극구조와 2극구조 사이에 성립되는 역사법칙이라고 불렀던 것이며, 그 이외의 명제는 어떠한 공간을 대상으로 하는가에 따라 당연히 변해지는 것도 있을 것이다.

그것은 어쨌든 전진하는 기는 이윽고 극점에 다다르면 일전하여 후퇴하기 시작하는, 그 전진과 후퇴의 반복이라는 형태로 음양의 카테고리에 순환의 원리가 도입되었던 것이다. 이 순환은 1차원에 있어서의 단진동형(單振動型)의 '순환'이며, 2차원에 있어서의 원운동형의 순환과는 다르다. 그러나 그것은 쉽게 변환할 수 있으며, 그것에 의해 음양설은 5행설과 친해지기 쉬운 것이 되었던 것이다. 내킨 김에 5행도 또한 기라고 생각하게 되었다는 것을 덧붙여 둔다. 바꾸어 말하면, 음양과 5행은 분류의 원리이며, 사고의 카테고리인 동시에 물질=에너지의 상태를 표현하는 개념이기도 하다는 3중의 성격을 띠게 된다.

둘째로, 토가 차츰 중요성을 잃고, 5행이 실질적으로 4행으로 변해 갔다는 점이다. 바꾸어 말하면 3극구조에서 2극구조로 이행하는 자연적 경향을 보였던 것이다. 이 과정은 한복판에 회전반이 달린 중화요리의 테이블을 빌어 설명하는 것이 제일 손쉽다. 그러나 이 형의 테이블은 중국인의 발명이 아니고 아무래도 일본인의 발명인 듯하나, 테이블에는 주객을 안쪽에 그림 19와 같이 앉힌다. 대좌한 주객과 주인이 말하자면 남북의 기축이며, 수화(水火)에 해당한다. 동석하는 두

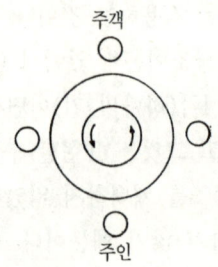

그림 19 중화요리의 식탁 공간

사람이 목금, 회전반 위의 요리가 토에 해당한다. 이 식탁 공간을 성립시키는 '근거'는 요리에 있다. 요리는 회전하면서, 또는 회전함으로써 4명과 같은 관계를 체결한다. 즉, 나누어져서 저마다의 입 속으로 들어간다. 완전히 들어가 버리면, 이미 회전반은 없는 거나 진배 없다. 토와 다른 4행의 관계에 대해서도, 이것과 똑같은 일이 일어난다. 토는 4행을 성립하게 하는 근거인 동시에, 4행 각각의 속에 포함되어 존재한다고 생각되게 된 것이다. 그 제일 알기 쉬운 예는 4계절=4행에 각각 18일씩 토를 배분한, 이른바 토용(土用)일 것이다. 그렇게 되면 토의 존재는 확실히 전제되어 있긴 하나, 굳이 채택할 필요는 없어지며, 5행은 실질적으로 4행화한다. 바꾸어 말하면, 음양설에 귀착한다.

　사실, 송대에는 5행의 개념을 버린 명확한 '4행' 논자(論者)가 나타난다. 3극구조는 카오스 공간을 포함하는 구조이다. 그대로는 질서화하기 어렵다. 질서화시키려면 카오스 공간을 부정하는 수밖에 없다. 사상이 스스로를 질서(코스모스)로서 표현하려고 할 때, 아무래도 2극구조형의 사고공간 속에서, 2분법적 원리에 의하여 그것을 수행하려는 지향이 생기는 것이다. 뿐만 아니라 5행으로부터 4행으로의 이행은 내가 앞에서 말한 3극구조와 2극구조 사이에 성립되는 '역사법칙'의 한 증거가 될 수 있을 것이다. 이 방향을 투철화시켜 간 것은 중국의 사상가가 아니라, 일본의 미우라 바이엔(三浦梅園)이었다. 그는 정면에서 5행설을 부정하고, 음양설에만 의거하는 군론적 사고(群論的思考)의 장대한 체계를 구축했다. 그 사고의 정밀하고 치밀함과 명석함은 중국적 사상공간을 거의 꿰뚫어 있었다. 그것은 동시에 3극구조의 사고공간의 거절까지도 뜻하고 있었던 것이다.

◘ 부기

벡터장(場)을 메타포로 하여 극구조 이론을 해석하는 시도를 제창해 준 것은 수학자인 우시키 시게히로(宇敷重廣) 씨다.

◆ 주

(1) 郭沫若「天의 사상과 그 발전」(이와나미강좌『동양사조』, 1935년).
(2) 가이쓰카시게키(貝塚茂樹)『神들의 탄생』(쓰쿠마서방, 1963년), 160쪽.
(3) 레비 스트로우스「쌍분조직(雙分組織)은 존재하는가」(『구조인류학』, 미스즈서방, 1972년).
(4) 후쿠나가 미쓰지(福永光司)『老子』(아사히신문사, 1968년) 64쪽.
(5) 同, 39~40쪽.
(6) 뒤르켐, 모스「분류의 몇 가지 원초(原初) 형태」[야마우치 기미오(山內貴美夫) 역『인류와 논리』, 세리카서방, 1969년].
(7) 胡厚宣『甲骨學商史論叢初集』(1944년).
(8) 이토오 미치가츠(伊藤道治)『고대 은 왕조의 수수께끼』[가쿠가와(角川)신서, 1967년].
(9) 칸딘스키『점·선·면』[니시다 히데오(西田秀穗) 역, 미술출판사, 1959년], 65, 81~82쪽.
(10) 바슐라르『공간의 시학(詩學)』[이와무라 유키오(岩村行雄) 역, 사조사, 1969년], 53~54쪽.
(11) 중국건축사편집위원회 편『中國古代建築簡史』(1962년), 10쪽[다나카 단(田中淡) 외 역「중국 건축의 역사」2,『건축지식』1975년 2월].

(12) 칸딘스키, 앞의 책 65쪽.
(13) 方明의 존재를 가르쳐 준 것은 우에야마 슌페이(上山春平) 씨다.
(14) 역문은, 다케우치 아키오(竹內照夫) 역 『春秋左氏傳』(헤이본사, 1958년), 37쪽에 의함.
(15) 칸딘스키, 앞의 책.
(16) 신세이신죠(新城新藏) 『동양천문학사연구』
(17) 이 글 속에서 나는 요소라는 말을 항상 메타 언어로서 사용하고 있다. 음양이나 오행의 개념 자체는 요소론적인 의미에서의 '요소'는 아니다.

—『전망』1975년 9월—

후기

『혼돈의 바다로(混沌の海へ)』는 처음 쓰쿠마서방에서 출판되었다. 간기(刊記)에는 1975년 10월 17일이라고 보인다.

중국의 사상가 장병린(章炳麟)으로부터 내가 배웠다. 대상에 가까워지는 방법은 이러했다. 보편적인 일 등에는 눈도 돌리지 않고, 오로지 특수한 것을 추구하는 것. 보편적인 것을 발견할 수 있다고 하면, 단지 그것을 통하여 뿐일 것이라고. 중국의 사상이나 과학이나 기술을 대상으로 한다. 여기에 넣은 문장은 모두 그 방법에 일관되어 있다.

그때 쓴 '후기'의 일절이다. 약간 기묘하게 모아 합친 것이며 거기에서는 뜻밖에 손을 대어 그르쳤는데 장병린과 나란히 수학자 힐버트의 이름도 들었어야 했을 것이다. 이 책이 한번 더 간행되리라고는 생각해 보지 않았으므로 아사히선서(朝日選書)에 넣어서 언제까지나 독자의 손에 닿는 곳에 놓아두고 싶다는 의견을 받았을 때 일순 귀를 의심하였다. 그러나 아사히신문사(朝日新聞社) 도서편집실의 히로다 하지메(廣田一) 씨는 어딘지 모르게 본심인 듯했다. 나로서는 뜻밖이었지만 그렇게 말하여 주는 것은 고마운 일이다. 히로다 씨에게 맡겼다.

어찌하여 반드시 牛馬를 물어볼건가
내던지고 도박의 주사위 目에 맡긴다

　　　　　　　　　李賀

잘못된 것을 두 가지를 고치고 혼의 사진을 1장 더하고 인용문헌을 추가한 것 외에는 구판 그대로이다. 여기에 넣은 것에 대하여는 쓰쿠마서방의 야마다 죠지(山田丈兒) 씨의 배려도 있었다. 아울러 감사한다.

1982년 2월 28일
야마다 게이지(山田慶兒)

역자 후기

자연과학은 이제 우리 사회에서 모든 것과 밀접한 연관을 갖게 되었음은 물론, 그 방대한 내용은 발달과정, 본질, 미래 등의 규명을 요하게까지 되었다. 과학이라면 우리의 주변이 거의 서양화되다시피 되어 서양과학을 연상한다. 발생시기가 비슷하고 처음에는 서양과학보다 앞섰으나 여러 이유로 뒤지게 되고 오랫동안 잠을 자다시피 하여 온 동양과학은 거의 연상이 안되거나 대수롭지 않게 생각되기 쉬운 듯하다. 그러나 서서히 머리를 쳐드는 동양과학의 연구가 점차 고조되고 있는 이즈음, 동양과학의 주맥을 이루는 중국과학의 연구가 절실한 것으로 생각된다. 더구나 고대중국과학은 간단히 설명하기가 수월치 않을 만큼 내용이 너무도 방대하다.

저자 야마다 게이지(山田慶兒) 교수는 천문학을 전공하고 교토(京都)대학에서 천문학사, 과학사 특히 중국 과학사상사의 분야에서 권위 있는 연구 활동을 하고 있으며, 10년 전 역자가 교토대학에 유학했을 때 지도교수로서 많은 지도가 있었던 분이다. 지금도 기억나는 것은 넥타이를 매는 때가 없고 거의 언제나 연구실에서 담배를 피우며 원고지에 집필을 하던 모습이다. 이 야마다 교수의 심오한 연구가 마침 일고 있는 중국 열기 속에서 한국의 독자들에게 도움을 줄 수 있다면 큰 보람으로 생각한다.

역자는 평소 일상생활에서의 일어회화에는 불편이 없다고 생각했는데 막상 번역을 해보니 잘못된 생각이라는 것을 알았다. 저술의 경험이 없는 때문인지 여러 가지로 서툴어서 많은 분들로부터 성의 있는 지도를 받았다. 문맥 전반을 검토해 주신 서울대의 김영식 교수님,

일어 번역을 지도해 주신 덕성여대의 이봉원 교수님, 외래어 표기법을 지도해 주신 한림대의 송상용 교수님과 고려대의 정광 교수님, 건축학 용어에 대하여 자문하여 주신 동아대의 정병모 교수, 자료 정리를 도와 준 덕성여대의 고영이 학생에게 감사드린다. 처음 해본 서툰 번역의 출판을 배려해 주시고 세부적인 지도를 해주신 전파과학사의 손영수 회장님께 깊은 감사를 드린다. 아울러 일어 번역을 지도해 주신 아버님과 방대한 내용의 정리를 거들어준 아내에게도 감사한다.

1994년
박성환(朴成桓)

발표 참고서

중국의 문화와 사고 양식 岩波講座『哲學』13(岩波書店, 1968년 8월)
혁명과 전통『中國』1969년 10월호. 그후 약간의 가필 개정하여,『デザインの創造』現代デザイン講座3(風土社, 1970년 7월)에 수록. 불역은 "Révolution culturelle et tradition chinoise", tr, par Jean-François Billeter, *Esprit*, Déc. 1971.
가능성으로서의 중국 혁명『中國革命』(現代革命の思想3), 解說(筑摩書房, 1970년 2월)
창과 방패 桑原武夫編『今日の世界』(世界の歷史24), 月報(河出書房新社, 1970년 4월)
패턴·인식·제작 広重徹編『科學史のすすめ』(筑摩書房, 1970년 10월)
의학에 있어서 전통으로부터의 창조『展望』1974년 5월호
중국의 공업화와 그 구조 鶴見和子·市井三郎編『思想の冒險』(筑摩書房, 1974년 8월)
공간·분류·카테고리『展望』1975년 9월호

중국과학의 사상적 풍토

인쇄 1994년 12월 5일
발행 1994년 12월 15일

저자 야마다 게이지
역자 박성환

발행인 손영일
발행소 전파과학사
출판등록 1956. 7. 23 제10-89호
주소 서울·서대문구 연희 2동 92-18
전화 333-8877·8855 팩시밀리 334-8092

공급처 한국출판협동조합
주소 서울·마포구 신수동 448-6
전화 716-5616~9 팩시밀리 716-2995

＊잘못된 책은 바꿔 드립니다.

ISBN 98-7044-551-X 03400